Umweltmonitoring
mit natürlichen Indikatoren

Springer-Verlag Berlin Heidelberg GmbH

Michael Zierdt

Umweltmonitoring mit natürlichen Indikatoren

Pflanzen – Boden – Wasser – Luft

Mit 81 Abbildungen und 25 Tabellen

Springer

Michael Zierdt
Martin-Luther-Universität Halle-Wittenberg
Institut für Geographie
Fachbereich Geowissenschaften
Domstraße 5
D-06108 Halle (Saale)

Umschlagphoto: Erika Scheiner, Institut für Geologische Wissenschaften und Geiseltalmuseum, Halle (Saale)

Die Deutsche Bibliothek – CIP-Einheitsaufnahme

Zierdt, Michael:
Umweltmonitoring mit natürlichen Indikatoren : Pflanzen - Boden - Wasser - Luft ; mit 25 Tabellen / Michael Zierdt. - Berlin ; Heidelberg ; New York ; Barcelona ; Budapest ; Hongkong ; London ; Mailand ; Paris ; Santa Clara ; Singapur ; Tokio : Springer, 1997
ISBN 978-3-642-63880-0 ISBN 978-3-642-59170-9 (eBook)
DOI 10.1007/978-3-642-59170-9

Ursprünglich erschienen bei Springer-Verlag Berlin Heidelberg New York 1997
Softcover reprint of the hardcover 1st edition 1997

Einbandgestaltung: E. Kirchner, Heidelberg
Satz: Reproduktionsfertige Vorlage vom Autor

SPIN: 10531582 30/3136 - 5 4 3 2 1 0 – Gedruckt auf säurefreiem Papier

Inhaltsverzeichnis

Einleitung

Das geochemische Messen mit Hilfe natürlicher Indikatoren gehört seinem Wesen und seinen Inhalten nach zur Geochemie der Landschaft, jene wiederum ist ein Teilgebiet der Geographie. Das vorliegende Buch wendet sich also vor allem an Geographen, aber auch an jene, die sich mit chemischen Fragen unserer Umwelt auseinandersetzen. Da im wesentlichen Probleme behandelt werden, die außerhalb des Laboratoriums liegen, dürften auch für den Umweltchemiker einige interessante Überlegungen und Aspekte zu finden sein.

Geochemische Fragestellungen sind heute aus der Geographie nicht mehr wegzudenken, wesentliche Lehrinhalte und praktische Aufgaben werden von ihnen geprägt. Aber nicht nur die Geographie untersucht stoff- und energiehaushaltliche Probleme mit den Methoden von Biologie, Chemie und Physik, auch diese Wissenschaften widmen sich selbstverständlich der Untersuchung von geochemischen Gegebenheiten im Raum. Auf den ersten Blick scheint es vielfach auch besser zu sein, wenn ein Biologe Untersuchungen zur Flechtenflora eines Gebietes anstellt und ein Chemiker sich der Bestimmung von Schwermetallen im Boden widmet. Diese Spezialisten haben unbestreitbar eine bessere Ausbildung bezüglich des verwendeten Meßinstrumentariums erhalten als ein Geograph. Dieser hatte Botanik oder analytische Chemie bestenfalls im Nebenfach studiert.

Aus diesem Grunde arbeiten heute viele Geographen als Spezialisten bestimmter Methoden. Die Beherrschung spezieller Arbeitsmethoden wird immer häufiger zum eigentlichen Berufsbild des Geographen, etwa der Umgang mit den verschiedenen geographischen Informationssystemen, die Analyse bestimmter Schadstoffe oder auch soziologischer Arbeitsmethoden. Dabei erhebt sich die Frage, wozu der Geograph gebraucht wird. Sollte er nicht viel besser gleich Informatik, Analytische Chemie oder Soziologie studieren? Was ist das Besondere, das Geographische an umweltchemischen Fragestellungen?

Der (ökologisch arbeitende) Geograph stellt nicht primär die Frage nach der Meßgröße an sich, sondern sucht vielmehr zu erforschen, für welches System, also für welchen Raum und welche Zeit, die gemessene Größe relevant ist.

Diese Aussage sei an einem kurzen, etwas konstruiert wirkenden Beispiel erläutert. Angenommen es steht ein Meßfühler zur Verfügung, der in der Lage ist, zwischen Wasser und Luft (Nicht-Wasser) zu unterscheiden, außerdem sei dieser Meßfühler in seiner Meßzeit veränderbar, d.h. er gibt in bestimmten willkürlich festlegbaren Intervallen oder Zeitpunkten ein Meßsignal - „Wasser“ oder „Nicht-

Wasser“. Dieser Meßfühler wird nun irgendwo in der Natur installiert, der Beobachter befindet sich weit entfernt, vor einem Bildschirm sitzend, auf den die Meßsignale übertragen werden. Es soll festgestellt werden, ob es regnet oder nicht.

Ist nun das Meßintervall zu groß eingestellt, etwa alle 12 Stunden ein Signal, so kann der Beobachter bei der Information „Nicht-Wasser“ keine Aussage darüber treffen, ob es regnet oder nicht. Da Regen für einen konkreten Raum betrachtet ein Wechsel von „Wasser“ und „Nicht-Wasser“, eben die diskreten Regentropfen, darstellt, ist die Information „Nicht-Wasser“ ebenso für Regen wie für schönes Wetter richtig, bei Regen eben nur weniger oft.

Nach dieser Erfahrung wird das Meßintervall nun verkleinert, alle paar Sekunden erhält nun der Beobachter eine Information über „Wasser“ und „Nicht-Wasser“. Und jeden Abend um halb Sieben bis Sieben Uhr regnet es, zumindest meldet der Fühler abwechselnd „Wasser“ und „Nicht-Wasser“. Des Rätsels Lösung: Jeden Abend wird der Garten gesprengt, in dem sich der Meßfühler befindet. Der Raum, der vom Meßfühler erfaßt wird, ist zu klein, um eindeutig zwischen natürlichem Regen und anderen sporadischen Wassertropfenereignissen unterscheiden zu können. Für einen an den Bildschirm verbannten Beobachter ist die Feststellung, ob es regnet, nur gegeben, wenn mehrere Meßfühler über einen hinreichend großen Raum verteilt in entsprechend kurzen Intervallen eine Information darüber liefern, ob sie gerade vom Wasser oder von Luft umgeben sind. Meßraum und Meßzeit bestimmen also die durch die Messungen gewonnene Aussage.

Doch nicht nur Meßintervall und Raum, auch die zeitliche Lage (der Zeitpunkt) der Messung können von Bedeutung sein. In einem kleinen naturnahen Bach richtet sich zum Beispiel die Salzfracht, der Gehalt an Anionen und Kationen, nach der biologischen Aktivität der angrenzenden terrestrischen Vegetation. Die zugehörige Meßgröße, die sogenannte Leitfähigkeit, erreicht gegen Morgen ein Minimum, gegen Abend ein Maximum, vorausgesetzt, die Durchflußmenge bleibt gleich. Ein solcher Tagesgang ist in Abbildung 1 dargestellt, die Messung der Leitfähigkeit erfolgt alle 24 Stunden. Eine Meßreihe in den frühen Morgenstunden (Zeitpunkte A) würde eine mittlere Leitfähigkeit von 100 µS, zur Mittagszeit eine Leitfähigkeit von 150 µS (Zeitpunkt B) und am Abend (Zeitpunkt C) sogar eine mittlere Leitfähigkeit von 200 µS für ein und den selben Bach bringen und bei allen drei Meßreihen wurde das Meßgerät ausgezeichnet beherrscht.

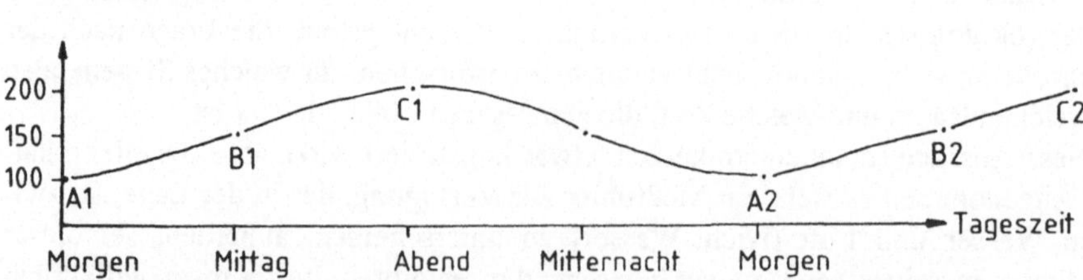

Abb. 1. Tagesgang der Salzfracht in einem Fließgewässer (stark schematisiert)

Es ist also nicht nur die Frage zu stellen, ob denn das Meßinstrument beherrscht wird, sondern auch die Frage, ob und welches System durch die gemessenen Geräte überhaupt beschrieben werden kann. Hier spielt die Frage nach dem Maßstab eine entscheidende Rolle, die Frage, was räumlich und/oder zeitlich eine Einheit (ein Geosystem) bildet. Das ist eine geographische Frage und ihr Dilemma besteht darin, daß um bestimmte Parameter oder Prozesse des Geosystems zu beschreiben (zu messen), das Wesen und die Erscheinung eben jener Parameter oder Prozesse bekannt sein muß.

Besonders schwierig ist diese Aufgabe dann zu lösen, wenn das „Meßinstrument“ selbst ein natürliches Objekt ist. Genau das ist aber bei geochemischen Fragestellungen immer mehr oder weniger der Fall. Zum einen werden natürliche Objekte eingesetzt, um den chemischen Zustand bestimmter Umweltmedien wie Wasser, Luft oder Boden einzuschätzen, zum anderen werden Einzelproben dazu verwendet, entsprechende Areale des Gesamtsystems zu charakterisieren. Somit hat nicht nur das zu untersuchende System, sondern auch das „Meßsystem“ seinen eigenen räumlichen und zeitlichen Maßstab. Die Beschäftigung mit diesen Maßstäben bildet den Inhalt des vorliegenden Buches.

Da die Beschreibung des chemischen Zustandes von Geosystemen mit Hilfe von natürlichen Objekten einen Teil der Geochemie der Landschaft darstellt, ist der erste Teil des Buches den Grundlagen und Grundbegriffen dieses Teilgebietes der Geographie gewidmet. Im zweiten Teil werden dann einige natürliche Objekte in ihrer räumlichen und zeitlichen Meßfähigkeit dargestellt und die Räume oder Geosysteme in ihrer zeitlichen und strukturellen Dimension diskutiert, die von den natürlichen Objekten chemisch beschrieben werden. In beiden Teilen wird besonderer Wert auf die mathematische Bearbeitung und die verschiedenen Vergleichsmöglichkeiten chemischer Daten gelegt, die mittels der natürlichen Objekte gewonnen sind.

1 Grundlagen der Geochemie der Landschaft

1.1 Zur Stellung der Geochemie der Landschaft in den Umweltwissenschaften

1.1.1 Arten der Umweltbelastungen

Anthropogene, also vom Menschen beeinflußte Umweltnutzung stellt seit dem Neolithikum und verstärkt in unserer Zeit zumeist auch eine Umweltbelastung dar. Diese anthropogenen oder auch technogenen Umweltbelastungen können entsprechend ihres Charakters, also den Mechanismen und Prozessen ihres Wirkens nach, grundsätzlich in vier Gruppen gegliedert werden. Es sind physikalische, chemische, biologische und psychologische anthropogene Umwelteinwirkungen, die zu Belastungen werden können, ausgliederbar, die entsprechend auch von den unterschiedlichen Wissenschaftsdisziplinen untersucht werden.

Physikalische Umweltbelastungen werden von verschiedensten menschlichen Tätigkeiten hervorgerufen und verändern physikalische Umweltparameter. So ist die Emission von Kohlendioxid zwar das Resultat von technogen gesteuerten chemischen Prozessen, nämlich der Oxidation von Kohlenstoff, der aus reduzierten Kohlenstoffverbindungen stammt, den fossilen Brennstoffen. Die Wirkung des CO_2 ist jedoch eine physikalische. Bekanntermaßen bewirkt der Anstieg der CO_2-Konzentration in der Atmosphäre einen Anstieg der Temperatur, eines physikalischen Parameters. Dieser Temperaturanstieg rührt daher, daß CO_2 und Wasserdampf durchlässig für die kurzwellige Lichtstrahlung der Sonne sind, eine Rückstrahlung der langwelligen Wärmestrahlung von der Erdoberfläche in den Kosmos jedoch verhindern. Diese Wirkung wird als „Treibhaus-Effekt" bezeichnet.

Die Erhöhung der Lufttemperatur wird jedoch nicht nur über die Emission von CO_2 verursacht, oft zeichnet sich auch direkte Wärmestrahlung dafür verantwortlich. Leicht nachzuweisen ist ein derartiges Phänomen in der Stadt, besonders im Winterhalbjahr. Die Abwärme der verschiedenen technogenen Prozesse - Hausbrand/Heizung, Verkehr, Industrie - gelangt direkt in die Umwelt und führt zu einer Erhöhung der Temperatur in der Stadt im Vergleich zum Umland. Es bildet sich in der Stadt die sogenannte „Wärmeinsel". Ebenso haben kommunale oder Industrieabwässer sehr häufig eine höhere Temperatur als die natürlichen Gewässer, in welche die Abwässer eingeleitet werden. So verhindern die Kühlwässer des Atomkraftwerkes bei Poljarnye zory auf der Halbinsel Kola, nördlich des Polarkreises gelegen, ein Zufrieren der betroffenen Bucht des Imandrasees sogar im Winter.

Eine sehr häufige, leider aber in ihren Auswirkungen recht wenig untersuchte physikalische Umweltbelastung, stellt die Belastung mit Lärm dar. Lärm ist ja nicht nur ein störendes Geräusch (also eher eine psychologische Belastung), sondern auch eine Schwingung, die den ganzen Organismus und nicht nur den Hörapparat betrifft. Diese Schwingung kann auf den ganzen Organismus oder auch auf anorganische, unbelebte Materie wirken. Der volkstümliche Ausdruck „Krach, daß der Putz von der Wand rieselt" weist auf das Problem hin. Auch die „Posaunen von Jericho" brachten die Stadt durch den Druck der Schallwellen zum Einstürzen.

Als letztes Beispiel physikalischer Umweltbelastung soll die radioaktive Strahlung erwähnt werden. Durchaus nicht erst mit dem Unfall von Tschernobyl ist die Atomenergienutzung in die öffentliche Kritik geraten. Die völlig unvorhersehbaren Folgen eines Anstiegs der mittleren Radioaktivität, der mittleren natürlichen radioaktiven Strahlung auf den Organismus, haben Menschen aller sozialen Gruppen auf den Plan gerufen. Dabei geht es gar nicht einmal primär um die Emission bei dem Prozeß der Energiegewinnung selbst, sondern vielmehr um das Problem der Entsorgung, also der Lagerung des technologisch nicht mehr nutzbaren, nichtsdestoweniger jedoch noch radioaktiven Abfalles eines Atomkraftwerkes.

Anthropogene *chemische Umweltbelastungen* sind vielfältiger Natur, und ihre Inventarisierung steht erst am Anfang. Nicht nur, daß häufig unbekannt ist, wie die von der Wissenschaft als umweltrelevant erkannten chemischen Stoffe in der Umwelt wirken oder an welchen Prozessen sie beteiligt sind, die meisten chemisch wirkenden Stoffe oder Erscheinungen sind als solche noch gar nicht erkannt. So werden zum Beispiel in der Medizin elektrische Felder genutzt, um gezielt geladene Teilchen (Ionen) an den Krankheitsherd zu bringen, die Methode wird als „Iontophorese" bezeichnet. Daraus ergibt sich die Frage, inwieweit elektromagnetische Felder, die von Menschen hervorgerufen werden, ebenfalls auf geladene Teilchen wirken, deren Kreisläufe in der Landschaft beeinflussen und durch „Fehlsteuerung" chemische Resultate hervorbringen. Doch seien an dieser Stelle zwei häufig untersuchte und beschriebene chemische Belastungen erläutert.

Wohl am bekanntesten dürfte der Schadstoff SO_2 sein, das Schwefeldioxid. SO_2 gelangt bei den vielfältigsten menschlichen Tätigkeiten in die Luft, am häufigsten jedoch bei der Verbrennung fossiler Brennstoffe. Da Pflanzen bei der Aufnahme von Gasen aus der Luft mit ihren Spaltöffnungen nicht zwischen Kohlendioxid und Schwefeldioxid unterscheiden können, gelangt das SO_2 in das Pflanzeninnere und verbindet sich mit Wasser zu schwefeliger Säure. Diese Säure greift also „gezielt" an dem Platz an, an dem die Photosynthese stattfindet, der Prozeß, der sowohl für autotrophes wie auch für heterotrophes Leben von existentieller Bedeutung ist.

Schwefeldioxid verbindet sich jedoch auch an der Luft mit Wasser zu Säure und greift dadurch auch anorganische Materialien an. Davon ist unter anderem kalkhaltiger Naturbaustein betroffen. Normalerweise bildet sich auf der oberen Schicht solcher Steine im Falle eines Regens aus dem Calciumcarbonat durch das im Regenwasser gelöste CO_2 Calciumhydrogencarbonat. Verdunstet nach dem Regen das Wasser wieder, entweicht auch das CO_2 und aus Calciumhydrogencarbonat wird wieder gewöhnlicher Kalk, der Stein bleibt also trotz eines Säureangriffes durch Kohlensäure erhalten. Ist nun im Regenwasser außer CO_2 auch noch SO_2 gelöst, wird ein Teil der Carbonationen bei der Bindung an das Calcium durch das Sulfation ersetzt. Bei der anschließenden Verdunstung fällt dann anstelle des Kalkes Gips, ein wesentlich leichter wasserlösliches Calciumsalz, aus. Der Kalk wird durch Gips partiell ersetzt, die Verwitterung kann beginnen.

Als weitere Schadstoffgruppe seien die Schwermetalle erwähnt. Schwermetalle werden bei den vielfältigsten anthropogenen Tätigkeiten emittiert, bei der Verhüttung von Erzen, in der chemischen Industrie, durch die Verbrennung fossiler Energieträger, durch Transport und Verkehr sowie viele weitere Prozesse. Sowohl die Bewegung der Metalle in den Geosystemen wie auch ihre Wirkung auf die Umwelt ist bislang in vielen Bereichen noch nicht hinreichend geklärt. Bekannt sind auf jeden Fall solche Gifte wie Blei, Cadmium, Quecksilber und Arsen, die in der Vergangenheit unrühmlich auf sich aufmerksam gemacht haben.

Erwähnt werden sollen auch die Produkte der organischen Chemie oder organische Verbindungen, die durch die unvollständige Verbrennung fossiler Energieträger in die Umwelt gelangen und oft genug kanzerogen wirken. Die Gruppe dieser Stoffe ist von kaum zu überschauender Vielfalt, es sind mehrere Zehntausende, die bekannt sind. Die synergetische Wirkungsweise all dieser Stoffe ist wohl kaum noch erforschbar, ebenso die vielen Veränderungen und Modifikationen, denen diese Stoffe bei ihrem Weg durch die Landschaft unterliegen.

Biologische Umweltbelastungen können die Entnahme oder Zugabe bestimmter Organismen (Populationen) aus einem oder in ein Biosystem sein oder auch die Vernichtung ganzer Biozönosen. Solche biologischen Belastungen werden oft bei der Neubesiedlung eines Territoriums beobachtet. In Australien wurde das Kaninchen angesiedelt, welches sich, da es kaum natürliche Feinde hat, unglaublich vermehrte und ungeheure Schäden anrichtet. Auf Neuseeland bedrohen die von Europäern mitgebrachten Hunde und Katzen sehr stark die Existenz des flugunfähigen Kiwi. Aber auch heimische Tiere können bei zu großer Zahl zur biologischen Belastung werden. So machte Horst Stern schon in den 70er Jahren auf den viel zu hohen Besatz der deutschen Wälder mit Rotwild aufmerksam.

Viele der in Deutschland so gerne gepflanzten Ziergehölze und Blumen stellen insofern eine biologische Belastung dar, inwiefern sie einheimischen Pflanzen den Lebensraum streitig machen und dabei aber keinen Ersatz als Nahrungsquelle für Vögel, Insekten oder Reptilien bieten. In einem gepflegten deutschen Schrebergarten ist ein Großteil der einheimischen Vogelwelt zum Verhungern verurteilt, weil einfach die Insekten als Nahrungsquelle vernichtet werden oder aber keine geeigneten Wirtspflanzen finden. Ein konkretes Beispiel der Belastung des menschlichen Lebensraumes stellt das massenhafte Auftreten der Tauben dar. Die Taube, eigentlich ein Höhlenbrüter, findet in den Städten eine ideale Landschaft vor, steile Hänge (Hauswände) mit vielen Höhlen (Einflugmöglichkeiten in Dächer). Feinde hingegen gibt es kaum, auf Müllkippen und um Abfalltonnen aber genügend Futter. Sehr häufig findet auch noch eine gezielte Fütterung durch den Menschen statt.

Tauben aber verbreiten eine Vielzahl von Krankheiten oder Ungeziefer, z.B. Zekken und Milben, die bei Mensch und Haustier oft Allergien hervorrufen.

Eine weitere biologische Belastung stellt auch die Eutrophierung von Gewässern dar, denn die Belastung der Gewässer ergibt sich nicht aus dem Überangebot an Nährstoffen schlechthin, sondern aus deren biologischer Verwertung, dem massenhaften Auftreten von Algen und deren sauerstoffzehrender Zersetzung durch Reduzenten. Erst dieser Mangel an Sauerstoff im Gewässer bewirkt das „Umkippen", nämlich von Sauerstoffproduktion zu Sauerstoffzehrung, durch die im Gewässer lebenden Organismen.

Aktuell wird eine völlig neue Art biologischer Belastungen diskutiert, die Belastung der Umwelt mit anthropogen genetisch veränderten Organismen oder der Erbinformation selbst. Anthropogene Manipulationen an der Erbsubstanz sind ja nun nicht etwas grundsätzlich Neues. Weizen und Mais, Zuckerrüben, Zierrosen, Hausschweine und Lederkarpfen, all jene und viele mehr sind genetisch „manipuliert", die Manipulation auf die Nachkommenschaft übertragbar. Diese Manipulationen sind jedoch, analog der Artenbildung in der Natur, durch „Druck von außen" entstanden. Es haben, so könnte formuliert werden, diejenigen Individuen überlebt, die der Forderung ihrer Umwelt (hier der Mensch als Umwelt) am besten angepaßt waren. Analoges spielt sich in der natürlichen Evolution ab. Durch das gezielte Eingreifen des Menschen wurden die Organismen in bestimmte Entwicklungsrichtungen gedrängt, der Mensch wußte vor der Veränderung der Gene, was für ein Individuum und mit welchen Eigenschaften entstehen wird.

Die neue Art der Veränderung der Erbsubstanz wird von innen her vorgenommen, es werden Mutanten produziert, die durch „Druck von außen" nicht entstehen könnten. Gene von Arten werden ausgetauscht, die untereinander unfruchtbar sind. Was oder wer dabei entsteht, ist nicht immer genau vorhersehbar und auch nicht, wie sich die Mutante in der Umwelt behauptet, ist sie doch Produkt der „Inwelt". Hauptproblem der Gentechnik sind jedoch zur Zeit weniger konkret schon erfolgte Umweltbelastungen, sondern ihre ethischen und politischen Aspekte.

Die Probleme der psychologischen Umweltbelastung knüpfen eng an das oben geschilderte Problemfeld an, beginnen jedoch auf einer viel einfacheren Stufe. Unter psychologischer Umweltbelastung ist einmal der gestiegene intellektuelle Aufwand zu verstehen, der zur Orientierung und zum Überleben in einer mehr oder weniger anthropogen überprägten Umwelt notwendig ist. Wie viele Tiere diesen Aufwand nicht erbringen können und falsch auf anthropogene Einflüsse reagieren, ist an den zahlreichen toten Igeln, Katzen und Füchsen zu sehen, die die Straßenränder säumen.

Diesem einerseits „Zuviel" steht ein andererseits „Zuwenig" an Information gegenüber, das ebenso belastend wirken kann. Eine fehlende Wiese kann eben nicht duften, ein fehlender Baum keinen Schatten spenden und eine ausgerottete Nachtigall verkündet nicht den nahenden Morgen. Jahreszeiten werden nur noch über Temperatur wahrgenommen, kaum noch über das Angebot an Lebensmitteln, die sterilen Forste der deutschen Mittelgebirge werden schon als Wald akzeptiert, die duftlose Plastetanne als Bereicherung empfunden, weil sie nicht nadelt und jedes Jahr wieder verwendet werden kann.

Neben diesem real existierenden „Zuviel“ und „Zuwenig“ existiert bezüglich der Belastungen noch eine virtuelle Welt, hervorgerufen durch eine Flut von Informationen über chemische und physikalische Umweltbelastungen, die auch dann körperlich wahrgenommen werden, wenn sie gar nicht real existieren. Dabei kann ein und dieselbe Erscheinung grundsätzlich unvereinbare Emotionen hervorrufen. Um die Jahrhundertwende wurden qualmende Schlote durchaus positiv beurteilt, versprachen sie doch als Zeichen der Industrialisierung Wohlstand und Arbeit. Der gleiche Schornstein wird heute als durchaus negativ beurteilt und empfunden. Selbst der Gedanke, woher ein und dasselbe Produkt stammt, läßt positive oder negative Empfindungen aufkommen. Ein Beispiel ist das Hühnerei, je nachdem ob es aus einer „Hühnerintensivhaltung“ oder von „glücklichen Hühnern“ gelegt wurde. Dabei fühlt sich der Mensch positiv gestimmt, wenn ihm ein Ei als „Bioei“ vorgesetzt wird, obwohl es aus einer industriell betriebenen Hühnerfarm stammt.

1.1.2 Systematisierung der Geochemie der Landschaft

Aus der dargestellten Vielfalt der möglichen anthropogenen Umweltbelastungen erforscht die Geochemie der Landschaft lediglich die chemischen Umweltbelastungen als einen Teil ihres Forschungsgegenstandes. Allgemein beschäftigt sich diese Wissenschaft mit der Geschichte (Prozesse, Dynamik, Verweildauer, Wanderungen etc.) von Elementen oder Verbindungen in den verschiedenen Hierarchien definierter Geosysteme, ihrer Bewegung vom Eintritt in das Geosystem bis zu dessen Verlassen. Die Geochemie der Landschaft untersucht also sowohl die Geschichte (Beteiligung des Elementes am Funktionieren des Geosystems) natürlich wie auch anthropogen in das Geosystem eingebrachter chemisch wirkender Stoffe. Anders ausgedrückt, die Geochemie der Landschaft untersucht natürliche oder anthropogen modifizierte Geosysteme auf dem Niveau ihrer chemischen Stoffe oder chemischen Prozesse. Die Geochemie der Landschaft beschäftigt sich also nicht mit konkret abgegrenzten Bewegungsformen der Materie, sondern mit chemischen Prozessen, die in einer gewissen Kombination (Konfiguration) physikalischer, biologischer und technischer (sozialer/zivilisatorischer) Größen und Parameter ablaufen. In Abbildung 1.1 wird versucht, die Stellung der Geochemie der Landschaft schematisch zu versinnbildlichen.

Chemische Prozesse des Systems Physik + Chemie werden von der geologischen Chemie untersucht, die Biochemie untersucht den Chemismus von Lebensprozessen, die technische Chemie beschäftigt sich mit chemischen Prozessen innerhalb der Produktion materieller Güter, also in der Gesellschaft notwendigen und von der Gesellschaft beherrschbaren chemischen Prozessen. Geochemie der Landschaft untersucht chemische Prozesse, die unter Berücksichtigung eines bestimmten Geosystems oder Geosystemgefüges ablaufen, determiniert durch Gestein, Relief, Klima, hydrographische Bedingungen, Pflanzendecke, Tierwelt sowie

Physik	Chemie	Biologie	Soziales
(Physik + Chemie) ⇒ Geologie			
(Physik + Chemie + Biologie) ⇒ Ökologie			
(Physik + Chemie + Biologie + Soziales) ⇒ Geographie			
→ Geochemie der Landschaft = f (Physik + Biologie + Soziales)			

Abb. 1.1. Stellung der Geochemie der Landschaft unter den Wissenschaften

den technologischen und ethischen Parametern (Gegebenheiten) der jeweiligen Zivilisation. Forschungsgegenstand der Geochemie der Landschaft sind die Beziehungen chemisch aktiver Stoffe zu ihrem geosystemaren Umfeld, Forschungsobjekte ganz bestimmte Geosysteme oder Geoteilsysteme.

Aus dieser Komplexität der Geochemie der Landschaft ergibt sich ihre stets wachsende Bedeutung für angrenzende Wissensgebiete. Als erstes sei die Bodenkunde genannt. Moderne Bodenkunde ohne Betrachtung der im Boden ablaufenden chemischen Prozesse ist heutzutage undenkbar. Prozesse der Bodenbildung, der Ausprägung genetischer Horizonte und der Bedeutung dieser Horizonte für Pflanzen- und Tierwelt, sind häufig nur durch die in ihnen ablaufenden chemischen Vorgänge erklärbar. Gerade für den Bodenkundler ist es auch wichtig, Bewegungsprozesse verschiedener Elemente und Verbindungen, vor allem von Pflanzennährstoffen, zu kennen, um erstens die Böden zu bewerten und zweitens Hinweise zu ihrer effektiven Verbesserung geben zu können. Wichtig ist hierbei nicht der Gesamtgehalt eines Stoffes schlechthin, sondern zumeist seine sogenannte Pflanzenverfügbarkeit, also welcher Anteil des Stoffes biologisch relevant ist oder aber unter bestimmten Bedingungen relevant werden kann. So bewirkt eine Aufforstung von Brachflächen auch meist eine Senkung des pH-Wertes und damit eine Aktivierung oder Deaktivierung bestimmter chemischer Vorgänge, etwa der Wanderungsgeschwindigkeit von Metallen. Ebenso muß der Bodenkundler um die Toxizität von Schädlingsbekämpfungsmitteln und ihrer Wirkung im Boden und unter Bodenbedingungen wissen, sollen doch nur die Schädlinge vernichtet werden und nicht die Organismen, die für die Bildung und Verteilung von Huminstoffen verantwortlich sind.

Große Bedeutung hat die Geochemie der Landschaft für die medizinische Geographie und Fragestellungen der Biochemie. Natürliche und anthropogene Konzentrationsextrema von Stoffen können Ursachen von Krankheiten oder Veränderungen in Organismen (und damit auch dem Menschen) sein. Am bekanntesten für ein anormales Stoffdefizit dürfte der Jodmangel sein, der zu einer Vergrößerung der Schilddrüse führt. Auffälliger (und in den Medien weit stärker publiziert) sind jedoch Stoffüberangebot, vor allem dann, wenn sie in toxischen Konzentrationen vorliegen. So gibt es Vorschriften, wie hoch die Konzentrationen bestimmter Stoffe in Böden sein darf, um diese als Ackerfläche, Kindergartenspielfläche oder anders zu nutzen. Bei der Erkundung gesundheitsgefährdender Altlasten erhebt sich immer wieder die Frage, ob und auf welche Art und Weise die Schadstoffe in bisher unbelastete Gebiete verfrachtet werden können und dort negative Wirkungen auf die Bevölkerung haben.

Auch die Frage nach der Verweildauer bestimmter toxischer Stoffe in einem System ist von Interesse und hängt zumeist von den Wirkmechanismen des Geosystems und den Eigenschaften des Stoffes gemeinsam ab. So spielt das Kalium zum Beispiel eine bedeutende Rolle sowohl im pflanzlichen wie im tierischen Leben, etwa beim Aufbau von Stützgewebe oder bei der Übertragung von Nervenreaktionen. Kalium wird also bevorzugt aufgenommen und es existieren Speicher im Geosystem, die den Austrag dieses wichtigen Elementes verhindern. Ähnliche Eigenschaften bezüglich chemischen Verhaltens wie Kalium hat das in der ersten Hauptgruppe stehende Cäsium 13, ein radioaktives Element, das beim Reaktorunglück von Tschernobyl in die Umwelt emittiert wurde. Durch die dem Calcium ähnlichen Eigenschaften hat Cäsium eine sehr lange Verweildauer in den imittierenden Geosystemen, wird also nicht ausgetragen und quasi verdünnt, sondern gibt seine radioaktive Strahlung raumbegrenzt (und damit in hoher Konzentration) an das System ab, in dem es niedergegangen ist (VÖLKEL & SENFT 1993).

Auch die Anthropogeographie und Raumplanung kommen ohne die Beantwortung geochemischer Fragestellungen heute nicht mehr aus. Vor der Umwidmung bestimmter Nutzungsarten von Flächen sind geochemische Untersuchungen unerläßlich. Um z.B. ein ehemaliges Industriegelände anderweitig zu nutzen, muß der eventuell vorhandene Schadstoffgehalt im Boden bewertet werden. Eine Umweltverträglichkeitsprüfung, also die Beantwortung der Frage, ob eine bestimmte Art von Nutzung in einem bestimmten Gebiet ökologisch vertretbar ist, verlangt oft auch die Beantwortung geochemischer Fragestellungen. Luftreinhaltepläne und Wirkungskataster, die auf den verschiedenen administrativen Ebenen aufgestellt werden müssen, bedürfen ebenfalls geochemischer Inhalte und Erkenntnisse.

Die Bedeutung geochemischer Aussagen erstreckt sich bis hin zu solchen Bereichen wie der Jurisprudenz insofern, inwiefern chemische Größen als sogenannte Grenzwerte in die Legislative gefunden haben. Ziel von Grenzwerten ist es ja, die Konzentration von Schadstoffen in bestimmten Umweltmedien auf ökologisch unbedenkliche und ökonomisch machbare Größen zu reduzieren (zuzulassen). Hier haben die Aussagen der Landschaftsgeochemie einen direkten gesetzgeberischen und damit pekuniären Wert. So kann die Untersuchung, ob eine Anomalie natürlichen oder anthropogenen Ursprungs ist, zu Sanktionen führen oder aber diese unterbinden. An Buntmetallausstrichen und in deren Umgebung, oft bis hin zur nächsten Vorflut, ist zum Beispiel die Konzentration von Schwermetallen deutlich über den zulässigen Grenzwerten nachzuweisen. Hier „Abhilfe" schaffen zu wollen, eventuell den Eigentümer des betreffenden Geosystems zur „Entsorgung" der „Altlast" zu veranlassen, wäre ein ebenso törichtes wie sinnloses Unterfangen.

Andererseits wiederum darf es nicht zugelassen werden, daß Grenzwerte so hoch angesetzt (und gesetzlich festgeschrieben) werden, daß ihr ökologischer oder umweltschützerischer Aspekt der ökonomischen Seite geopfert wird. Zulässige Emissionen, die weiterhin Schäden in der Umwelt in erheblichem Maße hervorrufen, wie etwa die NO_x, Schwefeldioxid und Schwermetalle, die maßgeblich für das

Waldsterben verantwortlich zeichnen, sind eben von ökologischer Seite her nicht zulässig. Problematisch ist hierbei, daß die Kausalkette von der Emission zur Wirkung und den Anteilen der einzelnen Schadstoffe daran noch nicht aufgedeckt wurde und somit auch kein Verursacher direkt haftbar gemacht werden kann. Nur ein konkreter Nachweis einer Ursache-Wirkung-Beziehung kann letztendlich in gesetzgeberischen Aktionen münden. Hier kann und muß die Geochemie der Landschaft das naturwissenschaftliche Rüstzeug liefern.

1.1.3 Geschichte und Wurzeln der Landschaftsgeochemie

Die moderne Geochemie der Landschaft untersucht also den Werdegang von natürlich oder anthropogen in Geosysteme verbrachter Stoffe, solange deren Bewegungen und Wirkungen chemischen Charakter tragen. Entwickelt hat sie sich aus der geologischen Geochemie und der Bodenkunde. Der russische Mineraloge und Kosmologe W.J. Vernadskij (1863-1945) betrachtete die Mineralogie als Chemie der Verbindungen der Erdkruste unter den physikalischen und chemischen Reaktionsbedingungen derselben und widmete daher seine Zeit sehr viel der elementaren Untersuchung von Mineralien. Er entdeckte, daß das Vorhandensein bestimmter Elemente durchaus nicht an das Vorhandensein ihrer Mineralien geknüpft ist, wie die damals herrschende Lehrmeinung vorgab. Vernadskij nun konnte nachweisen, daß praktisch alle Elemente überall vorkommen, unabhängig von ihren Mineralien. Vernadskij stellte fest: „In jedem Tröpfchen Wasser oder Staubkorn auf der Erdoberfläche werden wir mit der weiteren Erhöhung der Empfindlichkeit unserer Meßgeräte immer neue und neue Elemente entdecken. Im Staubkorn wie auch im Tropfen spiegelt sich wie in einem Mikrokosmos die allgemeine Zusammensetzung des Kosmos wider“ (DOBROWOLSKIJ 1983). Aufgrund dieser Erkenntnis hielt es Vernadskij für notwendig, über die chemische Mineralogie hinauszugehen und landschaftsgeochemische Untersuchungen zu betreiben. Dieses Postulat der Allgegenwärtigkeit aller Elemente ist auch heute eine wichtige Grundlage geochemischen Arbeitens (vgl. auch 1.2).

Der etwa zur gleichen Zeit lebende Amerikaner Clarke (1847-1931), Leiter des chemischen Labors des amerikanischen geologischen Komitees, bestimmte anhand von 880 genauen chemischen Analysen verschiedener Gesteine ihren mittleren Stoffgehalt. Clarke hatte seine Gesteinsproben so ausgewählt, daß sie in etwa repräsentativ für die ersten 16 km der Erdkruste waren; er erhielt also die mittlere chemische Zusammensetzung der Erdkruste, die in Tabelle 1.1 aufgeführt ist.

Die Summe der aufgeführten zehn Elemente beträgt 99.39 %, für alle anderen Elemente bleiben also nur 0.61 von 100 Gewichtsanteilen der Erdkruste übrig und doch sind es vorwiegend sie, die in der Geochemie der Landschaft eine bedeutende Rolle spielen. Das von Clarke entwickelte Vorgehen, mittlere Elementgehalte definierter Geosysteme (hier der Erdkruste) zu bestimmen, ist auch heute noch vielfach angewandte Praxis.

Tabelle 1.1. Mittlerer Gehalt an Elementen der Erdkruste, berechnet von Clarke (Quelle: PERELMAN 1973: 27)

Element	Symbol	Gehalt in %
Sauerstoff	O_2	42,28
Silizium	Si	28,02
Aluminium	Al	8,14
Eisen	Fe	5,58
Calcium	Ca	3,27
Magnesium	Mg	2,77
Kalium	K	2,47
Natrium	Na	2,43
Titan	Ti	0,33
Phosphor	P	0,10

Mit den Arbeiten von Vernadskij und Clarke waren zwei wichtige Erkenntnisse gewonnen, die eine „Geochemie der Landschaft" überhaupt erst möglich machten und sinnvoll erscheinen ließen. Die erste Erkenntnis war, daß chemische Prozesse der Geosphäre nicht nur an Mineralbildung und Mineralverwitterung gebunden sind, sondern auch auf dem Niveau physisch-geographischer Landschaftseinheiten ablaufen, da die chemischen Elemente auch unabhängig von ihren Mineralien vorliegen. Die zweite Erkenntnis liegt darin, daß sich für definierte, abgegrenzte Geosysteme mittlere stoffliche Konzentrationen bestimmen lassen. Auf diese Weise ist es möglich, Geosysteme stofflich untereinander zu vergleichen, aber auch, chemische Anomalien (extreme Abweichungen eines Elementes an einem bestimmten Ort zu seinem Mittelwert) festzustellen.

Die zweite Wurzel der Geochemie der Landschaft ist die Bodenkunde und die eng mit ihr verknüpfte Agrikultur. Der Chemiker J. v. Liebig (1803-1873) beschäftigte sich in seinen späten Lebensjahren mit Fragen der Pflanzenernährung. Dabei stellte er auch folgendes Experiment an: Eine genau abgewogene Menge Boden wurde in ein verschließbares Gefäß eingebracht, anschließend wurden Pflanzen eingebracht und nun das Gefäß verschlossen. Es konnte also von außen kein Stoff aufgenommen werden, die Pflanzen wuchsen und gediehen trotzdem. Nach einer bestimmten Zeit wurde der Boden, der sich in dem Gefäß befand, erneut gewogen, seine Masse hatte abgenommen, aus anorganischen, mineralischen Stoffen hatten sich organische Stoffe gebildet, genauer gesagt, durch ihre Stoffwechselprozesse waren Pflanzen in der Lage, aus unbelebter Materie belebte Materie zu bilden (STRASBURGER 1991). Die Elemente konnten also von einer Sphäre, der Pedosphäre, in eine andere Sphäre, die Biosphäre, übergehen. Die Sphären waren durch Stoffkreisläufe miteinander verknüpft, die chemische Wechselwirkung zwischen belebter und unbelebter Natur war entdeckt. Rein praktisch führte diese Erkenntnis zur Anwendung mineralischer Düngemittel, nachdem bis zu diesem Zeitpunkt nur organischer Dünger verwendet worden war.

Ein zweiter Vertreter dieser Richtung war der russische Bodenkundler W.W. Dokutshajew (1846-1903), der den Boden als biotisch-abiotisches System verstand, also als Produkt der Wechselwirkung zwischen belebter (Pflanzen und Tiere) und unbelebter (Ausgangssubstrat) Natur. Bei der Erforschung der Böden der russischen Tiefebene, die sich landschaftlich von der Tundra über Taiga und Mischwald bis hin zur Waldsteppe und Steppe erstreckt, stellte Dokutshajew fest, daß diese Wechselwirkungen zwischen belebter und unbelebter Natur modifiziert und beeinflußt werden von physisch-geographischen Gegebenheiten wie Temperatur und Niederschlag. War das Wesen der Bodenbildung überall gleich, nämlich der Ausdruck der Wechselwirkung von Pflanze und Substrat, so ist ihre Erscheinung (Ausprägung als bestimmte Bodenform) determiniert durch die Ganzheitlichkeit der Bedingungen im entsprechenden Geosystem.

In der Gesamtheit der Erkenntnisse war somit die mineralogische Chemie über ihre Erweiterung zur allgemeinen Geochemie mit der Erkenntnis der Wechselwirkung biotischer und abiotischer Materie in Abhängigkeit von den Reaktionsbedingungen zur Geochemie der Landschaft geworden. Sie lassen sich kurz wie folgt zusammenfassen:

- Die chemischen Elemente sind unabhängig von ihren Mineralien in allen Geosystemen (Staubkorn bis Erdkruste) vorhanden.
- Der Vergleich von Geosystemen ist möglich durch die Bestimmung des mittleren Stoffgehaltes derselben.
- Die unterschiedlichen Sphären (Lithosphäre, Biosphäre, Atmosphäre) stehen in stofflichem Kontakt zueinander, sind durch Stoffkreisläufe verknüpft.
- Unterschiedliche Reaktionsbedingungen (physisch-geographische Parameter) führen zu unterschiedlicher Ausprägung (Erscheinungen) der in der Landschaft ablaufenden Stoffkreisläufe.

1.2 Grundbegriffe der Geochemie der Landschaft

1.2.1 Verteilung der Elemente in den Sphären

Wie schon in Abschn. 1.1.3 erwähnt, bestimmte der Amerikaner Clarke 1889 in 880 Gesteinsproben die Konzentration der verschiedenen Elemente und versuchte auf diese Weise, die mittlere stoffliche (elementare) Zusammensetzung dieser Elemente in der Erdkruste zu berechnen. Der russische Mineraloge und Geochemiker A.E. Fersman schlug 1923 vor, zu Ehren Clarkes die mittlere Konzentration eines Elementes in der oberen Erdkruste, einem ihrer Teile, der Erde insgesamt oder eines beliebigen abgrenzbaren Geosystems als „Clarke“ zu bezeichnen (PERELMAN 1973: 27). Ein Clarke Sauerstoff der oberen Erdkruste beträgt also 42.28 %, ein Clarke Silizium 28.02 % oder ein Clarke Gold 43×10^{-7} %. Elemente, die hohe Clarkes besitzen, haben niedrige Ordnungszahlen, wie etwa Sauerstoff, Silizium, Calcium. Die Elemente, die über 99 % der Masse der Erdkruste ausmachen, haben alle Ordnungszahlen kleiner oder gleich 26 (Eisen). Elemente mit besonders kleinen Clarkes beginnen mit der Ordnungszahl 70.

Daraus wird deutlich, daß die Massenkonzentration, also das Vorhandensein eines Elementes in der Erdkruste, nichts oder doch nur sehr wenig mit dem Bau der Elektronenhülle, also den chemischen Eigenschaften, zu tun hat, sondern mit dem Bau des Atomkerns, einer eher physikalischen Eigenschaft. Dieser Umstand liegt darin begründet, daß die Bildung von Atomen bis zur Ordnungszahl 26 energetisch positiv für das System (Atom) ist.

Ein physikalisches Gesetz besagt ja, daß immer der energetisch günstigste Zustand von einem System angestrebt wird und das ist der Zustand mit der höchsten Enthropie oder der energieärmste Zustand. Die Bildung von Helium aus zwei Wasserstoffatomen läuft unter Energiefreisetzung ab, wie leicht durch die Sonnenwärme zu veranschaulichen ist. Die Summe der Energie zweier Wasserstoffatome muß also höher sein als die Summe der Energie des Reaktionsproduktes, des Heliums, denn ein Teil der Energie wird ja als Wärmeenergie frei. Dieses „Freiwerden“ von Energie findet nur bis zur Bildung von Atomen mit der Ordnungszahl 26 statt. Danach geht der umgekehrte Prozeß von statten, die innere Energie der Atome nimmt wieder zu. Das hat seine Ursache darin, daß die Atomkerne aus dichtgepackten positiv geladenen Protonen und neutralen Neutronen bestehen. Je mehr Protonen im Kern vereint sind, um so größer werden die Abstoßungskräfte untereinander und um so mehr Energie muß zum Zusammenhalt des Kernes aufgewendet werden. Ab einer bestimmten Größe beginnt der spontane Zerfall der Atomkerne unter Abgabe von Energie.

Ein zweiter Grund der Verteilung der Elemente innerhalb der Erde (und damit in der für die Geochemie der Landschaft hauptsächlich relevanten Erdkruste) liegt in der Masse der Elemente begründet. Wie aus Tabelle 1.2 ersichtlich ist, befinden sich im Erdkern die schweren Elemente Eisen (OZ 26), Nickel (OZ 28) und Kobalt (OZ 27) mit einem prozentualen Anteil von 89. Die schweren Elemente Kobalt und Nickel liegen in der oberen Erdkruste nur in Konzentrationen von Tausendstel Prozent vor. Die grundlegenden Besonderheiten der Verteilung der Elemente stammen also schon aus den ersten Etappen der Planetenentstehung, in denen sich die Erdkruste aus vergleichsweise leichten Elementen bildete. Die grundlegenden elementar-chemischen Eigenschaften dieser Kruste haben sich im Verlauf der geologischen Entwicklung nicht verändert. Die ältesten archaischen Gesteine bestehen (bestanden) wie die jüngsten im wesentlichen aus Sauerstoff, Silizium, Aluminium und Eisen.

Tabelle 1.2. Verteilung der Elemente in den verschiedenen Schalen der Erde (nach versch. Quellen)

Obere Kruste			Erdmantel			Erdkern		
Sauerstoff	47.0 %	AM 16	Sauerstoff	35 %	AM 16	Eisen	80 %	AM 56
Silizium	29.5 %	AM 28	Eisen	25 %	AM 56	Nickel	8 %	AM 58.6
Aluminium	8.1 %	AM 27	Silizium	18 %	AM 28	Kobalt	1 %	AM 59

Entsprechend der Größe der Clarkes werden die Elemente in drei Gruppen eingeteilt. Elemente mit mehr als einem halben Prozent Massenanteil werden als Makroelemente bezeichnet. Beträgt die Konzentration weniger als ein halbes Prozent und mehr als ein Tausendstel, so handelt es sich um ein Mikroelement. Bei weniger als einem Tausendstel Prozent (1 Teil von 100.000 Teilen) werden die Stoffe als seltene Elemente bezeichnet. Im umweltchemischen Sprachgebrauch hat sich eine etwas andere Einteilung durchgesetzt: Als Makroelemente werden hier Natrium, Kalium, Magnesium und Calcium bezeichnet und unter dem Begriff Mikroelement werden im wesentlichen alle Elemente ab einschließlich Eisen zusammengefaßt. Diese Einteilung ist zwar wissenschaftlich nicht korrekt, hat jedoch den Vorteil, die Elemente hinsichtlich ihrer Toxizität und Bedeutung als Pflanzennährstoffe zu gruppieren.

Bei landschaftsgeochemischen Untersuchungen interessiert jedoch meist nicht die Erdkruste im allgemeinen, sondern immer nur ein ganz konkreter Ausschnitt oder Teil, die lithogene Komponente, eines definierten Geosystems. Je nachdem, welche Art von Gestein an der Oberfläche ansteht, unterscheiden sich die Massenkonzentrationen der verschiedenen Elemente, die das entsprechende Gestein bilden. An einem konkreten Punkt des Geosystems sind bestimmte Elemente in höheren Konzentrationen vorhanden als im Mittel des Systems, bestimmte andere in geringeren Konzentrationen. Durch das Verhältnis der tatsächlich gemessenen Konzentration eines Elementes an einem bestimmten Punkt zu dem Mittelwert des entsprechenden Elementes in einem größeren Bezugssystems lassen sich die Systeme differenzieren. Das gewählte Bezugssystem (sein Rang oder Niveau) hängt dabei von der konkreten Aufgabenstellung ab, vom Prinzip ist für jede abgegrenzte Landschaftseinheit ein Mittelwert seiner elementaren Bestandteile berechenbar, der mit den Werten eines jeweils kleineren Gebietes verglichen werden kann.

Bei derartigen Verhältnisberechnungen ist es günstig, mit den Begriffen Konzentrationsclarke und Verteilungsclarke zu arbeiten. Der Konzentrationsclarke ergibt sich aus der Division des konkreten Wertes durch den Mittelwert für den Fall, daß der konkrete Wert größer als der Mittelwert ist. Eine Division des Mittelwertes durch den konkret gemessenen Wert für den Fall, daß letzterer kleiner als der Mittelwert ist, ergibt den Verteilungsclarke. Auf diese Weise haben die verwendeten Zahlen immer Werte über oder gleich Eins, was eine bessere Übersichtlichkeit gewährleistet und auch die tatsächlichen Verhältnisse analoger darstellt als die übliche Darstellung in Bereichen zwischen Eins und Null. Im Dezimalsystem ergibt eine zehnfache Erhöhung einer Konzentration den Wert 10, eine zehnfache Abnahme den Wert 1/10. Graphisch dargestellt ergeben die Strecken kein analoges Bild der tatsächlichen Verhältnisse.

In Abbildung 1.2 sind als Beispiel die Verteilungs- und Konzentrationsclarke von Granit, Basalt und Sandstein in Bezug auf den mittleren Elementgehalt in der Erdkruste dargestellt. Beim Granit ist eine Erhöhung der Konzentration von Silizium, Kalium und Natrium um nicht mehr als die Hälfte gegenüber dem Gesteinsmittel zu verzeichnen, hingegen eine Konzentrationsabnahme von Calcium und Magnesium um einen höheren Betrag. Granit zählt zu den sauren Gesteinen (Kieselsäure durch Silizium). Der Basalt hingegen weist eine Abnahme der Siliziumkonzentration auf, wohingegen die Basenbildner Calcium und Magnesium eine höhere Konzentration als im Gesteinsmittel aufweisen. Basalt ist ein basisches Gestein. Die abgebildeten Sequenzen, das Verhältnis der Elementkonzentrationen zum eigenen Mittelwert eines ausgewählten Elementespektrums, wird als Elemente-Muster bezeichnet. Ein Vergleich des Musters des Sandsteins mit den Mustern von Granit und Basalt zeigt, daß der hier vorgestellte Sandstein eher ein Verwitterungsprodukt von granitischen Gesteinen ist. Die Abnahme der Aluminium- und Eisenkonzentration zeigt die chemische Komponente der Verwitterung an.

Ein Geosystem besteht in der Regel jedoch nicht nur aus einem Teil der Lithosphäre, sondern ebenso aus der Biosphäre und Atmosphäre, häufig auch noch aus der Sozio- oder Technosphäre. Sowohl die Bio- wie auch die Soziosphäre betreiben einen von ihrer Seite aus aktiven Stoffwechsel mit der oberen Schicht der Gesteinshülle und der Atmosphäre. Sowohl die Biosphäre wie auch die Soziosphäre betreiben ihren Stoffwechsel selektiv, d.h. sie nutzen erstens nicht alle vorhandenen Elemente und zweitens in anderen Konzentrationen, als sie in der Gesteinshülle oder in der Atmosphäre auftreten. Die verschiedenen Sphären, obwohl in einem Raum existierend und ein Geosystem bildend, unterscheiden sich in ihrer chemischen Qualität und Quantität. Hier formiert sich der Konflikt zwischen den Sphären insofern, inwiefern Bio- oder Soziosphäre chemisch ändernd auf die übrigen Sphären (oder untereinander) wirken. Seitens der chemischen Änderungen durch die von der Soziosphäre initiierten Stoffkreisläufe wird von chemischer Umweltbelastung gesprochen.

Die Bildung primären organischen Stoffes geschieht hauptsächlich auf dem Wege der Photosynthese aus anorganischen Stoffen der Gesteinshülle und der Atmosphäre durch grüne Pflanzen. Die Pflanze nimmt Kohlendioxid und Wasser auf und verwandelt diese mit Hilfe der Lichtenergie und dem Chlorophyll als Katalysator zu $[CH_2O]_n$ und Sauerstoff. Aus dem Boden oder Wasser (hier im Sinn von „Gewässer") nehmen Pflanzen hauptsächlich Calcium, Kalium, Magnesium und Eisen auf, aber auch Sulfate, Chlorid, Nitrat oder Phosphat, die zur Synthese verschiedenster organischer Substanzen benötigt werden. Wie Tabelle 1.3 zeigt, besteht organische Substanz im wesentlichen aus vier Elementen, aus Sauerstoff, Kohlenstoff, Wasserstoff und Stickstoff mit einem Gewichtsanteil von 98.8 % der Gesamtmasse.

	Konzentrationsclarke								Verteilungsclarke					
	2			1,5				1		1,5				2
Granit		Si		K		Na			Al	P	Fe	Ca		Mg
Basalt	Ca	Mg		Fe			P			Si	Al	Na		
Sandstein			Na	Si	K			Ca	P		Mg	Ti	Al	Fe

Abb. 1.2. Konzentrations- und Verteilungsclarke der wichtigsten Elemente von Granit, Basalt und Sandstein (Quelle: PERELMAN 1973)

Tabelle 1.3. Wichtigste elementare Bestandteile von Lithosphäre, Atmosphäre und Biosphäre (nach versch. Quellen)

Lithosphäre		Atmosphäre		Biosphäre	
Sauerstoff	47.0 %	Stickstoff	78.6 %	Sauerstoff	70 %
Silizium	29.5 %	Sauerstoff	20.5 %	Kohlenstoff	18 %
Aluminium	8.05 %	Argon	0.93 %	Wasserstoff	10.5 %
Eisen	5.58 %	Kohlenstoff	0.008 %	Stickstoff	0.3 %

Aber auch im Organismus wurden so ziemlich alle chemischen Elemente entdeckt, wenn auch (außer O_2, C und H) in Konzentrationen von weniger als einem Prozent. Die Clarkes der meisten Elemente sind sehr klein. So hat zum Beispiel Molybdän einen Anteil von 1×10^{-5}, (in der Lithosphäre 5.8×10^{-3}) und der Clarke des Kupfers beträgt 2×10^{-4} (in der Lithosphäre 4.7×10^{-3}). Als unbedingt in größeren Mengen notwendig (die sogenannten Makronährelemente) gelten folgende 10 Elemente: Kohlenstoff, Wasserstoff, Sauerstoff, Stickstoff, Schwefel, Phosphor, Kalium, Calcium, Magnesium und Eisen. Das Eisen wird in weit geringeren Mengen als die übrigen Elemente benötigt und leitet daher zur Gruppe der Mikroelemente über. Interessant ist, daß unter den zehn wichtigsten Elementen auch fünf sind, die in hohen Konzentrationen in der Erdkruste vorkommen. In geringen Mengen unentbehrlich sind Mangan, Bor, Zink, Kupfer, Molybdän und Chlor. Spurenelemente, die nur von einigen Organismen aufgenommen werden, sind Selen, Kobalt und Silizium.

Die Selektivität der Biosphäre insgesamt, also die konzentrierende Aufnahme oder dekonzentrierende „Ablehnung" bestimmter Elemente, kann durch Koeffizienten der biologischen Aufnahme ausgedrückt werden (siehe Abb. 1.3).

	100n	10n	n	0.1n	0.01n
intensive Akkumulation	P, S, Cl, Br, J				
Akkumulation		Ca, Na, K, Mg, Sr, Zn, B, Se			
Aufnahme				Mn, Ni, Cu, Ca, Pb, Mg, Ag, As	
schwache Aufnahme					Si, Al, Fe,Ti, V, Nb, W, Cd, Cs

Abb 1.3. Koeffizienten biologischer Aufnahme von Elementen (Konzentrationen des Elementes in der Biosphäre zur Lithosphäre) (Quelle: PERELMAN 1973)

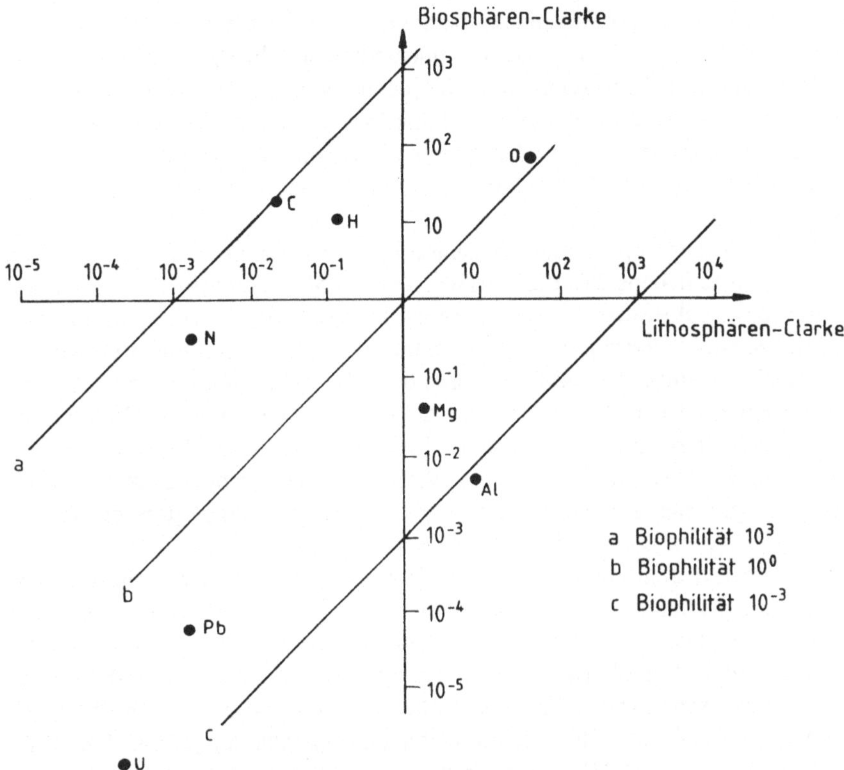

Abb. 1.4. Biophilität ausgewählter Elemente

Entsprechend der Fähigkeit von Pflanzen, Elemente aufzunehmen, wird zwischen Akkumulation und Aufnahme unterschieden. Um eine Akkumulation handelt es sich in dem Falle, daß ein Element in gleicher oder größerer Konzentration in der Biosphäre vorkommt als in der Lithosphäre, in anderem Falle nur um eine Aufnahme. Solche Elemente wie Phosphor, Schwefel oder Jod werden bis zum Hundertfachen akkumuliert, spielen also im Pflanzenleben eine große Rolle. Phosphor zum Beispiel ist ein wichtiger Stoff im Energiehaushalt von Organismen, speichert doch die Zelle Energie in Folge der Bildung von Adenosin-Triphosphat, die bei der Bildung von Adenosin-Diphosphat wieder freigesetzt wird. Elemente wie Calcium, Natrium, Magnesium und Zink werden um einen Faktor 10 angereichert, Magnesium ist das Zentralatom des Chlorophylls, Calcium bildet das Stützgewebe von Zellwänden.

Das Verhältnis zwischen dem Clarke eines Elementes in der Biosphäre und dem Clarke dieses Elementes in der Lithosphäre wurde von A. I. Perelman als Biophilität bezeichnet. Die Biophilität gibt also an, durch welchen Faktor sich die Konzentration eines Elementes in der Biosphäre von der Konzentration in der Lithosphäre unterscheidet. In einem rechtwinkligen logarithmisch skaliertem Koordinatensystem (siehe Abb. 1.4) wird auf der Abszisse der Clarke in der Lithosphäre, auf der

Ordinate der Clarke in der Biosphäre abgetragen. Die Gerade $y=x$ stellt somit die Biophilität *1* dar, die auf ihr liegenden Elemente haben in beiden Sphären die gleiche Konzentration. Bei den Elementen, die rechts unterhalb der Funktion $y=x$ liegen, also auf gedachten Geraden der Funktion $y=x-n$, ist der Clarke in der Lithosphäre um n größer als der Clarke in der Biosphäre, die Biophilität ist gleich $-n$. Liegen die Elemente auf gedachten Geraden der Art $y=x+n$, beträgt die Biophilität analog $+n$.

Bei der Bewertung von Elementkonzentrationen in Pflanzen muß berücksichtigt werden, daß verschiedene Pflanzen verschiedene Stoffe unterschiedlich stark akkumulieren bzw. aufnehmen können, ja selbst unterschiedliche Teile ein und derselben Pflanze eine unterschiedliche Konzentration des gleichen Stoffes aufweisen. Diese Tatsache ist einfach zu erklären durch den (chemisch interpretierten) Begriff der ökologischen Nische. Seit langem ist bekannt, daß zum Beispiel Feldfrüchte ganz unterschiedliche Stoffe, zumindest in unterschiedlichen Konzentrationen, dem Boden entnehmen. Ausdruck dieses Wissens ist die Fruchtfolge in der Landwirtschaft. Es gilt hier das „Gesetz der vier c" -complete competitors cannot coexist.

Da wegen deren Begrenztheit nicht alle Pflanzen eines Standortes die gleichen Elemente nutzen können, werden diese selektiv aufgenommen, immer nur eine Gruppe oder die gleichen Elemente in sehr unterschiedlichen Konzentrationen. So enthält eine Möhrenwurzel etwa 37 Teile Kalium, 21 Teile Natrium und 11 Teile Calcium (in der Asche), in der Kartoffelknolle hingegen sind 60 Teile Kalium, nur 3 Teile Natrium und 2,5 Teile Calcium enthalten (bezogen auf jeweils 100 Teile Asche) (STRASBURGER 1991). Das bedeutet, daß sich auf einem chemisch völlig homogenen Feld der Lithosphäre ein chemisch inhomogenes Feld der Biosphäre aufbaut, weil die Begrenztheit der verfügbaren Stoffe die verschiedenen Pflanzenarten zwingt, unterschiedliche Stoffkreisläufe zwischen sich und der unbelebten Natur aufrechtzuerhalten.

Die zweite, aktiv Stoffkreisläufe iniziierende Sphäre ist die Soziosphäre oder besser Technosphäre. Der Begriff „Sozio" impliziert ja auch zwischenmenschliche und gesellschaftliche Beziehungen, die durchaus nicht stofflicher Natur zu sein brauchen. Für Emissionen, für Stoffkreisläufe mit der anorganischen Natur, für Wirkungen auf die biotische Umwelt sind diese Art von Beziehungen jedoch irrelevant, von Bedeutung ist hier die Technik. Die chemischen Prozesse in der Soziosphäre vollziehen sich in der Technosphäre, dem „anorganischen Leib" des Menschen.

Während alle anderen Organismen stoffliche Kreisläufe zu fast 100 % durch ihren eigenen Organismus ablaufen lassen (Nahrungsaufnahme und Ausscheidungen), sind die modernen anthropogen iniziierten Kreisläufe außerhalb des eigenen Organismus lokalisiert. Hierzu ein kleines Beispiel.

Der Mensch (als Lebewesen) benötigt am Tag etwa das Energieäquivalent von 2500 kcal. Eine Kilokalorie ist diejenige Wärmemenge, die benötigt wird, um ein kg reinen Wassers von 14.5 auf 15.5 °C zu erwärmen. Um 10 Liter Wasser von 10 auf 40 °C zu erwärmen, werden also 300 kcal benötigt, das ist die Menge Wassers, die der moderne Mensch lediglich für die morgendliche Dusche benötigt. Da eine kWh etwa 860 kcal entspricht, hat eine Waschmaschine von 2 kW in weniger als zwei Stunden den Energiebetrag verbraucht, den der menschliche Körper zur Aufrechterhaltung aller Lebensfunktionen benötigt. Energie- und Stoffhaushalt des Menschen laufen also, rein statistisch gesehen, außerhalb des menschlichen Körpers ab. Aus dem obigen Beispiel geht auch hervor, daß sich die Technosphäre entsprechend der Entwicklungsstufen der Gesellschaft ändert und damit auch die Belastung der Umwelt. Im folgenden soll jedoch der „chemische Zustand" der Technosphäre betrachtet werden, ohne zunächst auf die Wechselwirkung mit anderen Sphären einzugehen.

Zu Beginn der Menschheitsentwicklung war die Technosphäre kaum entwickelt und beschränkte sich auf in der Form, nicht in ihrer chemischen Qualität und Quantität, veränderten Naturstoffe, die in ihrer chemischen Zusammensetzung ihren lithosphärischen oder biosphärischen Ausgangsstoffen gleichen. Faustkeil und Steinbeil, Pfeilspitze und Messer unterscheiden sich chemisch nicht von Feuerstein oder Obsidian, aus dem sie hergestellt sind. Auch die Geräte aus Knochen, die Fellkleidung oder das Lederzelt waren chemisch (weitestgehend) identisch mit den entsprechenden Organen der Lebewesen, denen sie entstammten. Erste qualitative und quantitative Unterschiede des chemischen Zustandes der Technosphäre begannen sich mit der Herstellung von Werkzeugen und Waffen aus Metall, zunächst Kupfer und Zinn, später Eisen zu entwickeln. Beim Bau von Wasserleitungen und Zisternen des Römischen Reiches kam noch Blei hinzu. Die Metallnutzung führte einerseits zu einer Konzentration oder Anreicherung der gesamten Elemente in den menschlichen Siedlungen (Schwermetalle werden in der modernen Archäologie als Indikatoren menschlichen Tuns genutzt), andererseits gelangten qualitativ völlig neue Stoffe in die Umwelt. Kommen doch Kupfer, Zinn, Blei und vor allem Eisen in der Natur nur sehr selten gediegen vor.

Die Nutzung chemischer Elemente in der Technosphäre war lange Zeit recht konstant beschränkt auf wenige Stoffe, bis zum Ausklang des Mittelalters hatte der Mensch etwa 19 Elemente in seine „außerleiblichen" Stoffkreisläufe einbezogen, Kupfer und Zinn, Gold und Silber, Quecksilber und Blei. Schwefel etwa wird genutzt zur Herstellung von Schwarzpulver, aber auch zur Haltbarmachung von Lebensmitteln. Kalium wird gewonnen durch die Auslaugung von Pflanzenasche in großen Töpfen (Pötten), noch heute ist das Wort „Pottasche" geläufig und im englischsprachigen Raum heißt Kalium noch heute „potash". Die technische Entwicklung des 18.Jhs. bewirkte einen Anstieg der Zahl genutzter Elemente auf 28, die des 19.Jhs. auf 50. Wolfram wird als Glühfaden für Lampen verwendet, Aluminium, im Mittelalter dem Gold gleichwertig, zu Massenartikeln verarbeitet. Im 20.Jh. werden nicht nur faktisch alle Elemente genutzt, es gelingt sogar, wenn auch nur für Bruchteile von Sekunden, neue Elemente zu schaffen.

Ein Großteil der durch die Gesellschaft der Lithosphäre entnommenen Elemente wird jedoch nicht in ein auf Dauer nutzbares Produkt umgewandelt, sondern gelangt früher oder später wieder außerhalb der Technosphäre in die sie umgebende Umwelt. Das Problem besteht darin, daß die von der Gesellschaft genutzten

Elemente in solchen Konzentrationen an die Umwelt abgegeben werden, wie es natürlich normalerweise nicht vorkommt und „jedes Ding ist ein Gift und nur die Dosis macht, daß ein Ding kein Gift ist" (Spruch des Paracelsus). Die Biosphäre konzentriert in erster Linie Makroelemente (siehe Abb. 1.4), durch die Technosphäre werden in erster Linie Mikroelemente konzentriert, also Stoffe ab der Ordnungszahl 26. Auf der einen Seite wird die Nutzung der Elemente durch ihre Fähigkeit (Eigenschaft) Mineralien zu bilden und somit in partiell höheren Konzentrationen aufzutreten, Lagerstätten zu bilden, bestimmt. Solche Elemente sind Eisen, Kupfer, Zink, Blei, Schwefel und andere wie Gold und Silber, die sogar gediegen vorkommen. Gold und Silber gehören auch zu den sehr früh genutzten Stoffen. Auf der anderen Seite wird die Nutzung auch vom Lithosphären- und Biosphärenclarke bestimmt. So werden jährlich Milliarden Tonnen von Kohlenstoff verbraucht (fossile organische Substanzen, also ehemalige Biosphären), hunderte Millionen Tonnen von Eisen, Millionen Tonnen Kupfers, Tausende Tonnen des giftigen Quecksilbers und einige Dutzende Tonnen von Platin. Die technologischen Kenntnisse und Möglichkeiten des Menschen sind die ausschlaggebenden Bedingungen, die über die Konzentrationen eines Elementes in der Technosphäre entscheiden.

Aluminium hat, wie schon mehrfach erwähnt, einen Lithosphärenclarke von 8.05, wurde aber praktisch bis zum 20. Jh. nicht genutzt, unter anderem wegen der technologischen und energetischen Probleme, die bei der Aluminiumgewinnung aus Bauxit entstehen. Daß Aluminium häufig auftritt, vor allem in den Tonmineralien der Tonerde, war bekannt. Die Elemente der dritten Hauptgruppe wurden deshalb auch als „Erdmetalle" (heute nicht mehr üblich) bezeichnet. Ein ähnliches Schicksal hat das mit einem Clarke von 0.45 sehr häufig vorkommende Titan, das aber überwiegend in geringen Konzentrationen vorkommt und zudem nicht als Lagerstättenmetall auftritt. Erst 1922 gelang seine Reindarstellung. Heute ist es Bestandteil hochfester Titanstähle und von Armbanduhren.

Das Verhältnis der jährlichen Gewinnung eines Elementes zu reinem Lithosphärenclarke wird als Technophilität bezeichnet und gibt an, um welchen Faktor ein bestimmtes Element eine Anreicherung in der Technosphäre erhält (siehe Abb. 1.5). Auf der Abszisse werden die prozentualen Anteile des jeweiligen Elementes in der Erdkruste abgetragen, auf der Ordinate die Gewinnung des Elementes in Tonnen pro Jahr. Eine Betrachtung der Elemente Eisen und Mangan ergibt bei einem Clarke von 4.65 und 0.1 und einer Gewinnung von 3×10^8 t Eisen und 6×10^6 t Mangan eine gleiche Technophilität von etwa 6×10^7, Mangan und Eisen erfahren also eine gleiche große Anreicherung in der Technosphäre. Silber hingegen, mit einer Förderung von 8×10^3 t/a und einem Clarke von 7×10^{-6} hat eine Technophilität von 1×10^9, wird also etwa 17 mal mehr in der Technosphäre angereichert als Eisen. Die höchste Technophilität hat das Element Kohlenstoff mit etwa 10^{11}.

Auch das chemische Feld der Technosphäre ist nicht homogen, sondern stellt ständig räumlich und zeitlich wechselnd eine im Gegenteil extrem inhomogene Erscheinung dar. Erstens nutzen wirtschaftlich höher entwickelte Länder mehr chemische Elemente als wirtschaftlich schwache und außerdem in wesentlich höheren

Konzentrationen. Zweitens ist der chemische Zustand, das chemische Feld der Technosphäre, gerade in hochentwickelten Ländern sehr kleinräumig strukturiert. So ist die Elementekonzentration in Industrieregionen viel höher als im agrarisch genutzten Raum oder in Rekreationsgebieten. Wird außerdem noch in Betracht gezogen, daß die weitaus größere Menge an Stoffen als Abprodukte diffus verteilt in der Umwelt vorliegen und längst vergangene Erscheinungsformen der Technosphäre widerspiegeln (z.B. Altlasten), wird die Inhomogenität besonders deutlich.

Da der Geograph oder Geoökologe nun nie mit einzelnen Komponenten der Landschaft zu tun hat, sondern immer mit Systemen, in denen sich *Lithosphäre*, *Biosphäre*, *Atmosphäre* und in den meisten Fällen *Technosphäre* gegenseitig durchdringen, ergibt sich als Untersuchungsobjekt ein chemisch vertikal und horizontal differenzierter Raum, dessen Chemismus auch zeitlichen Schwankungen unterliegt. Die Hauptbestandteile der Sphären unterscheiden sich von ihrer chemischen Natur her deutlich voneinander, die Lithosphäre besteht hauptsächlich aus Sauerstoff, Silizium, Aluminium und Eisen, die Atmosphäre aus Stickstoff und Sauerstoff, die Biosphäre aus Kohlenstoff, Sauerstoff und Wasserstoff, die Technosphäre aus Kohlenstoff und den Schwermetallen. Die inaktiven (entropen) Sphären Lithosphäre und Atmosphäre werden, wenigstens an ihren Grenzflächen, dabei immer mehr Produkte der Stoffkreisläufe der aktiven (negentropen) Biosphäre und Technosphäre verändert. Der Sauerstoff in der Atmosphäre und damit verbunden oxidative Reaktionsbedingungen oder die Kalkablagerungen in der Lithosphäre sind beredete Beispiele.

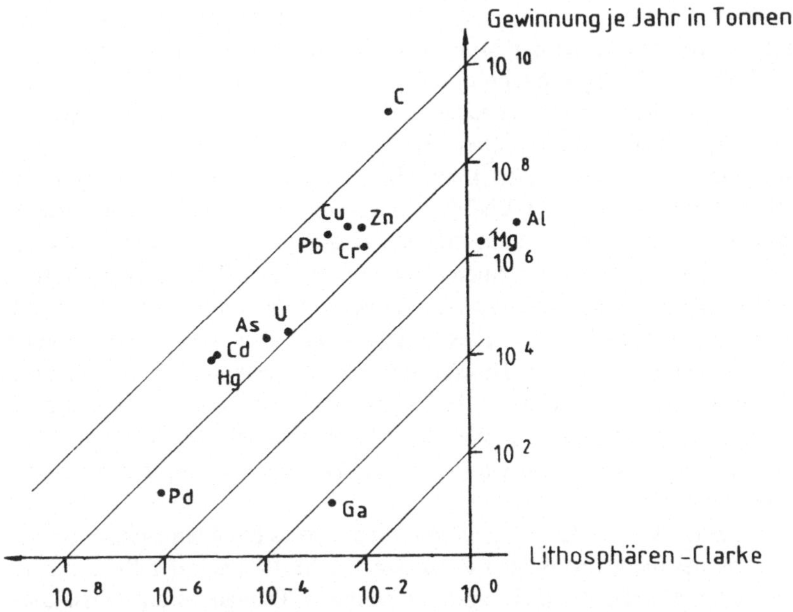

Abb. 1.5. Technophilität ausgewählter Elemente (Quelle: PERELMAN 1973)

Doch nicht nur in den Hauptbestandteilen unterscheiden sich die Sphären, sondern auch in der Zusammensetzung fast aller übriger Elemente. Die geochemischen Probleme ergeben sich dadurch, daß die vielfältigsten Stoffkreisläufe im gleichen Raum ablaufen und es zu einer Beeinflussung der aktiven Spähren untereinander entweder direkt oder indirekt über Veränderungen in Litho- oder Atmosphäre kommt. Die Biosphäre hat sich in einer mehrere Milliarden Jahre dauernden Evolution auf das Stoffdargebot der Lithosphäre eingestellt und bestimmte Mechanismen der Aufnahme von Stoffen entwickelt, durch den chemischen Zustand der Technosphäre hat sich das Stoffdargebot für die Biosphäre quantitativ wie qualitativ geändert.

Bis hier wurde der Chemismus der Sphären statisch und einzeln betrachtet, im weiteren soll die Bewegung und Fixierung der Elemente bei ihren Stoffkreisläufen durch die unterschiedlichen Sphären betrachtet werden.

1.2.2 Migration und migrationsbeeinflussende Größen

Forschungsgegenstand der Geochemie der Landschaft sind die chemischen Beziehungen unterschiedlicher Elemente oder Kompartimente des Geosystems. Bei der Betrachtung von Stoffbewegungen müssen innere und zwischen-objektliche Bewegungen unterschieden werden. Innere Bewegungen in der Lithosphäre sind zum Beispiel Gesteins- und Mineralbildungen, in der Biosphäre die Synthese körpereigener Stoffe und in der Technosphäre die Produktion materieller Güter. Diese Prozesse und Bewegungen interessieren den Geographen/Geoökologen jedoch nur insofern, inwiefern sie Auswirkungen auf das Geosystem zeigen. Ein technologischer Prozeß ist interessant bei der Stoff- und Energieaufnahme *aus* der Umwelt und bei der Stoff- und Energieabgabe *in* die Umwelt. Was mit den Stoffen innerhalb des technologischen Prozesses geschieht, sollte zwar bekannt sein, ist jedoch nicht Forschungsgegenstand der Geochemie der Landschaft.

Die Bewegung der Elemente in der Landschaft wird durch vielfältige physikalische und chemische Größen und Bedingungen beeinflußt. Die Wirkung dieser Größen ergibt sich einerseits aus ihrer eigenen Ausprägung und andererseits aus den Eigenschaften des jeweiligen Elementes und der Art und Weise seines Auftretens. Innerhalb der Landschaft geschieht die Bewegung der Stoffe entweder durch die Luft oder im wäßrigen Milieu. Transportgeschwindigkeit und Transportweite hängen dabei wesentlich von der Transportkraft des transportierenden Medium und der Masse des zu transportierten Teilchens ab. Neben diesen wesentlichen physikalischen Größen bestimmen auch chemische Reaktionsbedingungen das Migrationsverhalten, im wesentlichen *Gleichgewichtsverschiebungen*, das *Redoxpotential* und der *pH-Wert*.

In der Geochemie der Landschaft sind vor allem reversible chemische Prozesse von Interesse, da bei nicht-reversiblen Prozessen die Stoffe nach der Reaktion einen stabilen Zustand erreicht haben, von der weiteren Teilnahme an Kreisläufen also ausgeschlossen sind. Forschungsobjekt ist aber das sich bewegende und wirkende Element. Alle reversiblen Prozesse tendieren zum Erreichen eines Gleichgewichtszustandes. Bei einer chemischen Reaktion ist dieser Gleichgewichtszustand erreicht, wenn die Reaktion in der einen Richtung (Hinreaktion) genauso schnell abläuft wie die Reaktion in der umgekehrten Richtung (Rückreaktion). Um solche *Gleichgewichte* zum Ausdruck zu bringen, wird in der Reaktionsgleichung der Doppelpfeil verwendet.

Gegeben seien zwei Stoffe A und B, die miteinander reagieren können. Sie werden miteinander vermischt und bilden den Stoff AB. In dem Maße, wie die Hinreaktion abläuft, wird sich die Konzentration von A und B verringern und dementsprechend die Reaktionsgeschwindigkeit verringern. Zu Beginn des Versuches kann die Rückreaktion nicht stattfinden, da kein Reaktionsprodukt AB vorhanden ist. In dem Maße, wie während der Hinreaktion jedoch AB gebildet wird, setzt auch die Rückreaktion ein, das Reaktionsprodukt AB bildet die Ausgangsstoffe A und B. Laufen beide Prozesse mit der gleichen Geschwindigkeit ab, hat sich das Gleichgewicht eingestellt. In diesem Gleichgewichtszustand bleiben die Konzentrationen aller beteiligten Substanzen konstant. Was geschieht aber, wenn die Konzentration eines beliebigen der beteiligten Stoffe geändert wird? Das 1884 von Le Chatelier (1850-1936) formulierte Prinzip des kleinsten Zwanges besagt, daß ein im Gleichgewicht befindliches System einem Zwang ausweicht (MORTIMER 1987), eine Konzentrationsänderung ist ein solcher Zwang. Das Gleichgewicht verschiebt sich in die Richtung, in der die Konzentration eines Stoffes abnimmt.

Als Beispiel für die Auswirkungen von Gleichgewichtsverschiebungen soll der Kalktransport in der Landschaft betrachtet werden. Ein Kalkteilchen im Boden ist umgeben von Wasser und Kohlendioxid, es liegen also die Ausgangsstoffe $CaCO_3$, H_2O und CO_2 vor. Kalk an sich ist nicht wasserlöslich und kann demnach auch nicht (außer durch Gravitation) verlagert werden. Aus den Ausgangsstoffen bildet sich jedoch Calciumbicarbonat, welches wasserlöslich ist. Es stellt sich also folgendes Gleichgewicht ein:

$$CaCO_3 + nH_2O + mCO_2 \Leftrightarrow HCO_3 - Ca - CO_3H + (n-1)H_2O + (m-1)CO_2$$

oder einfacher

$$CaCO_3 + H_2O + CO_2 \Leftrightarrow HCO_3 - Ca - CO_3H$$

Wird der Boden, in dem sich das Kalkteilchen nun befindet, feuchter, nimmt also die Konzentration von Wasser zu, wird sich das Gleichgewicht in Richtung der Bildung von Calciumbicarbonat verschieben. Beginnt das Wasser zu fließen, wird das wasserlösliche Bicarbonat mittransportiert. Also nimmt seine Konzentration ab. Das bedeutet, daß mehr Kalk, Wasser und Kohlendioxid zu Calciumbicarbonat umgewandelt werden, und sich das Gleichgewicht in Richtung Bildung des Bicarbonates verschiebt. Der Kalk kann als Bicarbonat in der Landschaft migrieren.

Solche Gleichgewichtsreaktionen und Verschiebungen sind verantwortlich für die Bildung von Tropfstein oder Travertin. Der Kalk wird mittels Wasser und

Kohlendioxid zu Calciumbicarbonat umgewandelt und mit dem fließenden Wasser transportiert. Ändern sich die Bedingungen und beginnt das Wasser zu verdunsten, verschiebt sich das Gleichgewicht nach dieser Seite, mithin also zur Bildung von $CaCO_3$ aus HCO_3 - Ca - CO_3H. Der neu ausgefällte Kalk bildet Tropfstein oder auch sekundären Kalk, Travertin. Auch sekundäre Gipsvorkommen wie der Fasergips sind durch Gleichgewichtsverschiebungen zu erklären.

Gleichgewichte können auch dann beeinflußt werden, wenn die Stoffkonzentrationen durch ähnlich reagierende Stoffe verändert werden, bestimmte Reaktionspartner also durch andere Elemente oder Verbindungen ersetzt werden können. Besonders für den Fall, daß der neu hinzugekommene Reaktionsstoff eine höhere Affinität zum Reaktionspartner hat, wird eine Mobilisierung und Migration des anderen Partners verstärkt. Ökologisch relevant wir dieser Effekt der „Konkurrenzionen", wenn Nährstoffe mobilisiert werden und das Geosystem verlassen oder aber hochtoxische Stoffe aus festen Verbindungen durch Ersatz eines anderen Stoffes in verfügbare oder chemisch reaktive Zustände übergehen. Laborversuche haben gezeigt, daß bestimmte Stoffe durchaus als „Konkurrenz um Bindungsplätze" für andere Ionen auftreten können (CHRISTENSEN 1987) und deren Migrationsfähigkeit, wie in Abbildung 1.6 zu sehen ist, stark beeinflussen. Konzentrationen und Gleichgewichtsverschiebungen werden auch genutzt, um geochemische Aussagen und Messungen durchzuführen, die Bestimmung des potentiellen pH-Wertes oder der potentiellen Kationenaustauschkapazität von Böden sind Beispiele dafür.

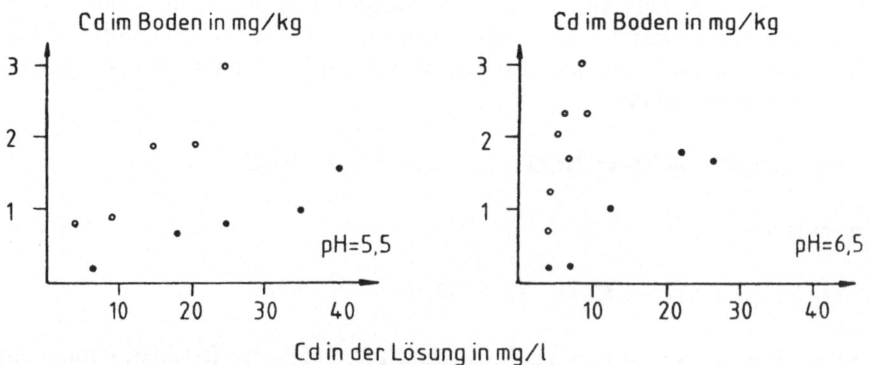

Abb. 1.6. Mobilität von Cadmium bei verschiedenen pH-Werten mit und ohne Zink als Konkurrenzion (nach CHRISTENSEN 1987)

Von großer Bedeutung für die Migration ist das *Redoxpotential*, bestimmt es doch, in welcher Form Bindungen vorliegen und damit auch Lösungen möglich sind. Es bestimmt die Wertigkeit, mit der ein Ion eine Bindung eingeht. Unter Reduktion wird die Aufnahme von Elektronen verstanden, unter Oxidation die Elektronenabgabe. So liegt Kohlenstoff im Methan als reduzierte Form vor, er hat vier Elektronen aufgenommen, im Kohlendioxid hingegen als oxidierte Form, der Kohlenstoff hat vier Elektronen abgegeben. Das Redoxpotential ist abhängig von der Fähigkeit (Kraft) der oxidierten Form, ein Elektron aufzunehmen und der Fähigkeit (Kraft) der reduzierten Form, ein Elektron abzugeben. Da in wäßrigen Lösungen keine freien Elektronen beständig sind, müssen Elektronenaufnahme und Elektronenabgabe stets miteinander verbunden sein. Wegen der Verknüpfung beider Vorgänge, wird eine Reaktion, bei der ein Elektronenaustausch stattfindet, als Redoxreaktion bezeichnet. Das Redoxpotential *Eh* berechnet sich nach der Formel

$$Eh = E^0 + 0.059V/zr \; x \; lg \; [Ox]/[Red],$$

wobei E^0 das Normalpotential einer Halbreaktion (also entweder Reduktion oder Oxidation) bedeutet, *zr* ist die Anzahl der beteiligten Elektronen und *[Ox]* und *[Red]* stehen für die Produkte aus den Aktivitäten der Stoffe auf der Seite der Halbreaktionsgleichung mit der oxidierten bzw. der reduzierten Spezies. Unter Halbreaktion ist ein System eines Elementes der Art $Red.Form \Leftrightarrow Ox.Form + zre^-$ zu verstehen (ACKERMANN et al. 1977).

Bei Kenntnis der Elektronenpotentiale von zwei Redoxpaaren kann deren wechselseitiges Verhalten vorausgesagt werden. Dabei wirkt das Halbsystem mit dem niedrigeren (negativerem, unedlerem) Elektronenpotential stets als Reduktions- und das mit dem höheren (positiverem, edlerem) Elektronenpotential als Oxidationsmittel. Das sei an folgendem Beispiel verdeutlicht. Gegeben sind zwei Redoxpaare mit jeweils gleichen Konzentrationen der oxidierten und der reduzierten Form.

$$Cu \Leftrightarrow Cu^{2+} + 2e^- \qquad E^0 = +\,0.337V \text{ und } Zn \Leftrightarrow Zn^{2+} + 2e^- \qquad E^0 = -\,0.76V$$

Nach dem Mischen der beiden Systeme wirkt Kupfer als Oxidationsmittel, es wird also selbst reduziert. Das bedeutet, daß sich seine Oxidationszahl verringert. Es entsteht bei dieser Reaktion mehr elementares Kupfer und mehr oxidiertes Zink.

Mit Hilfe der Normalpotentiale oder durch Messung des Redoxpotentials eines Systems lassen sich Aussagen darüber machen, ob eine Reaktion freiwillig abläuft oder nicht. Das Normalpotential der Reaktion

$$H_2S \Leftrightarrow S + 2H^+ + 2e^-$$

beträgt 0.14 V. Hat das System, in dem sich der Schwefel befindet, ein Redoxpotential von mehr als 0.14 V, so heißt das, der Schwefel wird oxidiert, geht also von

Schwefelwasserstoff unter Abgabe von zwei Elektronen zu elementarem Schwefel über. Gewöhnlich liegt Schwefel als Sulfat vor, das Normalpotential der Reaktion

$$S + 4OH^- \Leftrightarrow SO_4^{2-} + 4H^+ + 6e^-$$

ist gleich -0.18 V. Bei einem Redoxpotential des Systems (zum Beispiel der Bodenlösung) von kleiner als -0.18 V tritt Sulfatschwefel als Oxidationsmittel auf und wird selbst zu elementarem Schwefel reduziert. Elementarer Schwefel aber wird schon ab Redoxpotentialen von kleiner als 0.14 zu S^{2-} reduziert. Ein Redoxpotential von unter -0.18 V führt also zur Bildung von Schwefelwasserstoff oder zur Bildung von Sulfiden, schwerlöslichen Metallverbindungen der Form MeS, Vertreter sind Pyrit oder Bleiglanz, Zinkblende oder Kupferkies.

Redoxpotentiale kleiner als -0.8 V führen zur Reduktion solcher Elemente wie Zink, Chrom, Cadmium, Eisen, Nickel, Blei und Kupfer. Diese können durch Reduktion elektroneutral (elementar) keine Ionenbindung mehr eingehen, sich nicht mehr an die negativ geladenen Tonmineralteilchen oder Säurerestionen der Humus- oder Fulvosäuren anlagern, werden also in der Regel mobiler. Eine Ausnahme bildet die Anwesenheit von Sulfat in relevanten (d.h. äquivalenten) Mengen.

In der Landschaft verlaufen Oxidationen und Reduktionen natürlich nicht unter den Bedingungen der Standardredoxpotentiale ab, da diese durch Druck, Temperatur und den pH-Wert beeinflußt werden. Obwohl jedoch die konkrete zahlenmäßige Bedeutung des einzelnen Redoxpotentials vom Standardpotential abweicht, bleiben doch die Verhältnisse der Potentiale untereinander bestehen, so wird auch unter natürlichen Bedingungen Kupfer das Zink oxidieren und nicht umgekehrt. Als am besten bekannteste Redoxsysteme in natürlichen Landschaften sind die Eisen, Mangan- und Schwefelverbindungen zu nennen sowie die organischen Säuren. Potentialbestimmend ist Sauerstoff. Negative Werte sind nur nach länger andauernden Überflutungen bei Gegenwart organischer Substanzen zu erwarten. Bei jahreszeitlichen Schwankungen des Stau- oder Grundwasserbereiches im Boden treten bedeutende Redoxpotentialänderungen auf, als Beispiele seien Gleye und Pseudogleye genannt. Bei einem Redoxpotential von kleiner 0.35 V wird Nitrit zu Ammoniak reduziert, die Gefahr einer Trinkwasserverseuchung durch Nitrit ist also bei solchen Redoxpotentialen in Bodenlösungen auszuschließen. Im folgenden sind bodenrelevante Redoxreaktionen aufgelistet (Zusammenstellung aus Ackermann et al. 1977):

$Fe^{2+} \rightarrow Fe^{3+} + 1e^-$	+ 0.77 V
$H_2S \rightarrow S + 2H^+ + 2e^-$	+ 0.14 V
$S + 4OH^- \rightarrow SO_4^{2-} + 4H^+ + 6e^-$	- 0.18 V
$2H_2O \rightarrow O_2 + 4H^+ + 4e^-$	+ 1.23 V
$Mn^{2+} + 2H_2O \rightarrow MnO_2 + 4H^+ + 2e^-$	+ 1.23 V
$COOH \rightarrow CO_2 + H^+ + e^-$	+ 0.49 V
$NO_2^- + OH^- \rightarrow NO_3^- + H^+ + 2e^-$	+ 0.42 V

Wie schon erwähnt, hängt die Migration eines großen Teils der chemischen Elemente auch vom Säure-Base-Verhältnis ab, also dem pH-Wert des Transportmediums Wasser. Es kann hier immer von wäßrigen Lösungen ausgegangen werden, da pH-Werte immer gelöste Protonen (H^+-Ionen) voraussetzen und das Hauptlösungsmittel in Geosystemen Wasser ist. Nach dem Parameter pH-Wert werden die Lösungen (Wasser) in vier grundlegenden Typen oder Gruppen eingeteilt: in stark saure, in sauer und schwach sauer, in neutrale und schwach basische sowie in basische Wässer.

Zu den stark sauren zählen Wässer mit einem pH-Wert unter drei. Eine derart hohe Säurehaltigkeit ist für gewöhnlich bedingt durch die Oxidation von Pyrit und anderen Sulfiden wie auch der Oxidation freiauftretenden Schwefels was zur Bildung von Schwefelsäure (H_2SO_4) führt. Unter natürlichen Bedingungen sind stark saure Wässer charakteristisch für Oxidationszonen sulfidhaltiger Lagerstätten, Wässer aus Kohlebergwerken und rezentem Vulkanismus. In anthropogen beeinflußten Landschaften treten stark saure Abwässer auf, die von der chemischen, metallurgischen und anderen Industrien emittiert werden. Saure und schwach saure Wässer mit einem pH-Wert von drei bis sechseinhalb verdanken ihre Entstehung oft den Prozessen der Zusetzung organischer Stoffe und im Wasser auftretender Kohlensäure, Fulvosäuren und anderen organischen Säuren. Solche Wässer sind typisch für die Landschaften der Waldzonen wie Taiga und Mischwaldzone, aber auch in der Tundra häufig anzutreffen.

Neutrale und schwach basische Wässer haben einen pH-Wert von sechseinhalb bis achteinhalb, ihre Reaktion wird meist bestimmt durch das Verhältnis des Calciumbicarbonates zum Kalk oder zum Kohlendioxid. Diese Wasser sind typisch für Waldsteppe und Steppen, aber auch für Grundwasser aus kalkhaltigen Schichten oder basischen magmatischen Gesteinen. Durch die Zersetzung organischer Stoffe bilden sich auch in diesen Wässern Kohlensäure und organische Säuren, die jedoch vollständig durch Calciumcarbonat und anderer Mineralien von Calcium, Magnesium, Natrium und Kalium neutralisiert werden. Stark basische Wässer verdanken ihre Reaktion im wesentlichen der Anwesenheit von Soda, $NaNO_3$. Diese Wässer sind charakteristisch für einige Waldsteppenlandschaften und Wüsten, ein Beispiel ist das Wadi Natrun (Natron = Soda) in Ägypten.

Die drei beschriebenen chemischen Größen Konzentrationsgradient, Redoxpotential und pH-Wert finden sich in bestimmten Kombinationen in den natürlichen Wässern terrestrischer und aquatischer Systeme. Bei der Bewegung durch bestimmte Geosysteme kann das im Wasser herrschende Milieu Stoffe aufnehmen und transportieren, mobilisieren. Für jede mögliche Kombination ist auf der einen Seite ein ganz bestimmter Komplex von Stoffen charakteristisch, auf der anderen Seite fehlt eine ebenso charakteristische Gruppe. Auch Wässer, die unter physischgeographischen Bedingungen entstehen, also unter den Bedingungen von Klima, Relief, Biosphäre (und Technosphäre), haben die aus der Mineralogie und Lagerstättenkunde bekannten paragenetischen Zusammensetzungen ihrer transportierten Stoffe. Festgehalten sei noch einmal, daß der Chemismus der Wässer verantwortlich ist für die *Mobilisation* oder Demobilisation, die *Bewegung* selbst hat meist physikalische Ursachen, oft genug die Gravitation, die Transportkraft und die Viskosität des transportierenden Mediums. Außerdem kann Stofftransport von den aktiven Sphären, der Bio- und der Technosphäre hervorgerufen werden.

Als *biogene Migration* werden Bewegungen chemischer Elemente (Stoffe) in der Landschaft bezeichnet, die durch die Lebenstätigkeit der Organismen hervorgerufen werden. Grundsätzlich ist es für Leben als solches charakterisierend, daß es Stoffe in einen Kreislauf bringt. Rein chemisch gesehen stellt sich Leben dar als Stoffaufnahme aus der abiotischen Umwelt, Synthese organischer Substanz, Reduktion der organischen Substanz und Rückgabe organisch entstandener Stoffe und anorganischer Stoffe an die abiotische Umwelt. Der Kreislauf beginnt von neuem. Der weitaus größte Teil an diesem Kreislauf kommt den Pflanzen zu, nur weniger dem Konsumenten. In terrestrischen Ökosystemen beträgt der Anteil der Zoomasse nur 2 bis 10 %. Hat die lebende Biomasse aber auch nur den Bruchteil der Masse der Erdkruste erreicht, so ist jedoch deren Stoffdurchsatz, also die Masse des von der Biosphäre bewegten Stoffes seit dem Ordovizium, eine Größe, die die Masse der Erdkruste übersteigt.

Da nun die Biosphäre, wie in 1.2.1 dargestellt, der Lithosphäre und Atmosphäre chemische Stoffe selektiv entnimmt, werden einige Elemente mehr bewegt als andere. So enthalten Blätter zum Beispiel mehr Magnesium, Kalium und Phosphor als Äste und Zweige von Bäumen, die ihrerseits wieder mehr Calcium (Stützgewebe), Strontium und Barium als Blätter enthalten. Da nun Blätter jedes Jahr neu gebildet werden und entsprechend auch jedes Jahr wieder in ihre anorganischen Bestandteile zerlegt werden (bei immergrünen Pflanzen um Generationen von Jahrgängen versetzt), Äste und Zweige eines Gehölzes jedoch erst mit dessen Absterben mineralisiert werden, ist der biogene Kreislauf der in den Blättern konzentrierten Stoffe um einiges höher anzusetzen als der Kreislauf der im Holze enthaltenen Elemente.

Als Beispiel einer durch Organismen hervorgerufenen Bewegungen von Kupfer hangabwärts soll eine Untersuchung aus dem Mansfelder Land dienen (SCHMIDT & ZIERDT 1993). In Bodenproben korrespondiert die Kupferkonzentration sehr gut mit dem Gehalt an organischer Substanz, es bleibt deshalb im Oberboden, während Zink sehr rasch in die Tiefe verlagert wird. Abbildung 1.7 zeigt einen Schnitt durch das Untersuchungsgebiet.

Im Oberhang befindet sich eine kleine mittelalterliche Bergbauhalde (Pinge). Sie besteht im wesentlichen aus Bruchstücken von buntmetallarmem Kupferschiefer, emittiert jedoch noch erhebliche Menge von Zink und Kupfer. Währen Zink mit zunehmender Entfernung von der Halde immer tiefer verlagert wird, gelangt Kupfer in den oberen Bodenschichten hangabwärts. Die Pflanzen nehmen Kupfer auf und verhindern so seine Tiefenverlagerung. Mit dem Blattfall wird die organische Substanz hangabwärts verlagert und emittiert nun ihrerseits bei der Verrottung Kupfer. Dieses wird von den tiefer am Hang stehenden Pflanzen wieder aufgenommen und durch den Blattfall erneut hangabwärts bewegt (siehe dazu auch 2.3.5).

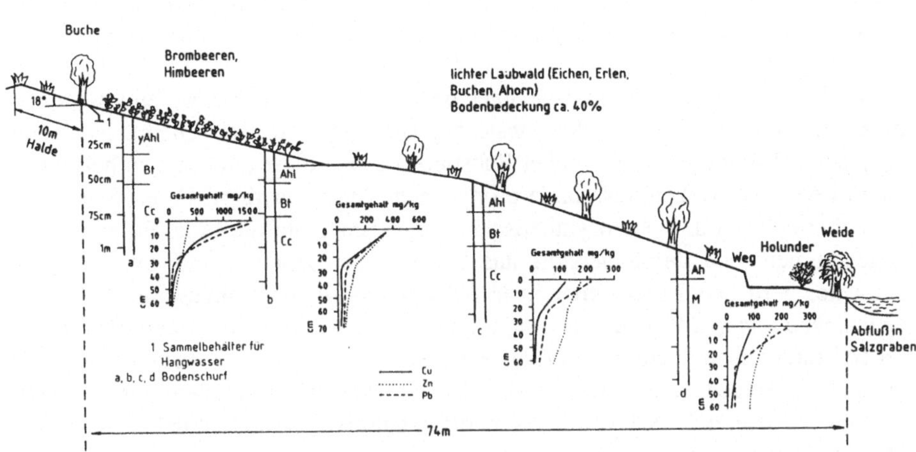

Abb. 1.7. Tiefenfunktionen von Kupfer und Zink mit zunehmender Entfernung zum Emittenten (Quelle: SCHMIDT & ZIERDT 1993)

Durch ihre Lebenstätigkeit erfüllen die Organismen eine ganze Reihe von Funktionen, die entweder eine Migration bewirken oder doch stark beeinflussen. Eine sehr wichtige Funktion ist die Sauerstoffunktion, also die Produktion von freiem Sauerstoff. Der freie atmosphärische Sauerstoff ist ja bekanntermaßen überhaupt erst Produkt des Stoffwechsels der grünen Pflanzen. Sauerstoff ist ein sehr starkes Oxidationsmittel, nicht umsonst ist die Oxidation (eigentlich ja nur ein Begriff für die Abgabe von Elektronen) nach dem lateinischem Wert für Sauerstoff - Oxygenium - benannt. Als Hauptoxidationsmittel bei der Zersetzung organischer Substanz (Kohlenwasserstoff mit reduziertem Kohlenstoff) zu CO_2 spielt der Sauerstoff bei der Kreislaufbildung „abiotische Natur - biotische Natur - abiotische Natur" eine hervorragende Rolle.

Eine weitere wichtige Funktion der belebten Natur ist die sogenannte Kohlensäurefunktion. Wird der Sauerstoff von den Produzenten in die Umwelt gebracht, so nutzen die Reduzenten (Destruenden) den Sauerstoff, um aus organischer Substanz Kohlendioxid und Energie zu gewinnen. Da die Reduktion (biologisch gesehen, chemisch handelt es sich um eine Oxidation) oft im Boden abläuft, wird die Bodenluft und damit das Bodenwasser mit Kohlendioxid angereichert. Das gelöste Kohlendioxid, Kohlensäure, kann die Carbonate im Boden angreifen und so zu einer Absenkung des pH-Wertes führen. Setzen die Reduzenten Kohlendioxid frei, so wird es von den grünen Pflanzen gebunden oder auch von den Kalkbildnern. Durch die Bildung wasserunlöslichen Kalkes wird CO_2 dauerhaft aus dem

Stoffkreislauf entfernt, was nicht nur zu einer Änderung des chemischen Milieus, sondern auch zu einer Absenkung der globalen Lufttemperatur führt. Mit den beiden Funktionen Sauerstoffunktion und Kohlendioxidfunktion hat die Biosphäre den Chemismus und die Lufttemperatur der Erde außerordentlich beeinflußt, erst die Biosphäre hat Leben auf den Land und modernes heterotrophes Leben auf der Erde möglich gemacht.

Als räumlich begrenzte und weniger bedeutende sei die Schwefelwasserstofffunktion erwähnt, zumal es die älteste der Biosphäre zu sein scheint. Nach der spontanen Bildung von organischer Substanz hat sich diese zunächst zu heterotrophem Leben entwickelt, also andere organische Stoffe oxidiert. Freier Sauerstoff kam aber erst mit den photosynthetischen Organismen auf die Erde. Folglich wird angenommen, daß der Sauerstoff aus Sulfaten gewonnen wurde, der oxidierte Schwefel wird dabei reduziert und in Schwefelwasserstoff umgewandelt. Der so gewonnene Sauerstoff dient zur Oxidation organischer Kohlenwasserstoffe. Dieser Prozeß findet auch heute noch in Systemen statt, in denen es an freiem Sauerstoff mangelt, aber genügend Sulfat vorhanden ist. Aus reduzierenden Verhältnissen wurden reduzierende Schwefelwasserstoffverhältnisse, grundsätzlich andere Migrationsbedingungen für viele Elemente.

Der summare Effekt der Tätigkeit der belebten Natur für die gesamte Periode ihrer geologischen Geschichte ist außerordentlich groß. Die Organismen sind der Faktor des Geosystems, der die geochemischen Prozesse in der oberen Schicht der Erdkruste und der unteren Schicht der Atmosphäre bestimmen. Die Migration der chemischen Elemente in der Landschaft geschieht entweder unter der direkten Teilnahme der belebten Natur oder aber sie findet in einem Milieu statt, dessen chemische Besonderheiten den Prozessen der Lebenstätigkeit geschuldet sind. Dabei ist es ohne Bedeutung, ob die Organismen noch leben oder das Milieu ein Produkt der Tätigkeit jetzt toter Organismen ist.

Neben der mechanisch und biologisch verursachten Migration besteht eine weitere Ursache der Bewegung von Stoffen in der Landschaft in der Produktion materieller Güter durch die menschliche Gesellschaft. In der Geochemie der Landschaft wird der Begriff *anthropogene Migration* verwendet. Zunächst soll ganz allgemein festgestellt werden, daß der Mensch im wesentlichen Mikroelemente in den Stoffkreislauf einbringt, die von der Biosphäre ja nur in geringem Maße aktiviert wurden. Der Mensch entnimmt der abiotischen Umwelt Stoffe, produziert materielle Güter, nutzt sie und gibt sie an die Umwelt wieder zurück. Hier in diesem Grundprinzip des Kreislaufes unterscheidet sich die Technosphäre nicht von der Biosphäre.

Als Energie nutzt der Mensch dabei im wesentlichen jene Energie, die von der Biosphäre in Form organischer Substanz gespeichert wurde. Die anthropogene Migration, die Menge der durch die Gesellschaft im Kreislauf gebrachten Mikroelemente, hat in etwa die gleiche Dimension wie die Menge der auf natürliche Weise in Umlauf gelangten chemischen Elemente (vgl. MUR & RAMAMURTI 1987). Der Mensch ruft dabei einerseits eine Zerstreuung von Elementen hervor, die sich andererseits als Konzentration auswirkt.

Wird zum Beispiel eine Erzlagerstätte ausgebeutet, so muß in den meisten Fällen zunächst eine Konzentration der interessierenden Elemente vorgenommen werden. Dies gilt sowohl für das Element als auch rein räumlich betrachtet, in dem das Erz in der Hütte konzentriert wird. Mit der Umwandlung des Stoffes in ein Produkt entsteht auf zweierlei Art eine Dekonzentration, eine Zerstreuung. Zum einen gelangt während der vielfältigsten Stufen der Verarbeitung ein nicht unbeträchtlicher Teil des Stoffes in die Umwelt, der andere Teil wird als fertiges Produkt in einem größeren Raum verteilt als ihn die Lagerstätte eingenommen hat. Im Vergleich zur Lagerstätte handelt es sich also letztendlich bei der menschlichen Tätigkeit um eine Zerstreuung (Verteilung) chemischer Elemente. Für das Geosystem aber, in dem das Produkt genutzt wird, bewirkt die menschliche Tätigkeit eine Konzentration. So findet sich in Städten eine enorme Konzentration von Eisen, Zink, Kupfer, Gold, Quecksilber (Amalgamfüllungen, Fieberthermometer), Cadmium und andere Metallen. Urbane Böden zeichnen sich durch einen deutlich höheren Schwermetallgehalt aus als von Menschen unbeeinflußte.

Ebenso wie die Biosphäre beeinflußt die menschliche Tätigkeit auch die migrationsbestimmenden chemischen Größen, vor allem den pH-Wert. Bei der Verbrennung fossiler Brennstoffe emittiertes Schwefeldioxid gelangt in die Landschaft und wird entweder schon in der Landschaft oder aber in Zellen oder Bodenwasser zu Säuren umgewandelt. Die Verminderung des pH-Wertes bewirkt eine Mobilisierung der Kationen, also auch der Pflanzennährstoffe Calcium, Kalium, Magnesium und Natrium. Andererseits schafft die starke Nutzung von Kalk in den urban geprägten Räumen Europas einen Basenüberschuß, die Wässer werden alkalisch und die in Städten konzentrierten Schwermetalle zusätzlich demobilisiert.

Aber auch Redoxpotentiale werden vom Menschen verändert. Ein Beispiel sind die Reisfelder im Bewässerungsfeldbau. Die reduzierenden Kräfte sind hier so stark, daß Kohlendioxid zu Methan, maximal reduzierter Kohlenwasserstoff mit vier negativen Ladungen, umwandelt wird. Indirekt über die Eutrophierung wird auch der Sauerstoffgehalt aquatischer Systeme herabgesetzt, was im Falle der Anwesenheit von Sulfaten zur Demobilisierung von Kationen führen kann. Zuletzt sei noch bemerkt, daß in dem Maße, in dem grüne Pflanzen vernichtet werden und organische Substanzen mittels freiem Sauerstoff in Kohlendioxid umgewandelt werden, auch der Gesamtgehalt freien Sauerstoffs auf der Erde abnimmt und somit eine globale Änderung des Redoxmilieus nicht auszuschließen ist.

1.2.3 Geochemische Barrieren und Fixierung

Neben der Bewegung von Stoffen im Geosystem ist auch deren Fixierung eine wichtige Erscheinung, die von der Geochemie der Landschaft untersucht wird. Bei der Behandlung der Migrationsbedingungen wurde schon erwähnt, daß bestimmten Zuständen des Transportmechanismus bestimmte paragenetische Elementegruppen oder Assoziationen entsprechen. Wenn sich in einem bestimmten Abschnitt der

Landschaft, sei es lateral oder horizontal, die Migrationsbedingungen sehr stark ändern, so kann eine *geochemische Barriere* entstehen.

Solche geochemischen Barrieren sind in der Landschaft sehr häufig verbreitet, sie zeichnen sich aus durch eine anormale Konzentration bestimmter Stoffe. Derartige Konzentrationssprünge sind in der Umweltgeochemie und im Umweltmonitoring von besonderem Interesse, sind es doch sehr kleinräumig auftretende hohe Konzentrationen bestimmter Stoffe, die für das übergeordnete Geosystem per definitionem nicht typisch sind. Barrieren werden für gewöhnlich an Grenzflächen von bestimmten chemischen Situationen oder Zuständen ausgebildet, in bezüglich des Gesamtsystems kleinen Räumen, in denen eine Situation scharf in eine andere übergeht. Deshalb werden in geochemischen Karten die Räume (Flächen) gleicher Migrationsbedingungen als Flächen, geochemische Barrieren jedoch als Linien dargestellt.

Ein Bodenprofil zum Beispiel, in dem die chemischen Bedingungen gleicher Migration in Dezimetern meßbar sind, weist geochemische Barrieren von nur Zentimetern Mächtigkeit auf.

Eine Barriere kann auch durchaus mehrere Meter oder gar Dutzende Meter Mächtigkeit haben, etwa bei plötzlichem Wechsel des Ausgangsgesteins der Bodenbildung von Kalk (basisch) nach Sandstein (eher sauer), in Deutschland eine häufig zu beobachtende Barriere. Die Reaktion der sich im jeweiligen Substrat bildenden Wässer ist jedoch je nachdem sauer oder basisch. Gelangen die sauren Wässer mit den darin migrierenden Kationen in den Bereich des Carbonates, ändert sich, relativ gesehen, abrupt der pH-Wert, die Kationen werden sehr kleinräumig fixiert. Es ist also nicht die absolute Mächtigkeit (Breite) einer Barriere für deren Definition wichtig, sondern ihr Verhältnis zur Mächtigkeit der aneinandergrenzenden Migrationssituation. Die Zone der Vermischung von Süßwasser von Flüssen mit dem Salzwasser des Meeres, die Brackwasserzone, bildet besonders bei großen Strömen eine Barriere mit einer Ausdehnung von Hunderten oder gar Tausenden Metern, die Flußlänge und das Meer haben jedoch im Vergleich dazu eine weitaus größere Ausdehnung, die in Hunderten oder Tausenden Kilometern gemessen wird. Die Grenzzonen eines Moores haben hingegen nur eine Breite von einigen Metern bei einer Größe des Moores von einigen Hunderten von Metern.

Auf Grundlage der Systematik geochemischer Migration wurden entsprechend den Typen und Parametern der dort aufgetretenen Erscheinungsfolgen geochemische Barrieren ausgegliedert: *mechanische*, *physiko-chemische*, *biogene* und *technogene*. Mechanische Barrieren sind Systemabschnitte, in denen die Transportkraft des die Stoffe transportierenden Mediums aus beliebiger Ursache abrupt nachläßt. Das Medium kann am Weiterfließen gehindert sein, zum Beispiel an Stauschichten oder in Folge starker Verdunstung, Versickerung, etc. schnell an Masse verlieren (eine typische Erscheinungen ist die Ansammlung von Material vor Straßengullys). Mechanische Barrieren sind bei der Deltabildung zu beobachten, wenn durch die plötzlich nachlassende Fließgeschwindigkeit des Flusses seine Transportkraft sinkt und in Folge dessen das mitgeführte Material abgesetzt wird.

Ändern sich die physiko-chemischen Bedingungen sehr schnell (auf verhältnismäßig kleinem Raum), so entstehen physiko-chemische Barrieren. Diese können entsprechend den sich ändernden Bedingungen klassifiziert werden (siehe Abb. 1.8).

	Oxidationsbed.	Red. Gley	Red. H_2S	Sauer	Basisch
Oxidationsbed.		A´	B´		
Red. Gley	A				
Red. H_2S	B				
Sauer					C´
Basisch				C	

Abb. 1.8. Physiko-chemische Barrieren der Stoffbewegung in der Landschaft

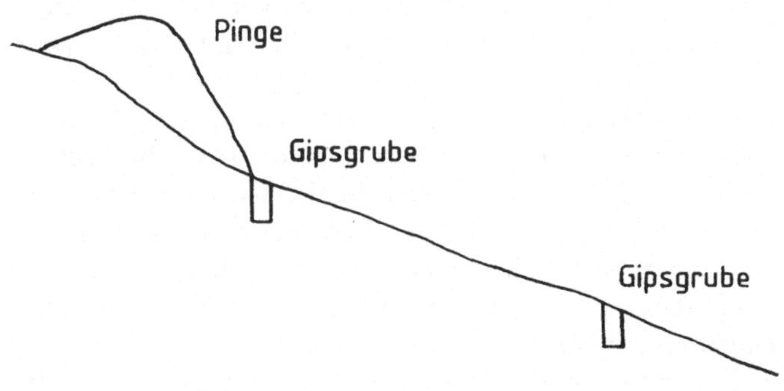

a	Konz. in mg/kg Anhyrdit		
Tiefe in cm	Cu	Zn	Pb
10	1.8	59	13.8
20	4.5	17	21.8
30	6.8	1	21.0
40			
50	5.6	0.2	18.7

b	Konz. in mg/kg Anhydrit		
Tiefe in cm	Cu	Zn	Pb
10	3.7	0.3	14.6
20	3.4	66	14.0
30	5.7	62	17.9
40			
50	14.9	0.0	17.4

Abb. 1.9. a) Grube direkt am Haldenfuß, **b)** Grube in 15 m Entfernung zur Halde

Sinnvollerweise sind dabei entgegengesetzte Änderungen der Migrationsbedingungen (z.B. sauer nach basisch und basisch nach sauer) durch gleiche Buchstaben gekennzeichnet, der Strich gibt die Richtung der Änderung an. Barrieren dieser Art sind häufig im Boden anzutreffen, in Gleyböden, die einem Migrationstyp den Namen gegeben haben oder in Podsolböden, bei denen sich im Bs-Horizont die aus dem Ae-Horizont durch Säure-Einwirkung gelösten Stoffe mit Anstieg des pH-Wertes akkumulieren. Daß sich auch, bedingt durch Änderung des anstehenden lithogenen Substrates, Barrieren ergeben, soll durch folgendes Experiment belegt werden (in Zusammenarbeit mit G. Schmidt). In 15 m Entfernung zum Fuß einer mittelalterlichen Bergbauhalde (Pinge) des Mansfelder Kupferschieferbergbaues wurde eine Grube von 50 cm Tiefe ausgehoben. Die Grube war hangabwärts gelegen (Abb. 1.9). Sie wurde mit Rohanhydrit verfüllt und nach einem Jahr Expositionsdauer in verschiedenen Tiefenproben und nach den Elementen Kupfer, Zink und Blei hin analysiert.

Zur Kontrolle der Emission aus der Halde befand sich eine zweite Grube direkt am Haldenfuß, bei der eine Beprobung in verschiedenen Tiefen und auf die selben Elemente hin erfolgte. Selbstverständlich lagen die Gruben versetzt zueinander, um einen Einfluß der „Kontrollgrube" auf die künstliche „Barriere" auszuschließen. Nach der Expositionszeit konnte in den Anhydritproben beider Gruben eine deutliche Schwermetallanreicherung nachgewiesen werden. Bei allen Vorbehalten, die ein solches Experiment hinsichtlich einer sauberen Beprobung (Tiefe, Korngröße etc.) mit sich bringt, kann festgestellt werden, daß die von der Halde emittierten Schwermetalle in der geochemischen Barriere, hier $CaSO_4$, wiederzufinden sind.

Das Wesen biogener oder technogener Barrieren läßt sich auf die physikalischen und chemischen Barrieren zurückführen. So werden vor allem oberflächennahe Sulfitbarrieren oft durch Reduktion von Sulfat durch Mikroorganismen bei der Zersetzung organischer Substanz unter anaeroben Bedingungen hervorgerufen. Als Beispiele technogener mechanischer Barrieren können Innenhöfe angesehen werden, aus denen, bedingt durch die angrenzenden Mauern (und Fundamente), eine Migration einmal eingetragener Elemente unmöglich ist.

Akkumulation und Fixierung von Stoffen in einem bestimmten Landschaftselement ist jedoch nicht nur eine Frage der Fixierung schon vorhandener und migrierender Stoffe, sondern auch eine Frage der Neubildungen. Bestimmte Landschaften führen zu einer „Anhäufung" bestimmter Stoffe, ohne das letztere „von Außen" eingetragen sein müssen. Die landschaftsgeochemische Charakteristik eines Geosystems beruht also auch auf den systemspezifischen regionalen Prozessen, die die lange andauernden Wechselwirkungen der Komponenten Klima, Gestein und Relief, Hydoregime und Vegetation widerspiegeln und entsprechende landschaftsspezifische paragenetische Stoffassoziationen erzeugen. So führt die autotrophe Biogenese zur Akkumulation (Fixierung) von Kohlenstoff, Sauerstoff und Wasserstoff. Neubildungen aus Gips und Soda ($NaCO_3$) sind typisch für aride Gebiete, die Entstehung der Salze wird als Halogenese bezeichnet. Erwähnt sei noch die Bildung von Raseneisenstein, einem 10 bis 20 cm mächtigen, verkitteten und harten Oxidationshorizont in Gleyen mit gering schwankendem, stark eisenhaltigen Grundwasser. Der Raseneisenstein erreicht hohe Eisenkonzentrationen, bis zu 40 %, und wurde in einzelnen Gebieten bis in die jüngste Zeit verhüttet, weshalb auch die Bezeichnung Raseneisenerz gebräuchlich ist.

Bewegung und Fixierung von chemischen Elementen in der Landschaft sind in erster Linie Funktion der Landschaften, der Geosysteme selbst. Für den Eintrag eines Stoffes in den landschaftlichen Kreislauf sind wohl hauptsächlich die Lithosphäre, Atmosphäre und in neuerer Zeit auch die Technosphäre verantwortlich, die Bewegung und Fixierung der Elemente im Geosystem liegt jedoch in dessen Eigenschaften (Parametern, Gradienten, Prozessen) begründet. Dies führt dazu, daß ein Emissionsfeld, etwa aus der Lithosphäre aber auch aus der Technosphäre, nicht spiegelbildlich im Geosystem wiedergefunden wird, sondern immer nur transformiert durch Bedingungen des Geosystems selbst. Jedes Geosystem ist also ein geochemisches System aus Migrationsbedingungen und Migranden, aus Barrieren und fixierten Elementen, ein System von Donatoren, Transformatoren und Akzeptoren chemischer Elemente und Stoffe. Diese bilden die landschaftschemischen elementaren Einheiten von Geosystemen.

Elementare landschaftsgeochemische Systeme stellen das Resultat des Zusammenwirkens einzelner Blöcke oder Komponenten der Landschaft dar, wie Atmosphäre, Verwitterungsschicht, Grund-/Oberflächenwässer sowie Pflanzenbedekkung. Es handelt sich um Einheiten, in deren Grenzen die Zusammensetzung und Intensität der Migrationsströme zwischen den Blöcken und Komponenten der Landschaft ähnlich oder gleich sind und zwar in dem Maße, wie sie durch die einheitliche Struktur und die einheitlichen Gradienten im System bestimmt werden. In Abbildung 1.10 soll versucht werden, dies zu verdeutlichen.

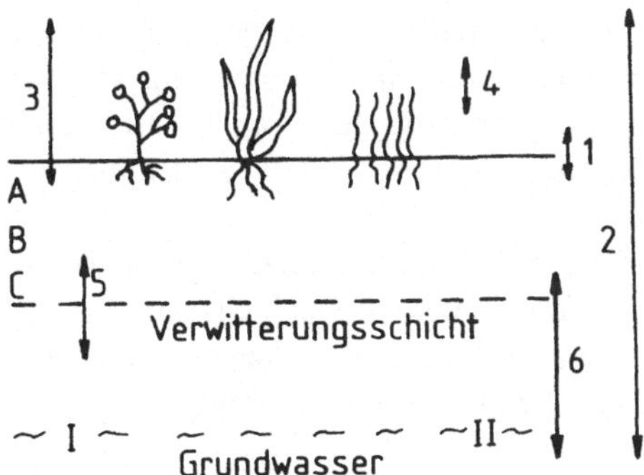

Abb. 1.10. Vertikal ausgebildete Gradienten (Potentialunterschiede) einer elementaren geochemischen Landschaft

Die Gradienten, die sich aus Potentialunterschieden ergeben, befinden sich zwischen unterschiedlichen Komponenten ausgebildet, also vertikal. Da diese vertikalen Prozesse in gleicher Intensität ablaufen, können sich horizontal keine Potentialunterschiede ergeben, also auch keine horizontalen Bewegungen nachweisbar sein. Das bedeutet nicht, daß keine horizontalen Stoffströme existieren, die sie auslösenden Potentialunterschiede liegen nur außerhalb der elementaren Landschaftseinheit und können so meßtechnisch in ihr nicht nachgewiesen werden. Würde zum Beispiel in Punkt I in Abbildung 1.10 mehr Grundwasser entzogen als in Punkt II, so ergebe sich ein Potentialunterschied und das Wasser flösse von II nach I. Damit wäre aber die Voraussetzung nicht erfüllt, daß in elementaren Landschaften alle vertikalen Prozesse gleich große Gradienten haben.

Entsprechend der Bewegung der Stoffe in der Landschaft sind prinzipiell drei Zustände möglich, in denen eine elementare Landschaftseinheit existieren kann, ständiger Austrag von Stoff, ständiger Durchzug von Stoff und ständige Akkumulation von Stoff. Nach den Migrationsbedingungen in horizontaler Richtung werden eluviale oder autonome, transitive und illuviale elementare Landschaften unterschieden. Letztere werden auch als beeinflußte oder heteronome Landschaften bezeichnet. Autonome Landschaften unterliegen keinerlei Beeinflussung durch benachbarte Einheiten, beeinflussen diese jedoch ständig durch Stoffaustrag. Dieser Stoffaustrag geschieht gleichmäßig allseitig und führt daher innerhalb der Landschaftseinheit nicht zu den Potentialunterschieden. In Abbildung 1.11 soll die Größe der Richtungspfeile die Größe oder Quantität des Austrages verdeutlichen.

Der bestimmende Potentialunterschied ist hier die Höhe, die einen Stoffstrom von Punkt I nach Punkt II bewirkt. In die transitive Landschaft wird dabei ebensoviel eingetragen (B) wie ausgetragen (B´). Diese Tatsache bewirkt, daß bei einer Messung der Stoffkonzentration an jedem Punkt der transitiven Landschaft und zu jeder Zeit eine gleiche Größe festgestellt wird; der Stoffstrom, obwohl existent, ist nicht nachweisbar. Andererseits kann an jedem beliebigen Punkt der drei elementaren geochemischen Landschaften eine Messung vorgenommen werden, die den geochemischen Zustand der gesamten Landschaft beschreibt. Die Größe der elementaren Landschaften kann je nach den physikalisch-geographischen Gegebenheiten ganz erheblich variieren und wird auch durch die Technosphäre beeinflußt.

Dieser Komplex elementarer Landschaften, die durch die Bewegung von Stoffen untereinander verknüpft sind, bilden die geochemischen Landschaften (Abb. 1.12), die je nach ihrer Ausprägung als lineare, zerstreuende oder konzentrierende geochemische Örtlichkeit bezeichnet werden.

Die Isolinien sollen hierzu lediglich unterschiedlich ausgebildete potentialbestimmende Größen darstellen und nicht etwa Höhenlinien. Da jedoch zur Migration von Stoffen in Geosystemen Wasser benötigt wird, spielen Höhenunterschiede eine bedeutende Rolle bei der Ausprägung geochemischer Landschaften.

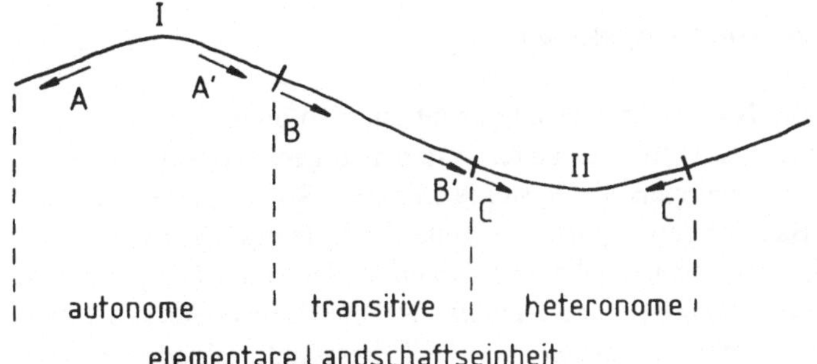

Abb. 1.11. Catena elementarer geochemischer Landschaften

Abb. 1.12. Mögliche räumliche Anordnung elementarer geochemischer Landschaften zu geochemischen Örtlichkeiten

Bisher wurden diejenigen Systeme betrachtet, die vom Geographen untersucht werden sollen. Trotz aller Vielfalt und Mannigfaltigkeit lassen sich bestimmte chemische Gesetzmäßigkeiten ausmachen, die die Bewegung und Fixierung von Stoffen in der Landschaft steuern. Auch die Landschaft selbst ist nicht „reglos" aus geochemischen Einheiten zusammengesetzt, sondern läßt sich auf drei elementare Einheiten (Zustände) reduzieren, die eine Beprobung (Untersuchung) und Beschreibung (Interpretation der Daten) erst möglich macht. Im folgenden soll betrachtet werden, wann natürliche Objekte als Indikatoren (Zeiger) bestimmter geochemischer Zustände angesprochen werden können, welchen Eigenschaften sie zu genügen haben.

1.3 Natürliche Indikatoren als Anzeiger der chemischen Zustände von Umweltmedien

1.3.1 Wesen und Arten von Geosystemen

Die Behauptung, daß die Natur systemar aufgebaut ist, also einerseits aus Systemen bestehend, die andererseits untereinander systemar organisiert sind, ist nicht neu. Im näheren Bereich beginnen die Systeme mit dem Sonnensystem, dessen Struktur teilweise den Bau der geographischen Hülle der Erde bestimmt und enden für den Geographen als Forschungsobjekte in Räumen, in denen nur noch vertikale Prozesse betrachtet werden könne (je nach Schule als Top, Fazies oder geochemische elementare Landschaftseinheit bezeichnet). All diese unterschiedlichen Systeme haben einige gemeinsame, also allgemeine Eigenschaften. Sie sind auf der einen Seite Untersysteme oder Teile (Teilsysteme) von Systemen höheren Niveaus und auf der anderen Seite selbst aus Teilungssystemen aufgebaut, deren Übersystem sie darstellen und die sie als neues System zusammenfassen. So bilden Organellen eine Zelle, Zellen gleichen Aufbaues Gewebe, unterschiedliche Gewebe sind als Organe strukturiert, welche ihrerseits einen Organismus bilden.

Die wichtigste gemeinsame Eigenschaft besteht jedoch darin, daß alle natürlichen Systeme offene Systeme sind. Daraus folgt, daß auf sie Stoffe, Energie und Information von außerhalb wirken. Information ist eine Eigenschaft von Stoff und Energie, ohne sie nicht denkbar, gleichzeitig aber ihr unbedingtes Attribut. So zeigt die grobkörnige Struktur des unteren Halleschen Porphyrs an, daß die Schmelze langsam abgekühlt sein muß und die Zeit zu einer Kristallbildung lang genug war, um Feldspäte bis zu 6 mm Größe entstehen zu lassen. Im oberen Halleschen Porphyr sind die Mineralien nur in kleinen Kristallen ausgebildet, die Abkühlung muß schneller erfolgt sein. Eine Endmoräne besteht nicht nur aus bestimmten Gesteinen, die auf das Herkunftsgebiet des Eises schließen lassen, hat nicht nur eine bestimmte Reliefenergie, sondern enthält auch die Information, daß an dieser Stelle ein Gletscher seine Randlage hatte, Eisvorschub und Eisschmelze sich die Waage hielten.

Aber ein System hat nicht nur Information, auf ein System wirkt auch Information ein. Diese Information ist gebunden an die von außen einwirkenden Stoff- und Energieströme. Da die Entwicklung von außen kommt, muß sie einem System höheren Niveaus (oder zumindest gleichen Niveaus) entstammen. Daraus folgt: auf ein System wirken immer an Stoff- und Energieströme gebundene Informationen aus dem System, dem das betroffene System untergeordnet ist. Diese Stoff-, Energie- und Informationsentwicklung ist an das Wesen und die Erscheinung (an das „Funktionieren") des einwirkenden Systems gebunden. In der Geographie werden solche Wirkungen als Umweltfaktoren bezeichnet. Ein wichtiges Unterscheidungsmerkmal von einwirkendem und betroffenen System ist ihre Entwicklungszeit (Reaktionszeit) oder auch Evolutionszeit hinsichtlich bestimmter Parameter und Größen. Grundsätzlich kann davon ausgegangen werden, daß die Evolutions- oder Reaktionszeit eines betroffenen Systems (Untersystem, Teilsystem) kleiner bzw. kürzer ist als die des einwirkenden Systems (Übersystem, aggregierendes System). So ändert sich das Klima langsamer als die Jahreszeiten, diese langsamer als die Großwetterlage und jene wiederum langsamer als die sie charakterisierenden Parameter wie Lufttemperatur, -druck und -feuchte oder die Windgeschwindigkeit. Eine Tierart ändert sich langsamer als die Populationen, das Individuum wiederum hat eine kürzere Reaktionszeit als die Population.

Dieses Phänomen ist recht leicht erklärbar. Für eine Entwicklung ist neue Information wichtig, ja sogar notwendig, und zwar Informationen über sich ändernde Existenzbedingungen. Die Änderung der Existenzbedingungen wird von der Umwelt bestimmt, ist ja eine Änderung der Umwelt selbst, also den Erscheinungen des übergeordneten Systems. Die Entwicklung drückt sich in einer Anpassung (Reaktion) des Untersystems auf ein sich veränderndes (Aktion) Übersystem aus. Wird sich nun das Übersystem schneller ändern (agieren), als sich das Untersystem anpassen (reagieren) kann, käme es zu einer Zerstörung des Untersystems. Diese Tatsache ist übrigens ein weiterer Grund der Umweltzerstörung durch den Menschen. Die Änderung von biotischen und abiotischen Umweltbedingungen geschieht so schnell, daß andere Lebewesen keine Zeit und Gelegenheit zur Anpassung haben. Inwieweit diese Tatsache auch auf abiotische Prozesse, etwa die Klimaentwicklung zutrifft, ist bisher wenig erforscht. Es gibt jedoch Meinungen, daß die die zunehmende Zahl an Unwettern eine Reaktion auf die immer größere Einwirkung des Menschen auf physikalische und chemische Parameter der Atmosphäre ist.

Auf eine beständige Wirkung des übergeordneten Systems erfolgt also eine stetige Antwort des betroffenen Systems. Diese beständigen Antworten bestimmen die Stabilität des Untersystems und schwanken um einen Mittelwert. So reagiert eine Landschaft insgesamt auf das stoffliche Dargebot der Lithosphäre, in dem sich entsprechender Zustand der Landschaft einstellt, der jedoch durchaus keine spiegelbildliche Abbildung sein muß, die Eingangsgrößen werden modifiziert. Wenn sich jedoch die Information des Übersystems ändert, so ändert sich entsprechend die Antwortreaktion des Untersystems. So reagiert eine Tierpopulation auf ein angestiegenes Futterdargebot durch eine Erhöhung der Individuenzahl und umgekehrt. Jede solche Antwortreaktion hat ihre Zeigerbedeutung, die abhängig ist von der sich ändernden Information und deren Effektivität, also Frequenz und Amplitude und von der Reaktionsfähigkeit (Empfindlichkeit) des antwortenden Systems, von dessen Resonanz. Aus letzterem Grunde reagieren verschiedene Untersysteme auf ein und dieselben Informationsänderungen aus einem gemeinsamen Übersystem verschieden stark bzw. schwach.

Auf diese Weise zeigen auch Objekte aus natürlichen Systemen verschiedener Hierarchiestufen Antwortreaktionen auf natürliche, anthropogen modifizierte natürliche oder anthropogene Veränderungen (siehe Abb. 1.13) ihrer Existenzbedingungen.

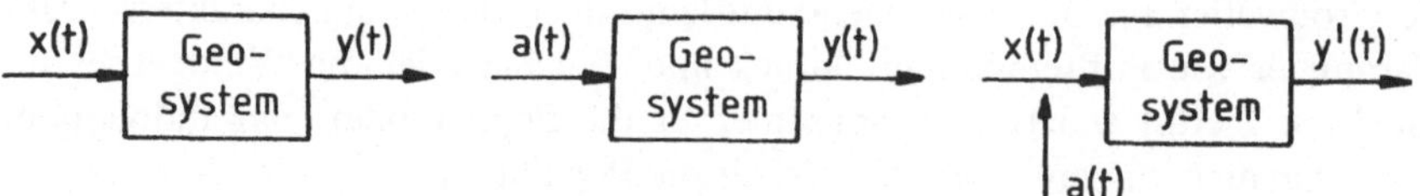

Abb. 1.13. Natürliche, anthropogen modifizierte natürliche und anthropogene Einwirkungen auf natürliche Systeme

Diese Änderungen entsprechen in ihren räumlichen und zeitlichen Dimensionen sowohl Eigenschaften des reagierenden wie auch des agierenden Systems. Das agierende System wird, da es Stoff, Energie und damit Information in das reagierende System hinein führt, als induzierendes (inducere = hineinführen) bezeichnet. Das reagierende System, unabhängig von seiner Hierarchiestufe, ist folglich das anzeigende System, nämlich anzeigend, daß es auf Stoff- und Energiezufuhr reagiert. Es ist das Indikatorsystem, abgeleitet vom lateinischen indicare = anzeigen/aufzeigen. Somit ist jedes natürliche System, da ein offenes System, gleich welchen Ranges und welcher Organisationsstruktur, ein Indikator, ein Naturindikator.

Solch eine breite Definition, die ja *alle* Natursysteme/Naturobjekte einschließt, ist zwar richtig, vom Standpunkt des „Anwenders" jedoch bedeutungslos. Im Besonderen wird nicht auf die Frage geantwortet, *wem* angezeigt wird, wer und wie die Änderungen im Indikator registriert. Anzeigen ist ja ein Beziehungswort in dem Sinne, daß jemand oder etwas zeigt und jemand oder etwas diese Information wahrnimmt, also schaut in weitesten Sinne und damit im Stande ist, das „Gezeigte" zu „sehen". Es scheint also sinnvoll, den Begriff „Indikator" in diesem bezüglichen Sinne wie folgt zu definieren:

> *Ein Naturindikator ist ein natürliches System beliebigen Ranges und beliebiger Organisationsform, das auf eine Änderung seiner Umwelt mit solchen Veränderungen seiner Eigenschaften reagiert, die der Mensch auf eine beliebige Art und Weise registrieren kann.*

Diese Definition umfaßt, wie leicht zu sehen ist, die Indikation sowohl natürlicher, anthropogen modifizierter natürlicher und anthropogener Veränderungen der Umwelt des Indikators. In der Terminologie der Geochemie der Landschaft wird unter dem Begriff „Naturindikator" oder einfach „Indikator" ein natürliches System verstanden, daß anthropogen modifizierte natürliche und anthropogene Umweltänderungen anzeigt. Auf diese Weise wird unter dem Begriff „Indikation" das Aufdecken und die Untersuchung anthropogener Einwirkungen auf die Umwelt verstanden. Die anthropogenen Einwirkungen treten also entweder als neue Faktoren in der Umwelt auf, zum Beispiel synthetische Stoffe, die in der Natur nicht vorkommen, oder Elemente und paragenetische Elementgruppen, die in entsprechenden Verbindungen nicht vorkommen oder sie bewirken eine Modifizierung natürlicher Faktoren und Größen wie Luftfeuchte oder der pH-Wert der Bodenlösung.

Eine Indikation kann dann stattfinden, wenn sich die Antwortreaktion des Systems signifikant oder deutlich von den Eigenschwingungen dieser Größe im System unterscheiden. Diese Eigenschwingungen sind als Reaktionsänderungen des Indikators gegenüber konstanter Einwirkung zu verstehen. Hiermit ist schon der grundlegende Unterschied zwischen physikalisch-chemischen Meßmethoden der Bewertung anthropogener Einwirkungen auf die Natur und der Verwendung natürlicher Objekte als Anzeiger solcher Einwirkungen bezeichnet. Bei der Direktmessung wird primär der Faktor, etwa die Verunreinigung der Luft zum Zeitpunkt 1 mit SO_2 gemessen und sekundär auf die Wirkung der gemessenen Belastung auf die Natur geschlossen. Die Naturindikation bestimmt primär den Zustand eines Teiles (Objektes) des Geosystems und schließt sekundär auf die Intensität des diesen Zustand hervorrufenden Faktors.

Die Naturindikation bedient sich verschiedener Typen von Indikatoren. Diese Typeneinteilung wird bestimmt durch die Eigenschaften des Indikators und der einwirkenden Faktoren; also: was stellt der Indikator selbst dar, welcher Komplex von Faktoren wirkt auf ihn ein und wie reagiert der Indikator auf diesem Komplex von Wirkungen. Eine *unspezifische Indikation* liegt vor, wenn verschiedene Faktoren die gleiche Reaktion beim natürlichen Objekt hervorrufen. Die Belastung der Luft mit Schwefeldioxid ruft zum Beispiel ein gleiches Schadbild an Blättern hervor wie es auch die Versalzung der Böden, in denen die Bäume wurzeln, bewirkt. Die Blattränder werden trocken und braun, vorzeitiger Blattfall ist die Folge. Da nun Straßenbäume in Städten beiden Belastungsarten ausgesetzt sind, läßt sich aus der Anzeige „Blattvergilbung" nicht eindeutig schließen, ob eine SO_2-Belastung der Luft oder eine Versalzung (Laugen der Straßen im Winter) der Böden vorliegt. Besonders deutlich wird die unspezifische Reaktion von natürlichen Systemen, wenn das Problem der Ursachenfindung der neuartigen Waldschäden zur Sprache kommt. Das Schadensbild der Waldschäden kann nach Meinung verschiedener Wissenschaftler durch mehrere Ursachen hervorgerufen werden. Nicht einmal die Frage, ob die Luftkontamination oder die Bodenkontamination ausschlaggebend sind, konnte bisher geklärt werden.

Im Gegensatz zur unspezifischen wird als *spezifische Indikation* eine Reaktion bezeichnet, die sich (mit großer Wahrscheinlichkeit) auf die Änderung eines ganz bestimmten Umweltparameters zurückführen läßt. Ein Beispiel dafür ist das Schadensbild, das eine toxisch hohe Ozonkonzentration bei Blättern hervorruft. Während Schwefeldioxid und Fluorwasserstoff recht großflächig Vergilbungen an den Blättern bewirken, verfärben diese sich bei Einwirkung von Ozon braunviolett. Das Schadensbild zeigt außerdem keine homogenen größeren Flächen, sondern es werden quasi die einzelnen Zellen violett „angefärbt", die Zellwände bleiben sichtbar. Eine Erhöhung der Konzentration von Blei und Cadmium im Boden zeigt als Hauptemittenten den Verkehr, eine Erhöhung der Zink- und Cadmiumkonzentration weist auf eine Belastung durch ein Zementwerk hin. Solcherart spezifische Zeigerwerte von natürlichen Objekten für sowohl chemische wie auch physikalische Parameter sind seit langem bekannt und wurden vor allem in der Landwirtschaft genutzt. So gedeihen bestimmte Pflanzen nur auf vernässten oder vergleyten Böden, andere bevorzugen trockene Standorte. Die Brennessel findet sich häufig an Standorten, die sehr stickstoffhaltig sind.

Nach der Nutzung des Indikators von Seiten des Menschen können weitere zwei Gruppen ausgegliedert werden, die *sensitiven* und die *akkumulativen Indikatoren*. Diese Bezeichnung sagt nichts über die Eigenschaften des Indikators an sich aus, natürlich akkumulieren auch sensitiv genutzte Indikatoren Schadstoffe und reagieren akkumulativ genutzte Indikatoren mit Reaktionen, die auch für das menschliche Auge wahrnehmbar sein können. Es geht bei dieser Einteilung lediglich darum, auf welche Art und Weise der Mensch die Veränderungen des Indikators erfaßt oder erfassen kann und auf welchem Niveau, welcher Hierarchiestufe die für die Indikation genutzten Systeme stehen. Bei der akkumulativen Indikation werden mit Hilfe von Meßinstrumenten Konzentrationen bestimmter Stoffe gemessen, die sich im Indikator angereichert haben. Sensitive Indikation wird begriffen als Bewertung visuell wahrnehmbarer Veränderungen.

Zunächst zu den Bedingungen, die der Indikator erfüllen muß. Für eine sensitive Indikation muß der Indikator bezüglich des zu untersuchenden Faktors sensibel sein. Das bedeutet, daß er auf Änderungen dieses Faktors so stark reagieren muß, daß sich die Reaktion in Änderungen der Morphologie und des Erscheinungsbildes widerspiegelt. Dabei müssen bestimmte Stoff- und Energiekreisläufe so stark geschädigt sein, daß sie entweder ausfallen oder zu Fehlreaktionen führen. Ist dieser Zustand maximal erreicht, kann eine weitere Zunahme der Konzentration des wirkenden Faktors nicht mehr wahrgenommen werden. Eine weitere Zunahme der SO_2-Konzentration in der Luft bringt an einem völlig vergilbten Blatt keine weiteren Änderungen hervor. Unterstrichen sei hier, daß die Einwirkung auf Stoffkreisläufe mit einer Beeinträchtigung der selben einhergeht. Je mehr Stoff einwirkt um so weniger deutlich läßt sich diese Wirkung differenzieren. Der Zusammenhang zwischen der Quantität des einwirkenden Stoffes in der Umwelt und der angezeigten Wirkung ist also nicht linear. Im allgemeinen werden also Objekte (Systeme), die auf veränderte Umweltbedingungen schnell mit Änderungen ihres Erscheinungsbildes reagieren, als sensitive Indikatoren genutzt und Objekte (Systeme), die ohne Einfluß auf den Akkumulationsprozeß beträchtliche Mengen eines Stoffes speichern können, als akkumulative Indikatoren.

Eine dritte Gruppierung von Indikatoren ergibt sich aus deren Nutzung und der Spezifik des zu untersuchenden Raumes. Indikatoren können (oder müssen) aktiv oder passiv genutzt werden. Von *passiver Indikation* wird gesprochen, wenn Objekte zur Charakterisierung des Geosystems genutzt werden, die Teil dieses Systems sind. Im anderen Falle werden Objekte aus einem anderen System in den Untersuchungsraum verbracht und eine bestimmte Zeit exponiert. Beide Methoden haben ihre Vor- und Nachteile. Bei der passiven Indikation ist der Aufwand sehr gering, es brauchen ja nur Objekte entnommen zu werden zwecks chemischer Analyse oder ihr Zustand muß bewertet werden im Falle einer sensitiven Indikation.

Eine weitere Eigenschaft, die sich sowohl als Vorteil als auch als Nachteil erweisen kann, ist das Faktum, daß diese Indikatoren den Gesamtkomplex ihres Standortes widerspiegeln, eine Pflanze zum Beispiel sowohl die Bodenkontamination wie auch die Luftverunreinigung. Störend macht sich das bemerkbar, wenn die Untersuchungen nur auf eines dieser Medien gerichtet sind. Ein weiterer Nachteil besteht darin, daß die meisten passiv genutzten Indikatoren nicht flächendeckend im Untersuchungsgebiet präsent sind. Dies ergibt sich allein schon aus ihrer Definition heraus, da passive Indikatoren ja Bestandteil des inhomogenen Geosystems darstellen und somit durchaus nicht Element eines jeden Teilsystems zu sein brauchen.

Auch *aktive Indikation* kann akkumulativ oder sensitiv ausgelegt sein. Ein gewichtiger Nachteil ist der deutlich höhere Aufwand, den die Anzucht oder Entnahme der betreffenden natürlichen Objekte aus anderen Gebieten und die anschließende Exponierung erfordern. Zu den Vorteilen zählt die genaue Kenntnis der Einwirkdauer der Umweltfaktoren und die Möglichkeit, bestimmte Umweltmedien gezielt zu untersuchen. Ein Nachteil speziell bei Bioindikatoren besteht in der Tatsache, daß auf das Objekt eine Vielzahl anders gearteter Einflüsse wirken und die Reaktion auch unspezifisch sein kann. Theoretisch kann mit aktiv eingesetzten Indikatoren flächendeckend das interessierende Geosystem untersucht werden, rein praktisch ist der Aufwand dafür jedoch meist zu hoch. Die Indikatoren sind meist recht preiswert, der hohe Betreuungsaufwand erfordert jedoch beträchtliche Personalkosten.

Für die Aufgabe der Untersuchung der Umwelt auf chemische Belastung mit Hilfe von Naturindikatoren können einige Niveaus der Organisation der Systeme, der belebten oder unbelebten Materie, die als Information dient, ausgegliedert werden. Diese Niveaus sind in Abbildung 1.14 zusammengestellt.

Das erste Niveau betrifft die chemischen und physiologischen Reaktionen, das zweite morphologische und anatomische Verhaltensreaktionen und das dritte Reaktionen von Fauna, Flora und Pedosphäre (Bodendecke), also eine Reaktion der gesamten Landschaft. Wie leicht zu sehen, sind diese Reaktionsniveaus miteinander verknüpft und sozusagen von unten nach oben durchlaufend. Die morphologischen und anatomischen Reaktionen werden durch chemische und physiologische Veränderungen hervorgerufen. Ebenso gehen floristischen Änderungen, also dem Aussterben oder Hinzukommen gewisser Arten in einem Gebiet, morphologische Veränderungen an den Individuen der betroffenen Art voraus. Jedes höhere Niveau schließt also die Reaktionen der vorausgegangenen (auf niedriger Organisationsstufe befindlichen) mit ein oder genauer hat sie zur Voraussetzung. Die Frage, welches Niveau zur Indikation genutzt wird, hängt ab von der sensitiven Reaktion des Indikators, der Effektivität des sich ändernden Umweltfaktors und dem Wissensstand des Menschen.

Niveau	Indikatorgruppe
chemische und physiologische Reaktion	akkumulative, passiv und aktiv
morphologische und anatomische Reaktion	sensitive, passiv und aktiv
floristische, faunistische und temporale Reaktion	sensitive, nur passiv

Abb. 1.14. Niveaus der Indikation mit natürlichen Objekten und die jeweils in Frage kommenden Indikatoren (nach SCHUBERT 1985)

So führt zum Beispiel das Auftreten von Schwefeldioxid in der Luft schon bei verhältnismäßig geringen Konzentrationen zu chemischen und physiologischen Reaktionen bei grünen Pflanzen. Die Pflanzen assimilieren bei der Gasaufnahme aus der Luft das SO_2 genauso wie das Kohlendioxid, CO_2. Schwefeldioxid reagiert im wäßrigen Milieu des Zellsaftes zu schwefliger Säure, H_2SO_3, und löst sich in zwei Wasserstoffionen und das Säurerestion. SO_2 ruft also letztendlich eine saure Reaktion hervor, der pH-Wert im Inneren der Zelle wird herabgesetzt (chemisches Niveau der Indikation). Schon auf dieser Stufe der Einwirkung ist es möglich, Änderungen metabolischer Prozesse zu beobachten, da die Säure das Chlorophyll angreift und somit direkt physiologische Prozesse beeinflußt, die Photosynthese beeinträchtigt. Eine weitere Erhöhung der SO_2-Konzentration (siehe auch Abb. 1.15) kann zu einer derartigen Verringerung der Chlorophyllkonzentration führen, daß es durch die Abnahme des grünen Farbstoffes in den Zellen für den Beobachter wahrnehmbar wird.

SO_2-Konzentration	Indikationsniveau	Reaktion des Indikators (Pflanze)
	chemische Reaktion und physiologische Veränderungen	Erhöhung der Protonenkonzentration im Zellsaft und Verringerung des Chlorophyllgehaltes, Herabsetzung der Zuckersynthese
	morphologische / anatomische Reaktion	Vergilbung und Austrocknung der Blattränder, Vergilbung und Abfall der Nadeln, Verringerung der Nadeljahrgänge, Vorzeitiger Laubfall, Auslichtung der Kronen, Absterben des Baumes
	floristische Reaktion	Aussterben rauchempfindlicher Arten, Besiedlung durch weniger empfindliche, Absterben der Vegetation, Auswanderung der Tiere, vollständige Devastierung

Abb. 1.15. Indikationsniveau und Reaktion des Indikators mit zunehmender SO_2-Belastung

Die Indikation findet also auf dem zweiten Niveau der morphologischen und anatomischen Reaktion statt. Wenn nun die Chlorophyllkonzentration solche Werte erreicht, daß das betroffene Individuum nicht mehr in der Lage ist, sich zu ernähren, stirbt es ab. Diese Grenze ist bei rauchempfindlichen Arten naturgemäß eher erreicht als bei rauchresistenteren. Rauchempfindliche Arten werden also absterben, der frei werdende Platz wird zunächst von widerstandsfähigeren Vegetationen eingenommen, die Flora des Gebietes verändert sich.

Ohne es als „chemisches Messen mit natürlichen Objekten" zu bezeichnen, ist der Waldschadensbericht ein gutes Beispiel für eine Informationsgewinnung von natürlichen Objekten (zweites Niveau) über chemischen Belastungen der Umwelt. Der Waldschadensbericht läßt nicht nur eine Bewertung des Gesundheitszustandes der Baumarten zu, sondern erlaubt eine quantitative Bewertung der auftretenden Umweltbelastung. Da der Bericht in regelmäßigen Abständen wiederholt wird, ist auch eine Bewertung der zeitlichen Entwicklung der Umweltsituation möglich. Die Auswertung der Zahl der „Baumleichen" (Indikatoren) führt zu einer Beobachtung des Schadenszustandes, zum Umweltmonitoring.

1.3.2 Umweltmonitoring

Informationen über den Zustand der natürlichen Umwelt und über Veränderungen dieses Zustandes gewinnt und nutzt der Mensch schon lange. Seit mehr als einhundert Jahren werden regelmäßig meteorologische, phänologische und eine Reihe weiterer Beobachtungen durchgeführt. Mit der Entwicklung der Technik, die den Menschen zunehmend in die Lage versetzte, auf die Natur einzuwirken, sie umzugestalten und ihre natürlichen Ressourcen besser zu nutzen, gewannen geophysikalische Informationen für ihn an Bedeutung, ja sie wurden geradezu unerläßlich. Mittels solcher Informationen können die optimalen natürlichen Bedingungen für die Durchführung verschiedener Maßnahmen ermittelt und dabei sowohl günstige wie ungünstige Faktoren für die Wirtschaft und das Leben der Menschen vorausgesagt und sodann Maßnahmen zur Verringerung der Auswirkung von ungünstigen Bedingungen auf Leben und Arbeit des Menschen ergriffen werden. Zu Informationen dieser Art gehören die angeführten Beobachtungen über den aktuellen Zustand der Umwelt sowie Prognosen über Veränderungen der natürlichen Bedingungen.

Bekanntlich wurden über lange Zeit nur solche Beobachtungen durchgeführt, die sich mit den natürlichen Ursachen von Veränderungen des Umweltzustandes befaßten. In den letzten Jahrzehnten ist jedoch in der ganzen Welt deutlich die Einflußnahme des Menschen auf seine natürliche Umwelt gewachsen, und damit wurde auch offensichtlich, daß eine unkontrollierte Nutzung der Natur zu ernsten negativen Folgen führen kann. Hieraus ergab sich eine noch größere Dringlichkeit nach detaillierten Informationen über den Zustand der Biosphäre.

Bekanntlich verändert sich der Zustand der Biosphäre unter der Einwirkung sowohl natürlicher wie auch anthropogener Einflüsse. Hinsichtlich der Ergebnisse solcher Einflüsse gibt es jedoch einen wesentlichen Unterschied: Zum einen kehrt der unter der Einwirkung natürlicher Ursachen sich verändernde Zustand der Biosphäre in der Regel in seinen Ausgangszustand ständig wieder zurück. Beispiele hierfür sind Veränderungen von Temperatur und Luftdruck, Luft- und Bodenfeuchtigkeit, jahreszeitlich oder anderweitig saisonbedingte Veränderungen der pflanzlichen und tierischen Biomasse und so weiter. Die mittleren, den Zustand der Biosphäre charakterisierenden Parameter und Werte wie ihre klimatischen Parameter in einem bestimmten Gebiet der Erde, die natürliche stoffliche Zusammensetzung verschiedener Medien, der Kreislauf des Wassers, des Kohlenstoffes und auch der anderer Elemente, die biologische Produktivität und andere, verändern sich wesentlich nur im Verlaufe eines sehr langen Zeitraumes, meist in geologischen Zeiträumen wie Jahrtausenden, Jahrhunderttausenden oder gar Millionen Jahren. Die gewaltigen, im Gleichgewicht befindlichen ökologischen Systeme, z.B. Geosysteme, verändern sich unter dem Einfluß natürlicher Prozesse nur außerordentlich langsam, diese allmählichen evolutionären Prozesse und Veränderungen vollziehen sich in Zeiträumen, die nur in geologischen Epochen zu nennen sind.

Im Unterschied hierzu können unter der Einwirkung anthropogener Faktoren Veränderungen außerordentlich rasch verlaufen. So traten bei einigen Elementen der Biosphäre während der letzten Jahrzehnte Veränderungen auf, die nur vergleichbar sind mit natürlichen Veränderungen im Verlaufe von Jahrtausenden, ja Millionen von Jahren. Die natürlichen Veränderungen des Umweltzustandes, sowohl die natürlichen kurzfristigen wie die natürlichen langfristigen, werden bereits weitgehend beobachtet und von den in vielen Ländern bestehenden Geophysikalischen Diensten überwacht bzw. erfaßt. Objekt dieser Dienste ist also in erster Linie der physikalische Zustand der Geosphäre, physikalische Prozesse und Erscheinungen, wie hydrometeorologische, seismologische Prozesse und Erscheinungen, Erscheinungen der Ionosphäre und des Gravitationsfeldes, des Magnetfeldes usw.

Um gerade die anthropogenen Veränderungen von den natürlichen unterscheiden zu können, ergab sich die Notwendigkeit, spezielle Beobachtungen über Zustandsveränderungen der Biosphäre unter der Einwirkung des Menschen durchzuführen. Zu diesem Zweck wurde vorgeschlagen, ein System wiederholter Beobachtungen eines oder mehrerer Elemente der natürlichen Umwelt nach Raum und Zeit mit bestimmten vorgegebenen Zeiten entsprechend eines zuvor festgelegten Planes als Monitoring zu bezeichnen. Der Terminus Monitoring wurde bereits von der Stockholmer Umweltkonferenz, die vom 5. bis 16. Juni 1982 stattfand, geprägt. Die ersten Vorschläge zur Schaffung eines solchen Systems wurden durch Experten einer Sonderkommission von SCOPE (Scientific Committee on Problems of Environment) im Jahre 1971 erarbeitet (IZRAEL 1990). Der Begriff Monitoring wurde dabei als Gegengewicht oder Ergänzung zum Terminus Kontrolle geprägt, der nicht nur Beobachtung und Informationsgewinnung, sondern auch Elemente aktiver Eingriffe, Elemente der Steuerung einschloß. Entsprechend der Prioritätenverteilung wurde dem Monitoring der Umweltverschmutzung die größte Aufmerksamkeit gewidmet, also im wesentlichen landschaftschemischen Prozessen und Erscheinungen. Aus diesem Grund sind auch die Beobachtungsobjekte natürlicher und anthropogener Veränderungen nicht dieselben.

Monitoring setzt sich aus drei Elementen zusammen. Erstens die Beobachtung der Faktoren, die auf die natürliche Umwelt und deren Zustand einwirken, zweitens die Einschätzung und Bewertung des aktuellen Umweltzustandes und drittens eine Prognose des Zustandes der natürlichen Umwelt und eine Bewertung des prognostizierten Zustandes. Somit stellt Monitoring ein System von Beobachtungen zur Bewertung und Prognose des Zustandes der natürlichen Umwelt dar, das jedoch eine Steuerung der Qualität der natürlichen Umwelt nicht mit einschließt. Andererseits ist klar, daß die Organisierung eines Monitoringsystems eine unerläßliche Vorbedingung für die richtige Steuerung der natürlichen Umweltqualität darstellt.

Ein Monitoringsystem kann sowohl lokale Gebiete wie den gesamten Erdball umfassen. Eine Besonderheit des globalen Monitoring ist die Möglichkeit, auf der Grundlage von Daten dieses Systems den Zustand der Biosphäre auf globaler Ebene zu bewerten. Als nationales Monitoring bezeichnet man für gewöhnlich ein Monitoringsystem innerhalb eines Staates. Ein derartiges System unterscheidet sich vom globalen Monitoring nicht nur durch die Maßstäbe, sondern auch dadurch, daß die Hauptaufgabe in der Gewinnung von Daten und Informationen und der Bewertung des Umweltzustandes aus der Sicht nationaler Interessen besteht. So kann zum Beispiel der Verschmutzungsgrad der Atmosphäre in einzelnen Städten oder Industriegebieten für die Bewertung des Umweltzustandes aus der Sicht der globalen Ebene ohne Bedeutung, jedoch für die Durchführung von Maßnahmen auf nationaler Ebene oder in einem bestimmten Gebiet von besonderer Wichtigkeit sein.

Natürlich muß ein globales Monitoringsystem auf den Subsystemen des nationalen Monitoring aufbauen und Elemente dieses Subsystems einschließen, während gleichzeitig jedoch nicht die Notwendigkeit besteht, diese Systeme voll in das globale System einzubeziehen, da deren Kompetenz auch zutiefst nationale Fragen berühren. Zuweilen wird der Terminus grenzüberschreitendes oder internationales Monitoring verwendet. Offenbar ist es richtiger, diese Begriffe für ein Monitoringsystem zu verwenden, das im Interesse mehrerer Staaten arbeitet, etwa zur Prüfung von Fragen des grenzüberschreitendes Verkehrs von Verschmutzungen zwischen diesen Staaten oder ähnliches.

Ein Monitoring ist somit ein Geoinformationssystem mit vielen Zielen. Seine Hauptaufgaben sind: Beobachtung des Zustandes der Biosphäre, die Bewertung und Prognose dieses Zustandes, die Bestimmung des Grades anthropogener Einwirkung auf die Umwelt und das Sichtbarmachen der Faktoren und Quellen dieser Einwirkung sowie ihres Ausmaßes. Betrachten werden soll zunächst das universelle Schema eines Informationssystems zur Kontrolle des Umweltzustandes, das sowohl für ein solches System insgesamt wie auch für einen beliebigen geophysikalischen Dienst geeignet ist, dessen Daten zu einem solchen System nötig sind. Solche Systeme können sein der hydrometeorologische Dienst, ein Beobachtungssystem für Verschmutzungen oder ein Monitoring anthropogener Veränderungen der Biosphäre. Da das Verschmutzungsmonitoring das System ist, das sich mit der Veränderung des chemischen Zustandes der Geosysteme infolge anthropogener Fähigkeiten beschäftigt, werden wir uns damit etwas eingehender befassen; Erläuterungen zu einem universellen Schema werden wir dabei anhand des Schemas für ein Verschmutzungsmonitoring geben.

Die umfassendste Form des Herangehens an die Bestimmung der Struktur des Monitoringsystems hinsichtlich anthropogener Veränderungen der Umwelt ist seine Unterteilung in Blöcke, und zwar in: Beobachtung, Bewertung des aktuellen Zustandes und Prognose des Zustandes. In das vorliegende Schema werden alle oben aufgezählten Blöcke oder Subsysteme eingebracht. Dabei sind die Blöcke „Beobachtungen" und „Prognose des Zustandes" eng miteinander verbunden, da eine Prognose des Umweltzustandes nur bei Vorhandensein von hinreichend repräsentativen Informationen über den aktuellen Zustand möglich ist, es handelt sich hierbei um einen direkten Zusammenhang.

Der Aufbau einer Prognose hat einerseits Kenntnisse der Gesetzmäßigkeiten von Veränderungen im Umweltzustand, das Vorhandensein eines Ablaufschemas sowie die Möglichkeiten einer numerischen Behandlung der Zusammenhänge zur Voraussetzung; andererseits muß die Zielrichtung der Prognose in bedeutendem Maße die Struktur und Zusammensetzung des Beobachtungsnetzes bestimmen. Dieser Zusammenhang wird als rückwirkender Zusammenhang bezeichnet. Die Daten, durch die der Zustand der natürlichen Umwelt charakterisiert wird, werden im Ergebnis von Beobachtungen bzw. einer Prognose gewonnen und müssen in Abhängigkeit davon bewertet werden, auf welchem Gebiet menschlicher Tätigkeit sie genutzt werden sollen.

Eine Bewertung besteht einerseits in der Bestimmung des Verlustes, der infolge von Einwirkungen entsteht, andererseits in der Auswahl optimaler Bedingungen für die menschliche Tätigkeit sowie in der Ermittlung der vorhandenen ökologischen Reserven. Darunter haben wir die Kenntnis der zulässigen Belastung der natürlichen Umwelt zu verstehen. Das Informationssystem des Monitoring für anthropogene Veränderungen stellt einen Bestandteil des Systems zur Steuerung bzw. Kontrolle der Wechselwirkung von Gesellschaft und Umwelt dar, da die Information über den aktuellen Zustand der natürlichen Umwelt und die Tendenzen seiner Veränderung der Ausarbeitung von Maßnahmen zum Schutz der Natur sowie der Planung der ökonomischen Entwicklung zugrunde liegen muß. Die Bewertungsergebnisse des aktuellen und des prognostizierten Zustandes des Geosystems ermöglichen ihrerseits, die Anforderungen an das Teilsystem Überwachung zu präzisieren. Damit wird zugleich eine wissenschaftliche Grundlage für ein Monitoring, für die Bestandteile und Struktur eines Beobachtungsnetzes sowie für Beobachtungsmethoden geschaffen.

Für eine Analyse und Prognose der ökologischen Situation sowohl weltweit wie auch auf regionaler Ebene ist die Kenntnis vieler geophysikalischer landschaftsgeochemischer Prozesse, der unterschiedlichen anthropogenen Effekte sowie der Situationen, die ihn auslösen, erforderlich. Das betrifft in erster Linie das Sichtbarmachen sowie die Untersuchungen anthropogener Einwirkungsfaktoren. Die

Gewinnung von Primärdaten sowie deren Recherche und Analyse werden durch ein Monitoringsystem der natürlichen Backgroundbelastung gesichert, das in einer Reihe von Ländern auf Landes- bzw. regionaler Ebene zu schaffen ist.

Die landschaftsgeochemische Beobachtung erstreckt sich auf die chemische Zusammensetzung der Atmosphäre, der Niederschläge, der Oberflächengewässer, des Grundwassers sowie der Ozeane und Meere, des Bodens und der Bodensedimente, der Vegetation und der Tierwelt. Außerdem werden auch die Hauptverbreitungswege von Verschmutzungen erfaßt. Gerade solche Beobachtungen gehören meist zu den wichtigsten im Rahmen des Monitoringsystems. Ferner ist anzumerken, daß derartige Verschmutzungen oft auch Quelle für eine Verschmutzung weiterer Umweltmedien werden können, also für jedes Immissionsfeld eines konkreten Umweltmediums mehrere Emissionsfelder von Bedeutung sind. So ist für Gewässer erstens der direkte Eintrag von Bedeutung, der durch die Industrie- und Kommunalabwässer geschieht. Zweitens werden die Gewässer durch kontaminierte Niederschläge belastet und drittens durch Schadstoffeintrag aus dem Boden, es sind also ein Primäremissionsfeld und zwei Sekundäremissionsfelder für den chemischen Zustand der Gewässer verantwortlich.

Nach dem Niveau der chemischen und physikalischen Beobachtung folgt die biologische Beobachtung, also die Beobachtung von Reaktionen der Biota bzw. einzelner Kompartimente der Biosphäre gegenüber verschiedenen Einwirkungsfaktoren sowie Veränderungen des physikalischen und chemischen Umweltzustandes. Hierzu gehören Beobachtungen reversibler oder irreversibler Veränderungen im Bereich der Biota. Dies kann sich sowohl auf strukturelle wie auch funktionelle biologische Merkmale erstrecken. Zu den funktionellen Merkmalen zählen z.B. Zuwachs an Biomasse in einer bestimmten Zeiteinheit sowie die Aufnahmegeschwindigkeit verschiedener Stoffe. Zu den strukturellen Merkmalen gehören z.B. die Artenzusammensetzung von Pflanzen und Tiergemeinschaften. Diese Beobachtungen müssen auf verschiedenen Niveaus durchgeführt werden, auf der Stufe einzelner Organismen, einer Population, einer Gemeinschaft oder eines Ökosystems. Einen eigenen Platz innerhalb dieser Untersuchungen der Reaktion der Biota auf gesellschaftliche Tätigkeit nimmt der Mensch als biologischer Organismus selbst ein. Gerade der Mensch der Industriegesellschaft, und hier wieder der urban lebende Mensch, ist einer sehr großen Anzahl anthropogener Negativfaktoren ausgesetzt. Die Städte als Konzentrationspunkt jeglicher Umweltbelastung erfordern deshalb ein sowohl qualitativ wie auch quantitativ besseres Monitoringsystem als ländliche oder gar naturbelassene Geosysteme.

Um dabei die Dynamik im Zustand der großen Systeme erfassen zu können, müssen die Messungen in bestimmten Intervallen wiederholt werden, wobei die wichtigsten Merkmale kontinuierlich zu verfolgen sind. Das System der Beobachtungen kann dabei auf Punktmessungen mittels Meßstationen beruhen, die weiträumige Beobachtungen mit einschließen, oder aber auf Feldmessungen und der Berechnung integrierter bzw. komplexer Kennziffern. Möglich und sinnvoll ist eine Kombination beider Prinzipien. Die Ergebnisse aus Feldmessungen und integralen, also komplexen Kennziffern müssen im Monitoringsystem eine herausragende Rolle spielen.

Dieser Abschnitt basiert auf Vorlesungsmitschriften des Autors folgender Kurse, gelesen an der Moskauer Staatlichen Universität 1984-1989:

- Ljamin, W.S.: Filosofskoe myschlenie v geogrfii
- Bondarjev, L.G.: Ochrana prirody
- Konovalenko, S.K.: Osnowy racionalnovo prirodopolzowania.

1.3.3 Vor- und Nachteile der Verwendung von Naturindikatoren

Obwohl sehr kurz, soll dieser Thematik ob des Inhaltes ein eigener Unterpunkt gewidmet werden. Es soll ein Vergleich der Methoden der Arbeit mit Naturindikation mit physikalisch-chemischen Methoden der Umweltuntersuchung vorgenommen werden. Zunächst sei der methodologische Hauptunterschied genannt. Bei den physikalisch-chemischen Methoden wird primär der anthropogene Faktor und sekundär dessen Wirkung auf das Geosystem und seine Kompartimente untersucht.

Das bedeutet, die Untersuchungsrichtung geht von der Emission zur Immission. Mit den Methoden der Naturindikation erfolgt eine Bestimmung der Wirkung eines (anthropogenen) Faktors in der Natur und erst sekundär eine Bestimmung (Schlußfolgerung) seiner Intensität. Die Untersuchungsrichtung geht also von der Immission über die Transmission zur Emission. Nun ist aber für geographische und geoökologische Fragestellungen die Frage der Immission (Wirkung) ebenfalls primär gegenüber der Emissionsfrage schon allein deshalb, weil gleiche Emissionen in unterschiedlichen Öko- oder Geosystemen ganz unterschiedliche Reaktionen auslösen können.

Um es ganz extrem zu formulieren, wichtig ist für den Geographen weniger zu wissen, wieviel eines bestimmten Stoffes emittiert wird, sondern vielmehr, welche Wirkung er in der Umwelt zeigt. So sind die nordischen Nadelwälder, die auf ohnehin schon sauren Podsolen stehen, viel empfindlicher gegenüber einer Säurebelastung als etwa semiaride Gebiete mit dem hohen Salz- und damit Puffergehalt ihrer Böden. Die Frage der Emission ist eine technische Frage, die Frage der Immission eine geoökologische, deshalb sind gerade die Methoden der Naturindikation prädestiniert für geoökologische Untersuchungen, für umweltchemische Messungen auf dem Gebiet der Geochemie der Landschaft.

Eine andere Frage ist die der Kosten, eine wichtige Frage in der heutigen Zeit, besonders auf dem Gebiet des Umweltschutzes. Und besonders die Etats zur Umweltüberwachung werden immer schmaler. Für den Aufbau einer automatischen Meßstation zur Kontrolle der Luftgüte (Windgeschwindigkeit, Windrichtung, Temperatur, Luftfeuchte, SO_2, O_3, NO_x) sind mehrere 10.000 DM aufzuwenden, allein der Anteil der Schwefeldioxidmessung beträgt mehrere 1.000 DM. Demgegenüber ist der Aufbau oder die Installation einer Tafel für ein aktives Flechtenmonitoring inkl. Betreuung und Auswertung mit nur 200 DM äußerst gering. Auf diese Weise beläuft sich der Gesamtpreis für ein aktives Flechtenmonitoring, bestehend aus 60 Meßpunkten mit Personalkosten (15.000 DM) auf 27.000 DM. Da bei der passiven Indikation auch die Kosten für eine Expositions-Einrichtung und für die Exponate wegfallen, sind die finanziellen Aufwendungen noch geringer.

Ein weiterer wichtiger Unterschied ist die Exponierungszeit oder besser gesagt, der Aufnahmezeitraum, den die jeweilige Messung widerspiegelt. Eine Meßstation erfaßt nur immer Augenblicke, einige 24 mal am Tag, andere nur einmal am Tage. Mobile Maßstationen gar erfassen nur einen Augenblick zum Zeitpunkt der Aufnahme des geochemischen Feldes. Zu diesem Zeitpunkt kann gerade ein Immissionsmaximum oder -minimum in der Atmosphäre zum Beispiel oder im Wasser vorhanden sein, also eine völlig untypische Situation herrschen. Naturindikatoren mitteln immer. Sie haben zwar ein gewisses Indikationsintervall, das teils von den in ihnen ablaufenden Entwicklungsprozessen, teils von ihrer Selbstreinigungsfähigkeit bestimmt wird, zeigen aber auf jeden Fall einen größeren Zeitabschnitt auf, also den chemischen Zustand in einem größeren Zeitintervall. Je nach Indikator erstreckt sich dieses Intervall über Jahrzehnte, Jahre, Jahreszeiten oder Wochen und Tage.

Ein großer Nachteil der Naturindikatoren besteht in ihrer schlechten räumlichen Vergleichbarkeit, also dem Vergleich von Indikatoren aus verschiedenen Geosystemen. In verschiedenen Geosystemen können verschiedene Faktoren herrschen, die die Antwortreaktion des Indikators auf den zu indikatierenden anthropogenen Faktor verändern. Auf spezielle negative Eigenschaften einzelner Indikatoren wird bei deren Besprechung eingegangen. Die Vor- und Nachteile von Naturindikatoren gegenüber automatischen Direktmessungen könne wie folgt zusammengefaßt werden.

Vorteile sind:

- die Aufzeichnung des geochemischen Zustandes des indikatierten Geosystems für einen längeren Zeitabschnitt und somit gemittelt,
- geringe Kosten und insgesamt Einfachheit der Methoden,
- Erhalt der Immissionsinformation, also des geochemischen Zustandes des Natursystems.

Als Nachteile müssen genannt werden:

- die Änderung der Antwortreaktion auf den zu indikatierenden Faktor durch sich ändernde andere natürliche oder anthropogene Faktoren,
- geringe Genauigkeit und ein engeres Meßintervall bzw. Reaktionsintervall,
- die Schwierigkeit des Vergleiches von Daten von Indikatoren aus verschiedenen Geosystemen.

Gemeinsam ist den Direktmessungen und der Naturindikation eine gute kartographische Darstellbarkeit der gewonnenen Daten und ihre Digitalisierbarkeit bzw. Verarbeitbarkeit auf Rechenstationen.

Insgesamt kann festgestellt werden, daß mit Naturindikation der geochemische Zustand eines Geosystems gut beschrieben werden kann. Natürlich sind für viele Aufgaben der Umweltüberwachung Direktmessungen unentbehrlich, für einige Aufgaben sind sie nicht ersetzbar und keine Alternative zu den Methoden der Naturindikation. Ziel der Geochemie der Landschaft ist es deshalb auch, die preiswerten und recht einfachen Methoden der Naturindikation in ihrem Anwendungsbereich zu erweitern und ihren Zeigerwert zu erhöhen. Aus solchen Bereichen wie Umweltmonitoring, Umweltverträglichkeitsprüfung und anderen sind sie nicht mehr wegzudenken. Sie müssen auch als Basis zur Installierung automatischer Direktmeßnetze eingesetzt werden, um diese optimal gestalten zu können. Wichtig ist bei diesen Fragen die mathematische Bearbeitung der durch Naturindikation gewonnenen Daten.

1.4 Verarbeitung der Daten, gewonnen mit natürlichen Indikatoren

Die Ergebnisse und Resultate umweltchemischen Messens bestehen rein materiell aus Zahlen, die zu verarbeiten sind. Eines der Hauptziele des Umweltmonitorings besteht darin, die durch menschliche Tätigkeit eingebrachten Elemente und Elementkonzentrationen zu erkennen und auszugliedern. Nun gibt es ja keine Möglichkeit, ein vom Menschen in den chemischen Landschaftskreislauf eingebrachtes Element von einem Element zu unterscheiden, das aus der Lithosphäre direkt stammt oder durch die Biosphäre mobilisiert wurde. Ebenso ist es notwendig, normale von unnormalen Reaktionen natürlicher Objekte zu unterscheiden und chemische Daten unterschiedlicher Objekte miteinander zu vergleichen. Zur Ausgliederung von Anomalien können oft nur relative Größen und Verhältnisse untereinander (sog. Muster) verwendet werden.

1.4.1 Kenngrößen des Geochemischen Feldes

Chemische Daten, gleichgültig ob gemessene Größen oder Bonitierungs- oder Schadstufen, lassen sich als dreidimensionales Gebilde vorstellen. Wenn die Probennahme - Bodenproben, Pflanzen, Gestein, Schneedecke, Flechtenflora etc. in einem Gebiet mit den Seitenlängen x und y in x*y Punkten erfolgt, also in der Fläche xy, so ergeben sich die Probennahmestandorte als Punkte dieser Flächen (siehe auch Abb. 1.16). Die gemessene oder bewertete Größe mit einem solchen Punkt xy läßt sich als Vektor z definieren und im Koordinatensystem auf der Achse Z abtragen.

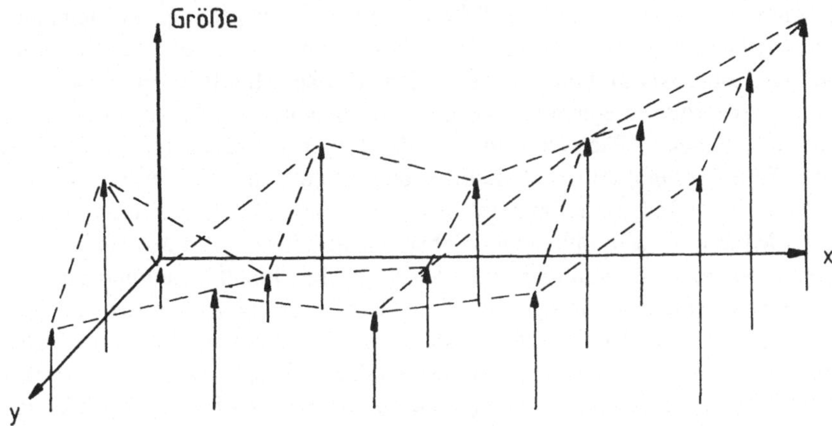

Abb. 1.16. Darstellung eines geochemischen Feldes mit xy Raum(flächen)-Koordinaten und Z = gemessene (bonitierte [rangierte]) Größe

Es entsteht eine dreidimensionales Gebilde, dessen Oberfläche, die durch die geochemischen Koordinaten und die Intensität der gemessenen Größe (Länge des Vektors) gebildet wird, geochemisches Feld heißt. Das durch diese Vektoren beschriebene Relief ist wie jedes andere auch auf der Karte durch Isolinien darstellbar. Isolinien sind ja bekanntermaßen durch eine gleiche Größe eines beliebigen Parameters (Druck = Isobare, Temperatur = Isotherme, Höhe über NN = Isohypse) definiert, sie bilden quasi einen Schnitt durch das Relief, der parallel zur Grundfläche geht und somit alle gleich großen Werte untereinander verbindet.

Für eine detaillierte Charakteristik des geochemischen Feldes ist eine Beprobung zumindest aller elementarer Landschaftseinheiten notwendig, also den kleinsten landschaftsgeochemischen Einheiten, die ja gerade dadurch bestimmt (gegliedert) werden, daß zwischen ihnen Gradienten auftreten, sich chemische Größen horizontal (lateral) ändern. Nur auf diesem Niveau sind auch alle lateralen geochemischen Barrieren bestimmbar. In der Praxis ist eine solche genaue und enge Beprobung nicht realisierbar, zumal sie ja diejenige Kenntnis voraussetzen müßte, die durch die Beprobung erst gewonnen werden soll. Es werden also meist nur typische Catenen beprobt oder ein Gitternetz gelegt, dessen Knotenpunkte oder Quadratmittelpunkte den Ort zur Probennahme angeben. Von der Schrittweite der Beprobung hängt natürlich die Genauigkeit der Modelloberfläche des geochemischen Feldes ab. In der „Umgangssprache" werden die Begriffe geochemisches Feld oder geochemisches Relief oft analog benutzt, der Feldbegriff taucht aber in solchen Termini wie Emissionsfeld, Transmissionsfeld oder Immissionsfeld im Vokabular der Umweltchemie und Geoökologie wieder auf. Um eine Bewertung und Quantifizierung des Feldes durchführen zu können, sind eine Reihe geochemischer Größen nötig.

Wie schon in 1.2.1 dargelegt, wird die mittlere Konzentration eines Elementes in einem definierten Geosystem als Clarke bezeichnet, es ist der Mittelwert der chemischen Größe. Als mittlere Konzentration (Clarke, Mittelwert einer Bonitierung etc.) einer Größe in einem Geosystem wird diejenige Fläche verstanden, die parallel zur Nullebene (Fläche xy mit z=0) das Relief des geochemischen Feldes so in zwei Teile (Reliefs) teilt, daß die Erhebungen und Peaks die Vertiefungen bis zu der durch diese Fläche definierten Größe auffüllen. Die Bezeichnung dieses Wertes als Mittelwert, also ohne eigentlichen Fachterminus, rührt aus der Vielfalt sich überschneidender Termini her, die oft den gleichen Inhalt haben und gleicher Termini, die verschiedene Größen begreifen. Clarke ist der Mittelwert von Elementen, schließt also andere relevante Größen wie Redoxpotential oder auch Bonitierungswerte aus. Der vielfach verwendete Begriff *„geochemischer Hintergrund*" (oft auch anglisierend als background bezeichnet) wird meist begriffen als „vom Menschen unbelasteter" Mittelwert chemischer Größen. Dieser geochemische Hintergrund steht in einer Reihe mit den Begriffen *minerogener*, *pedogener* und *natürlicher Hintergrund.* Der minerogene Hintergrund ist derjenige chemische Zustand eines Geosystems, der durch den chemischen Zustand der Lithosphäre hervorgerufen wird. Als pedogener Hintergrund gilt die Ableitung des minerogenen Hintergrundes nach den Bodenprozessen. Zusammen bilden sie den geogenen Hintergrund. Um nicht weitere Begriffe doppelt zu belegen und nicht noch einen Terminus hinzufügen, soll hier der Begriff „Mittelwert" genutzt werden, eine Größe, hervorgerufen durch alle chemisch wirksamen Komponenten eines Systems und den mittleren „Zustand" des Indikators begreifend, ob Meßwert oder synthetische Größe.

Benutzt werden soll der Begriff chemischer Hintergrund als Produkt des Zusammenwirkens aller landschaftsbildender Komponenten zur Herleitung des Begriffes *„Rauschebene*". Da der chemische Hintergrund nur Stoffgrößen umfaßt, synthetische Werte aber nicht berücksichtigt, wie etwa Bonitierungen, Bezugsgrößen und andere, muß die „Rauschebene" als Größe dafür stehen, die sowohl chemischen Hintergrund wie auch andere Werte umfaßt, die Zustände natürlicher Objekte darstellen. In die Berechnung des Mittelwertes eines definierten, abgegrenzten Systems werden ja nach Definition alle Maximalwerte, die durch geologische, biologische oder technologische Besonderheiten hervorgerufen werden, einbezogen. Somit ist dieser Mittelwert einer Landschaft ungeeignet als Bezugssystem bzw. Bezugsgröße zur Bestimmung von Anomalien innerhalb des Systems, da ja die anormalen Konzentrationen in die Berechnung des Mittelwertes mit einfließen. Der Mittelwert eignet sich demnach eher zum Vergleich von Geosystemen untereinander.

Es muß also außerdem eine Bezugsgröße gefunden werden, die anormale (immer verstanden als anormal hohe Werte) Zustände der Indikatoren nicht berücksichtigt. Im folgenden soll an einem konstruierten Beispiel eine mathematisch-empirische Methode vorgestellt werden, die es ermöglicht, nur mit Hilfe der Daten der Indikatoren des untersuchten Systems Normzustände und Anomalien auszugliedern. Es werden dabei also keine Vergleichsdaten von unbelasteten Vergleichs- und Geosystemen oder Indikatorzuständen benötigt. Die Methode hat außerdem den Vorteil, sowohl auf akkumulative wie auch auf sensitive Indikatoren (vgl. 2.1.3) anwendbar zu sein. Ausgegangen wird von einem doppelten, logarithmischen Histogramm. Auf der Abszisse (x-Achse) wird der Logarithmus der Konzentration oder die Konzentration in logarithmischen Schritten abgetragen. Entsprechend der Probenzahl werden nun Klassen derart gebildet, daß sie Proben umfassen, deren Konzentration eines bestimmten Stoffes (oder ihres bonitierten Wertes) innerhalb der vorgegebenen Grenzen liegen. Die Höhe der Histogrammsäule zeigt an, wie viele Proben (Indikatoren) zur jeweiligen Klasse gehören, entweder absolut oder in Prozent. Das zweite Histogramm zeigt, wieviel Masseanteil oder Bonuspunkte des betreffenden Zustandes in der Klasse summarisch enthalten sind.

Zunächst soll ein Beispiel betrachtet werden, bei dem die Probenkonzentrationen in Normalverteilung vorliegen (siehe Abb. 1.17). Es liegt eine Gesamtprobenmenge von 200 Einzelaussagen vor, in diesem Falle eine Stoffkonzentration in einem beliebigen natürlichen Objekt.

Das Minimum liegt bei 12 mg Stoff (zum Beispiel Kupfer) in einem kg Probe (etwa Oberboden), das Maximum bei 100 mg/kg. Das entspricht einem dekadischen Logarithmus von 1.08 beziehungsweise von 2. Des weiteren werden neun Klassen ausgegliedert, die jeweils Proben gleicher Konzentrationsintervalle, bezogen auf den dekadischen Logarithmus, enthalten. Beginnend mit Klasse 1, die Proben mit Konzentrationen des interessierenden Stoffes von 12 mg/kg bis 15.8 mg/kg umfaßt, bis hin zu Klasse 9 mit Stoffkonzentrationen von 79 bis 100 mg/kg Probe. Die Schrittweite entspricht immer einem Logarithmus von 0.1. Bei einer Normalverteilung ergibt sich als Gesamtmenge des untersuchten Stoffes mit 7610 mg. Da sich nun in den einzelnen Klassen oder Intervallen verschieden viele Bodenproben befinden, die sich außerdem noch durch eine ständig steigende Konzentration des gesuchten Stoffes (oder Bonuspunktes) auszeichnen, ist natürlich die Kurve der Verteilung der Elementemassen im Vergleich zur Probenklassenverteilung versetzt und zwar nach einer linksschiefen Verteilung hin. So weist die erste Klasse in den Grenzen von 12 bis 15.8 mg/kg bei 5 Proben einen Gesamtgehalt von nur 65 mg auf, das entspricht 0.85 % der Gesamtkonzentration, die neunte Klasse hingegen mit ebenfalls nur 5 Proben aber in den Grenzen von 79 bis 100 mg/kg einen Gehalt von 450 mg, das sind 5.9 % des Gesamtgehaltes aller Proben. Die Kurve der Elementmassenverteilung hat jedoch ebenfalls nur eine Nullstelle in der ersten Abteilung, also nur 1 Maximum.

In der Natur, also in real existierenden Geosystemen, ist jedoch davon auszugehen, das keine Normalverteilung der Klassen anzutreffen ist, sondern das die Zahl der Proben mit geringen Werten überwiegt. In einem geochemischen Feld ohne Anomalie (gleichgültig welcher Genese) liegen ja per definitionem der Werte (Konzentrationen, Bonuspunkte etc.) nicht weit gestreut und können sich nur an Barrieren konzentrieren. Da eine geochemische Barriere jedoch räumlich viel kleiner ist als das Gesamtgeosystem, ist die Wahrscheinlichkeit, bei regelmäßiger Probenverteilung auf solche Barrieren zu treffen, viel geringer als die Wahrschein-

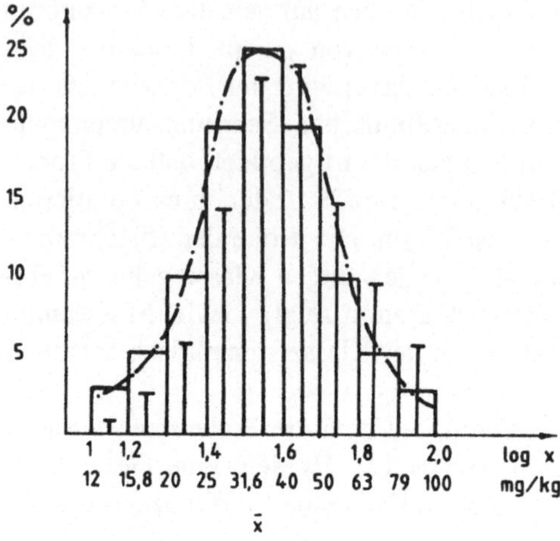

5	×	13mg	=	65	≙	0,85 %
10	×	18mg	=	180	≙	2,36 %
20	×	22,5mg	=	450	≙	5,71 %
40	×	27mg	=	1080	≙	14,2 %
50	×	35mg	=	1750	≙	23,0 %
40	×	45mg	=	1800	≙	23,6 %
20	×	57mg	=	1140	≙	15,0 %
10	×	71mg	=	710	≙	9,32 %
5	×	90mg	=	450	≙	5,91 %
= 200	×		=	7610mg		

$\bar{x}$ = 38,05

Abb. 1.17. Normalverteilung

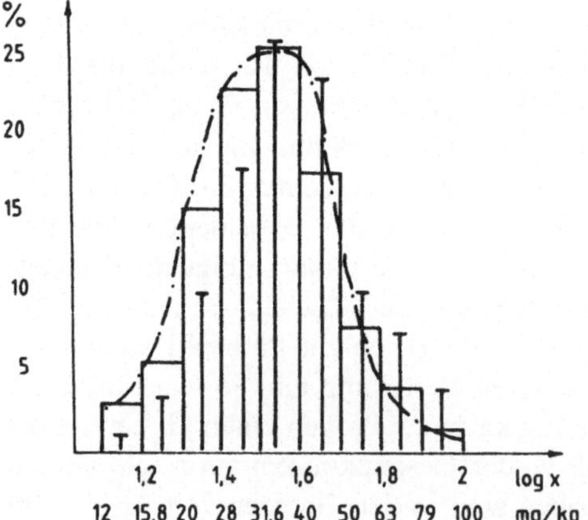

5	×	13 mg	=	65	≙	0,94 %
10	×	18 mg	=	180	≙	2,61 %
30	×	22,5 mg	=	675	≙	9,78 %
45	×	27 mg	=	1215	≙	17,6 %
50	×	35 mg	=	1750	≙	25,4 %
35	×	45 mg	=	1575	≙	22,8 %
15	×	57 mg	=	675	≙	9,78 %
7	×	71 mg	=	497	≙	7,20 %
3	×	90 mg	=	270	≙	3,91 %
= 200				6902mg		

$\bar{x}$ = 34,5

Abb. 1.18. Verteilung unter normalen Bedingungen (keine Anomalie vorhanden)

lichkeit, aus autonomen oder transitiven Landschaften Proben zu entnehmen. Eine natürliche Verteilung bewirkt also eine Verschiebung der Probenzahl mit geringer Konzentration nach links. Diese Art der Verteilung wird als rechtsschief bezeichnet. In Abbildung 1.18 ist ein doppeltes logarithmisches Histogramm eines solchen natürlichen geochemischen Feldes dargestellt.

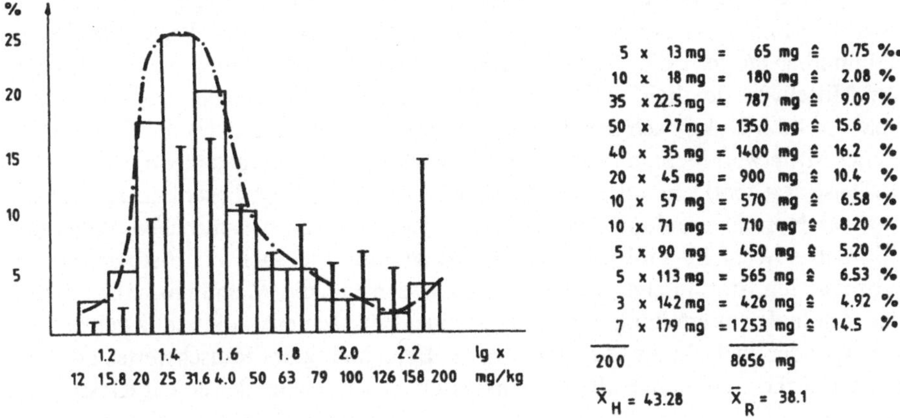

Abb. 1.19. Verteilung der Probenklassen im Falle des Auftretens einer Anomalie

Für das betrachtete Beispiel einer Normalverteilung (Abb. 1.17) liegen das Probenmaximum und das Anteilsmaximum der Gesamtmasse des betreffenden Stoffes in verschiedenen Klassen, der Mittelwert der Konzentration beträgt 38.05 mg Stoff je kg Probe. Im Fall der rechtsschiefen Verteilung, also der in der Natur vorkommenden, liegen Probenmaximum und Anteilsmaximum enger beisammen, im gezeigten Beispiel sogar in der gleichen Klasse. Die mittlere Konzentration ist natürlich kleiner, da ja eine größere Zahl Proben als im Falle der Normalverteilung kleinere Konzentrationen des entsprechenden Stoffen aufweist. In beiden Fällen, sowohl in der Probenverteilungskurve wie in der Kurve der Stoffmengen, gibt es nur ein Maximum. Das Variationsintervall, also die Konzentrationen vom Maximum bis zum Minimum, werden als geochemisches Rauschen bezeichnet. Das bedeutete, daß alle Werte, die das Maximum des Rauschens nicht überschreiten, als normal für das entsprechende Geosystem betrachtet werden müssen.

Die Verteilung im Falle einer geochemischen Anomalie ist in den allermeisten Fällen linksschief, da sie von einer Normalverteilung ja durch eine Erhöhung der Probenzahl mit hohen Konzentrationen unterschieden wird. Da eine anthropogene Belastung additiv erfolgt, also zu der natürlichen Grundlast, die im Geosystem vorliegt, der anthropogene Beitrag hinzukommt, verschiebt sich die Verteilung der Klassen nach rechts (siehe Abb. 1.19).

Das Minimum wird meist nicht verändert, kann allerdings höchstens erhöht werden. In der Regel erreicht die Belastung jedoch nicht alle Punkte des Geosystems, das ursprüngliche Minimum kann also erhalten bleiben. Das Maximum kann hingegen auf ein Vielfaches des ursprünglichen Wertes ansteigen, im betrachteten Beispiel um das zweifache von 100 auf 200 mg/kg Probe. Erstens wird die Zahl der Proben mit hohen Konzentrationen im Rauschbereich erhöht, zum zweiten treten durch diese Stoffakkumulation (Zunahme der Bonuspunkte etc.) auch völlig neue Klassen auf, im betrachteten Falle Proben mit Konzentrationen von über 100 mg/kg. Diese Proben zeigen oft noch einen zweiten Peak (Maximum) unmittelbar an der „Eintrittsstelle" der anthropogenen Belastung. Natürlich steigt der Mittelwert deutlich an, hier von 34.5 mg/kg im natürlichen geochemischen Feld auf 43.3 kg/kg nach der Belastung (Auftreten der Anomalie). In diesem Falle ist der Mittelwert nicht mit dem Mittelwert des Rauschintervalls identisch.

Diese Rauschfläche oder der *Rauschwert* wird wie folgt bestimmt. Ausgehend von der Normalverteilung und der rechts asymmetrischen natürlichen Verteilung gilt, daß sowohl im Probenverteilungshistogramm wie auch im Histogramm der prozentualen Stoffanteile der einzelnen Klassen nur ein Maximum existiert. Bei der Anomalen Verteilung tritt erstens eine Linksschiefe auf und zweitens ein zweites oder auch drittes Maximum. In die Berechnung des Rauschwertes oder der Rauschfläche werden nun alle Probenklassen einschließlich der ersten Klasse nach dem zweiten Minimum einbezogen. Diese Klasse, obwohl ja eigentlich schon anormal belastet, wird einbezogen, um natürlich vorkommende höhere Konzentrationen, die ja durch eine Stoffakkumulation in eine außerhalb der ehemaligen Grenzen liegenden Probeklasse geraten, zu kompensieren. Der Mittelwert, der sich aus diesem Teil des geochemischen Feldes ergibt, stellt die Rauschfläche dar. Er beträgt im Falle des gezeigten Beispieles 33.1 mg Schadstoff je kg Probe, liegt also ganz dicht am Mittelwert des geochemischen Feldes ohne Anomalie (Abb. 1.18.), wo er mit 34 berechnet wird.

Die obere Stoffkonzentration der letzten einbezogenen Probenklassen wird als untere *Anomaliegrenze* genommen (siehe Abb. 1.20), obwohl sie niedriger ist als eventuell vorkommende natürliche oder normale Maxima.

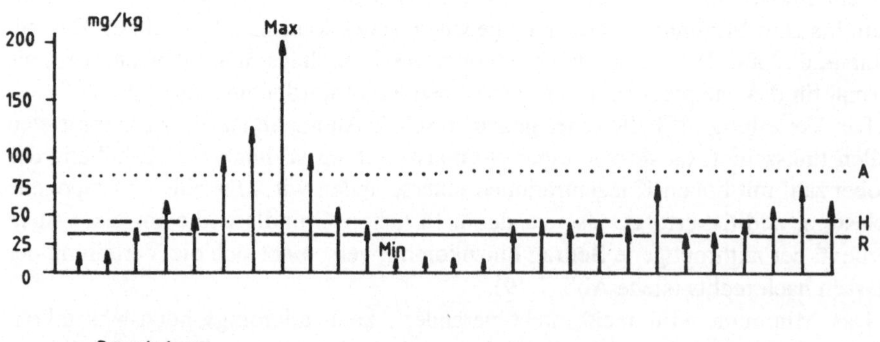

Abb. 1.20. Kenngrößen des geochemischen Feldes

Bei einem gedachten Profil durch ein geochemisches Feld ergeben sich die Flächen als Linien. Folgende Größen sind bestimmbar. Zunächst Maximum und Minimum der Belastung, dargestellt natürlich als Punkte, im gezeigten Fall 200 und 12 mg je kg Probe entsprechend. Der Mittelwert („Clarke" in diesem Falle) beträgt 43.8 mg/kg, der Rauschwert liegt mit 33.1 mg/kg deutlich niedriger, das Rauschintervall reicht von 12 bis 79 mg/kg Probe. Das Maximum des Rauschintervalls ist gleichzeitig die untere Grenze der Anomalie, der Anomaliesockel.

Die hier dargestellten Größen dienen zum Vergleich unterschiedlicher Geosysteme. Hierzu wird meist der Mittelwert genommen, die Bestimmung des Rauschwertes ist nötig, um eventuelle Anomalien im Untersuchungsgebiet aufzudekken (Beispiel siehe 2.1.3). Mittelwert und Rauschebene werden außerdem noch dazu verwendet, um komplexe geochemische Felder darzustellen. Angenommen, in einem Gebiet seien die Elemente Eisen, Zink und Cadmium im Boden bestimmt worden und sollten als eine geochemische Aussage in einer Karte dargestellt werden. Eisen liegt im Boden in Konzentrationen von 1000 bis 3000 mg/kg vor, Zink im Bereich von 15 bis 100 mg je kg Boden und Cadmium nur im Bereich unter 0.5 mg/kg. Eine einfache Addition läßt die Konzentration von Zink und erst recht Cadmium im geochemischen Rauschen des Eisens untergehen. Mit Hilfe der Größen des geochemischen Feldes lassen sich jedoch Muster und relative Größen bestimmen, die eine Zusammenfassung unterschiedlicher Werte und Konzentrationen erlauben.

1.4.2 Verteilungsmuster und relative Größe

Für jedes Element (jeden Stoff) lassen sich analog der in 1.2.1 dargestellten Konzentrations- und Verteilungsclarkes Werte berechnen, die eine An- oder Abreicherung des Stoffes an einem konkreten Standort gegenüber dem Mittelwert des Gesamtsystems anzeigen. Unabhängig von der Höhe der Konzentration gilt also für alle Stoffe ein Wert über eins als Anzeige dafür, daß eine Anreicherung stattfand und ein Wert unter eins für eine Verarmung des betreffenden Stoffes in einem konkreten Punkt des geochemischen Feldes. So wird die reale Konzentration von Cadmium von der von Zink überschritten, die zum eigenen Mittelwert in Bezug gesetzte Konzentration kann allerdings sehr wohl eine deutliche Zunahme gegenüber Zink anzeigen, die Muster können sich verschieben. Solche Musterverschiebungen zeigen immer geochemische Anomalien an, anthropogene oder geogene. Die Musterverschiebung soll an zwei Beispielen demonstriert werden.

Das erste Beispiel betrifft die mittlere Schwermetallbelastung des oberen Sedimentes (0 - 90 cm) ausgewählter Saalearme zwischen den chemischen Werken BUNA und dem nördlichen Ende der Stadt Halle. Die Daten der Quecksilber, Cadmium- und Zinkbelastung sind in Tabelle 1.4 dargestellt (entnommen aus: Winde 1996, mit freundl. Genehmigung). Zum besseren Verständnis sind die Probennahmestandorte in Abbildung 1.21 wiedergegeben.

Tabelle 1.4. Mittlere Belastung des oberen Sedimentes (0-90 cm) ausgewählter Saalearme zwischen BUNA und der nördlichen Stadtgrenze von Halle (Quelle: Winde 1996)

Entnahmepunkt	Cd Konz.	Cd Konz. / Mittelw.	Zn Konz.	Zn Konz. / Mittelw.	Hg Konz.	Hg Konz. / Mittelw.
südl. Stromsaale nach BUNA	2.4	0.69	554	0.66	16,7	0.33
mittlere Stromsaale	2.5	0.77	1007	1.20	25	0.50
Wilde Saale	1.4	0.41	835	0.99	134	2.68
Mühlgraben nach städtischen Regenwassereinläufen	8.0	2.32	1291	1.54	65	1.30
nördliche Stromsaale	3.1	0.90	514	0.61	10	0.20
MW	3.5		840		50	

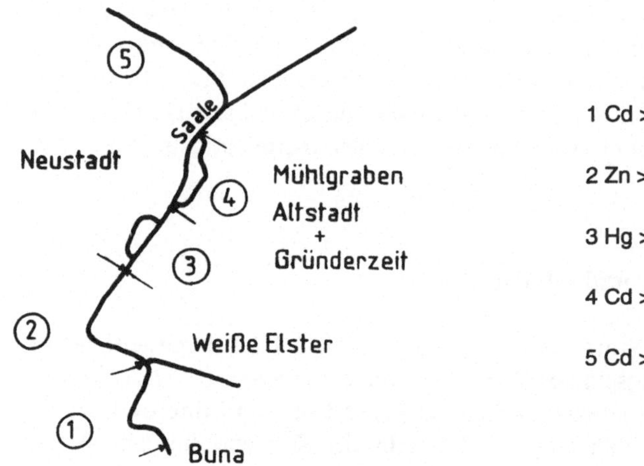

1 Cd > Zn > Hg (0,69 > 0,66 > 0,33)

2 Zn > Cd > Hg (1,20 > 0,33 > 0,55)

3 Hg > Zn > Cd (2,68 > 0,99 > 0,41)

4 Cd > Zn > Hg (2,32 > 1,54 > 1,30)

5 Cd > Zn > Hg (0,90 > 0,61 > 0,20)

Abb. 1.21. Schwermetallmuster und Probennahmestandorte der Saalesedimente im Gebiet von Halle

BUNA war bekannt für seine Quecksilberemission in die Saale, von 1938 bis 1990 waren es etwa 520.000 Tonnen dieses giftigen Edelmetalles, die in die Saale gelangten und im Sediment ausfielen. Unmittelbar nach der Einleitstelle bei BUNA sind entsprechend auch keine hohen Schwermetallgehalte zu finden, die Situation ähnelt der, die am nördlichen Stadtrand zu treffen ist. Die Quecksilberanomalie (regional gesehen) tritt am Standort 3 auf. Zwar ändert sich absolut gesehen an der Reihenfolge der Schwermetalle nichts, Zn > Hg > Cd, relativ gesehen verschiebt sich aber das Muster zugunsten des Quecksilber. Am Standort „Wilde Saale" kommt es zu einer massiven Anreicherung des Schadstoffes. Weiter saaleabwärts kommt ein neues Problem hinzu, die Regenwasserkanäle münden in den Mühlgraben, in ihn entwässert der überwiegende Teil der Altstadt und gründerzeitlichen Viertel.

Diese Regenwässer transportieren in der Stadt und vor allem auf den Straßen anfallende Schwermetalle in die Vorflut, wo sie im Sediment festgehalten werden. Cadmium erreicht mit einem Faktor von 2.32 seine höchste Anreicherung, wird es doch durch Reifenabrieb und Korrosionsschutzmittel, die im Verkehr Verwendung finden, gerade auf der Straße verstärkt emittiert. Während die Cadmiumbelastung als typisch für urban geprägte Räume dominiert, gibt die Musterverschiebung im Standort 3 den Hinweis auf die anormale Emissionssituation durch die chemischen Werke BUNA. Übrigens erreicht auch Zink im Sediment des Mühlgrabens sein Maximum, ein weiterer Hinweis darauf, daß die Schwermetallbelastung der Sedimente zu großen Teilen städtisch bedingt ist.

Das zweite Beispiel führt in die Kleingartenanlagen von Halle. Die Methode der Mustererstellung wurde hier entsprechend der Aufgabenstellung dahingehend abgewandelt, daß als Bezugsgröße der Belastungsrichtwert nach Kloke Verwendung fand. Dabei soll angenommen werden, daß der jeweilige Grenzwert für das entsprechende Schwermetall die Größe darstellt, bei der das Element beginnt, toxisch zu werden. Das bedeutet, daß 3 mg/kg Cd im Boden so giftig (wirkungsvoll) sind wie 100 mg/kg Kupfer, 100 mg/kg Blei und 300 mg/kg Zink. Der so ermittelbare Durchschnittswert aus der Summe aller Elemente wird als Toxizität bezeichnet. Es ist klar, daß die so entstandene Bezugsgröße die spezifischen Einzelbelastungsgrößen verwischt. Dies ist methodisch wegen der nicht beendeten Diskussion um Grenzwerte für Schwermetall in Böden sicher angreifbar, jedoch gibt dieser Wert und die jeweiligen Verteilungsmuster eine vergleichbare Orientierung über den Gesamtbelastungszustand und darüber, welches Element hauptsächlich dafür verantwortlich ist. In Abbildung 1.22 sind die Schwermetallverteilungsmuster für drei typische Gärten dargestellt.

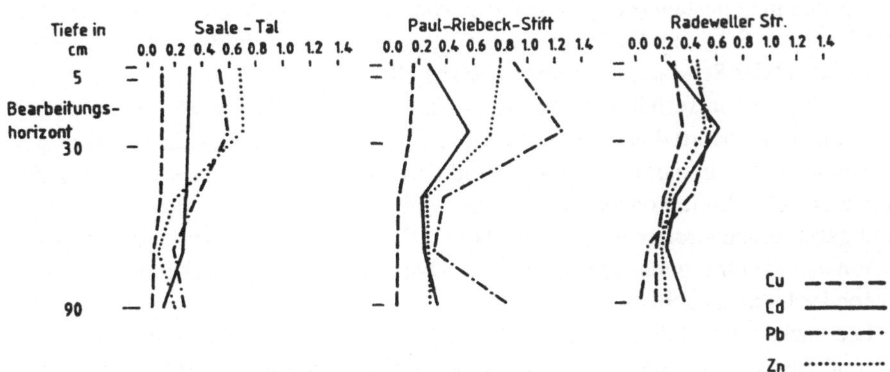

Abb. 1.22. Relative Schwermetallwerte als pedogene Tiefenfunktion (Musterverteilung) und Gesamtbelastung (Toxizität) von Gartenböden in Halle/Saale (Quelle: DIABY & ZIERDT 1993)

Der Vergleich der Gesamtbelastung zeigt deutlich deren Abhängigkeit von der Lage in der Stadt selbst. Während die Anlagen „Saale-Tal" und „Radeweller Straße" eher am Stadtrand gelegen sind, befinden sich die Gärten des „Paul-Riebeck-Stiftes" inmitten der Altstadt, im Gebiet eines gründerzeitlichen Wohnviertels. Das Muster der Metallverteilung dieser Anlage läßt durch die Dominanz des Blei deutlich als Hauptemittenten den Verkehr erkennen. Bei den Metallen in der am nördlichen Stadtrand gelegenen Anlage „Saale-Tal" kann von einer Dominanz nicht gesprochen werden, das Verhältnis der Metalle untereinander zeigt den geringen anthropogenen Einfluß an. Die Belastung in den Gärten der „Radeweller Straße" wird hauptsächlich durch die Elemente Zink und Blei verursacht, sie resultieren aus der im Süden von Halle angesiedelten Industrie und Heizkraftwerken.

Eine weitere Methode zur Erstellung vergleichbarer relativer Größen besteht in deren Normierung. Bei der Normierung werden als Bezugsgrößen das Minimum und das Maximum der entsprechenden Wertemenge (geochemisches Feld) gesetzt und zwar

$$d_i = \frac{x_i - x_{\min}}{x_{\max} - x_{\min}}$$

mit x_i = Wert in der entsprechenden Probe
x_{min} = Minimum des geochemischen Feldes
x_{max} = Maximum des geochemischen Feldes.

Für den Fall, daß x_i ein Maximum darstellt, nimmt d_i die Größe *1* an, im Falle dessen, daß es sich bei x_i um das Minimum handelt, ist d_i gleich *0*.

Im folgenden soll ein Beispiel der Beurteilung von Anionenkonzentrationen in einem von vier Fließgewässern besprochen werden. Zunächst soll kurz die Situation geschildert werden. An vier Zuflüssen des Süßen Sees im Mansfelder Land sind vier Probennahmestandorte gelegen, die wöchentlich beprobt und auf die Anionen PO_4^{3-}, NO_3^-, SO_4^{2-} und Cl^- hin analysiert werden. In Abbildung 1.23 sind die „Rohdaten" der Station „Salzgraben" dargestellt.

Da Phosphat in verhältnismäßig geringen Konzentrationen auftritt, ist seine Dynamik nicht zu beurteilen. Der Grafik ist lediglich zu entnehmen, das Sulfat in sehr hohen, Phosphat in niedrigen und Chlorid und Nitrat in normalen Konzentrationen auftreten. Die Sulfatkonzentration rührt von den Gipsen her, die im Untersuchungsgebiet anzutreffen sind. Diese hohen Sulfatkonzentrationen dominieren die Anionenkonzentrationen derart. daß die Dynamik der anderen Komponenten in folgender Unmaßstäblichkeit untergeht.

Die nächste Darstellung (Abb. 1.24) zeigt die Normierung bezüglich der Maxima und Minima des Standortes am Salzgraben. Auf den ersten Blick scheint sich die Interpretierbarkeit der Daten nicht verbessert zu haben. Über zwei Stoffe lassen sich aber gegenüber der ersten Graphik genauere Aussagen treffen.

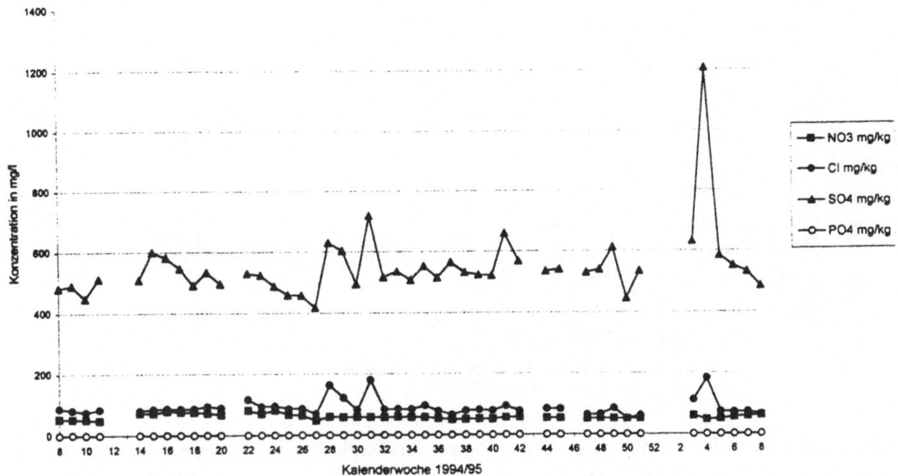

Abb. 1.23. Rohdaten der Anionenkonzentration an der Station „Salzgraben" (SCHMIDT & FRÜHAUF 1996)

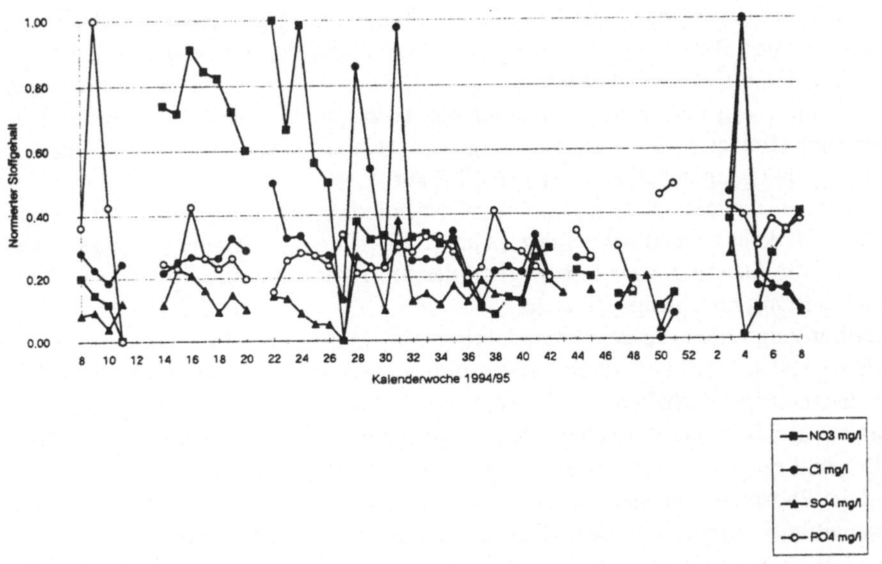

Abb. 1.24. Daten der Station „Salzgraben" normiert bezüglich der eigenen Extremwerte

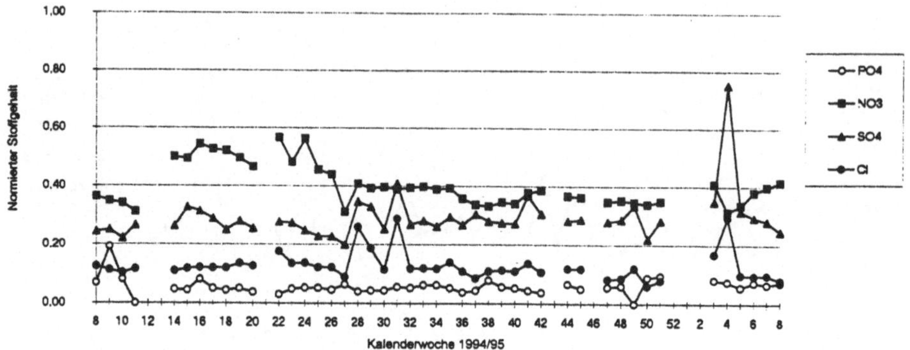

Abb. 1.25. Daten der Station „Salzgraben“ normiert bzgl. der Extremwerte des Gesamteinzugsgebietes (Werte aller vier Meßstationen; Grunddaten aus SCHMIDT & FRÜHAUF 1996)

Das Nitrat zeigt einen typischen, einen normalen Jahresgang, mit maximalen Werten in der vegetationsarmen und minimalen Werten in der vegetationsreichen Zeit. Dieser Jahresgang deutet darauf hin, daß im Einzugsgebiet wenig oder keine anthropogenen Belastungen auftreten. Die Verteilung der Werte des Sulfat zeigt deutlich, daß die Mehrzahl über 0.5 liegt (33 Werte von 45), also ein linksschiefes Histogramm ergeben würde. Linksschiefe Histogramme geochemischer Felder aber sind Hinweise auf Anomalien (vgl. 1.4.1) und tatsächlich tritt im Untersuchungsgebiet geogen bedingt sehr viel Gips auf.

In einem weiteren Schritt wurde eine Normierung bezüglich der Extremwerte aller 4 Meßstationen durchgeführt (Abb. 1.25). Ihre Darstellung in einem Diagramm läßt Aussagen sowohl bezüglich der Stoffe der Station selbst wie auch zu deren Stellung im Einzugsgebiet zu.

Nitrat zeigt einen ausgeprägten Jahresgang, während die Konzentrationen der anderen Substanzen eher witterungsabhängig zu sein scheinen. Auffallend ist dabei das andersartige Verhalten von Phosphat zu Sulfat und Chlorid mit gegenläufigen Maxima und Minima. Bei hohen Niederschlägen werden Sulfat, Chlorid und Nitrat gelöst und gelangen in hohen Konzentrationen in die Vorflut, das schwer wasserlösliche Phosphat hingegen wird durch die größere Wassermenge verdünnt, seine Konzentration nimmt ab. Bezüglich des gesamten Einzugsgebietes, also bei Zugrundelegung der Daten aller vier Meßstationen zur Normierung, kann festgestellt werden, daß der Meßpunkt „Salzgraben“ sehr geringe Konzentrationen an Anionen aufweist, ausgenommen Nitrat. Die drei anderen Komponenten erreichen in keinem Falle den Mittelwert des Gesamteinzugsgebietes (Mittelwert als $(x_{max}-x_{min})*0.5$ betrachtet). Der Salzgraben kann somit als weitestgehend unbelastet angesehen werden. Auch das Maximum der im Gebiet liegend Sulfatanomalie befindet sich außerhalb des Einzugsgebietes des Salzgrabens.

1.4.3 Vergleich von Daten unterschiedlicher natürlicher Indikatoren

Die bisher behandelten chemischen Größen und ihre mathematische Bearbeitung bezog sich auf unterschiedliche chemische Größen ein und desselben Indikators in einem bestimmten Geosystem. Im weiteren soll die Frage besprochen werden, inwieweit Daten unterschiedlicher Indikatoren miteinander in Beziehung gesetzt werden können, es geht also um die Vergleichbarkeit der Reaktion unterschiedlicher natürlicher Indikatoren auf ein und denselben Störfaktor. Die Antwortreaktion eines Indikators hängt, wie schon dargestellt, einmal von dem einwirkenden äußeren Faktors ab, zum anderen von den Eigenschaften des Indikators selbst. Mathematisch ausgedrückt gehorcht die Antwortreaktion y der Funktion

$$y = f_{(F)} * f_{(E)}$$

wobei $f_{(F)}$ die Funktion des wirkenden Faktors und $f_{(E)}$ die Funktion der Eigenschaften des Indikators darstellt. Tritt nun ein anthropogener Faktor hinzu, erhält die Funktion ein neues Glied in Form $f_{(aF)} * f_{(E)}$, da ja auch hier die Antwort (Reaktion) durch die Eigenschaften des Indikators mit bestimmt wird. Die Antwort y wird zur Antwort y' modifiziert, die Gesamtfunktion stellt sich dar als

$$y' = f_{(F)} * f_{(E)} + f_{(aF)} * f_{(E)} \text{ oder } y' = [f_{(F)} + f_{(aF)}] * f_{(E)}].$$

Die Richtigkeit der additiven Verbindung der einzelnen Glieder ist leicht einzusehen, die Antwortreaktion y im Falle des Fehlens eines Störfaktors muß ja auf die Form $y = f_{(F)} * f_{(E)}$ zurückzuführen sein. Bei einer multiplikativen Verbindung ergebe sich jedoch als Lösung *0*, eine exponentielle Verknüpfung hätte als Lösung *1*, die additive Verbindung ergibt lediglich eine Verschiebung auf der Y-Achse und eine Änderung der Steigung.

Diese Funktion ist auch rein logisch verständlich. Jeder Organismus besitzt gegenüber einem wirkenden Faktor einen genetisch determinierten, spezifischen physiologischen Toleranzbereich (Abb. 1.26). Er stellt die Variationsbreite dar, die für das Individuum oder ein anderes natürliches Objekt (Boden, Bachsediment) ertragbar oder rezipierbar ist.

Ist der Faktor rein natürlich und erreicht eine Intensität N, so verläßt der Organismus den Bereich des ökologischen Optimums. Dabei ist es unerheblich, auf welche Art und Weise die Intensität N erreicht wird, es kann sich auch um eine zusammengesetzte Größe aus einer natürlichen Intensität M und einem anthropogenen Beitrag $N - M$ $[M + (N - M) = N]$ ergeben.

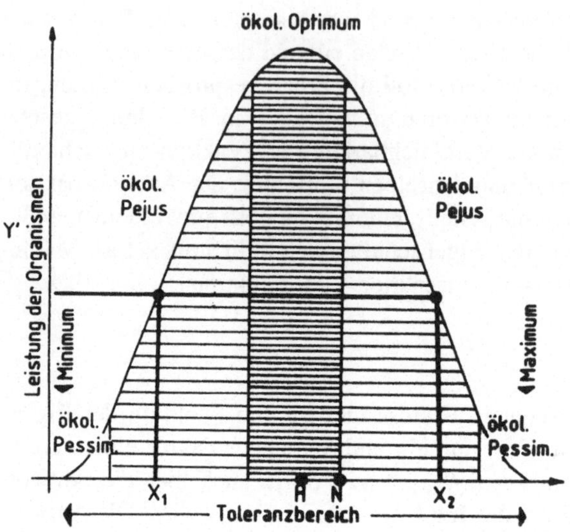

Abb. 1.26. Physiologischer Toleranzbereich eines Organismus auf die Intensität eines Faktors F (nach SCHUBERT 1984)

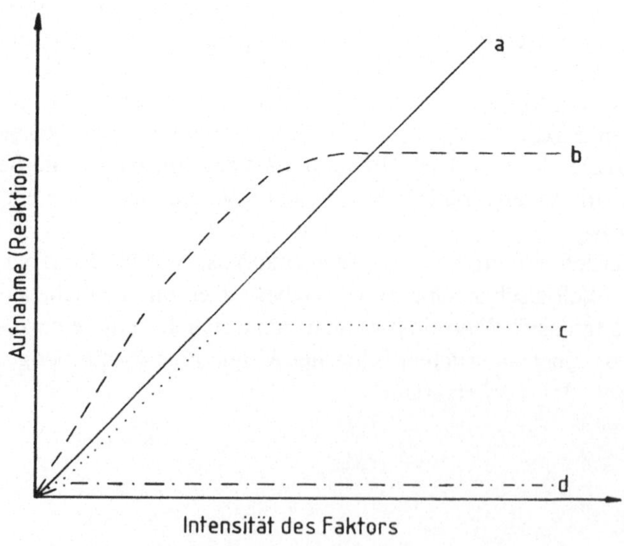

Abb. 1.27. Typen der Aufnahmefähigkeit von Indikatoren

Die Lösung des einen Problems macht jedoch auf ein anderes Problem aufmerksam. Wie aus Abbildung 1.26 ersichtlich ist, werden allen Reaktionen des Organismus außer im Falle der Maximalreaktion zwei Werte der Intensität des Faktors zugeteilt. Eine Leistung des Organismus *Y'* kann hervorgerufen werden durch eine Mangelintensität des Faktors X_1 oder ein Überangebot X_2. Außerdem zeigt der Bereich des Optimums ein weiteres Problem, die Reaktion des Indikators auf den Faktor ist nicht mehr linear, eine gleiche Zunahme der Intensität des Faktors bewirkt eine geringere Leistungssteigerung des Organismus als im Minimumbereich des ökologischen Pejus. Für Indikatoren stellt sich also die Frage der Sättigung, d.h. die Frage nach dem Bereich, in dem eine Zunahme der Intensität des Umweltfaktors keine Änderung der Antwort (Reaktion) mehr bewirkt oder diese gar wieder abschwächt. Grundsätzlich können hinsichtlich der Aufnahmefähigkeit vier verschiedene Typen unterschieden werden, deren Reaktion in Abbildung 1.27 veranschaulicht ist.

Zum ersten Typ gehören die Objekte mit unbegrenzter Aufnahmefähigkeit, der natürlich nur insofern theoretisch existiert, inwieweit jedes Volumen ja durch seine eigenen Raummaße in einer Aufnahme begrenzt wird. Unbegrenzte Aufnahmefähigkeit heißt also, daß auf keiner Stufe der Stoffkonzentration eine Reaktion eintritt, die eine Neuaufnahme von Stoff verhindert. Das beträfe etwa Pflanzenteile, die keine physiologischen Barrieren aufweisen, Steh- und Fließgewässer, die einer Neuaufnahme von Stoffen keine Reaktion entgegensetzen. Es sind im wesentlichen solche Naturobjekte, die den Stoff passiv durch ein Transportmedium eingetragen bekommen. Als praktisch unbegrenzt aufnahmefähig werden Indikatoren bezeichnet, die die Stoffe in umweltrelevanten Konzentrationen aufnehmen können. Die Frage, ob ein natürliches Objekt eine Stoffmenge von z.B. 50 g Cadmium je kg Probenmenge (Masse des Indikators) aufnehmen kann, ist umweltchemisch gesehen irrelevant, da solche Cadmiumkonzentrationen in der Umwelt (vom Mineral abgesehen) nicht vorkommen. Selbst wenn die Reaktion des Indikators schon bei 50 mg Cadmium liegt, kann von praktisch unbegrenzter Aufnahmefähigkeit gesprochen werden, da das Lithosphären-Clarke des Cadmiums 1.3×10^{-5} % beträgt, die Anreicherung auf 50 mg je kg Probe würde also eine Anreicherung von etwa dem 380fache betragen.

Der dritte Typ umfaßt Indikatoren mit begrenzter Aufnahmefähigkeit. Sie erreichen die Grenze ihrer linearen Antwort relativ schnell und auf jeden Fall noch unter der in der Umwelt möglichen Stoffkonzentration. Die Gründe für eine begrenzte Aufnahmefähigkeit liegen meist im Selbstschutz des Naturobjektes, der es vor einer Vergiftung (Schädigung) schützen soll. Dieser Typ wird unter Naturobjekten gefunden, die Stoffe selektiv aufnehmen oder eben auch selektiv nicht aufnehmen. Wenn die Konzentration eines Stoffes immer auf einem nahe dem natürlichen Niveau bleibt, unabhängig von der Konzentration dieses Stoffes in der Umwelt, so ist der Indikator, das Naturobjekt, nicht aufnahmefähig.

Um als Indikator dienen zu können, muß ein natürliches Objekt über einen Bereich verfügen, in dem auf gleich große Änderungen der Intensität des wirkenden Faktors eine gleich große Änderung der Antwortreaktion erfolgt. Mathematisch ausgedrückt bedeutet das, daß der „Meßbereich" des Indikators linear sein muß und der Funktion $y = ax + b$ zu gehorchen hat. In dieser Funktion ist y die Reaktion des Indikators, x spiegelt die Intensität des wirkenden Umweltparameters wieder, a und b beschreiben die „Heftigkeit" der Reaktion (a) und den Ausgangszustand, von dem aus sich die Antwort (Reaktion) ändert (b).

Diese Forderung nach Linearität bedeutet gegenüber anderen Meßverfahren keine Einschränkung, besteht doch die Kalibration in der Atom-Absorbtions-Spektrometrie, der Ionenchromatographie oder der Spektralphotometrie ebenfalls auf linearen Zusammenhängen bzw. fordern Linearität im Meßbereich. So gilt für die Messung mit dem Spektralphotometer das Lambert-Beersche Gesetz, das besagt, daß eine Lichtabsorption einer farbigen Flüssigkeit abhängig ist von der Schichtdicke der Flüssigkeit und der Intensität der Farbe. Dies wiederum hängt ab von der Konzentration des färbenden Stoffes. Ist nun so wenig Stoff vorhanden, daß er nur gelöst vorliegt (also keine farbigen Verbindungen bildet), wird Licht in diesem Bereich nicht absorbiert. Liegt hingegen soviel Stoff vor, daß die Flüssigkeit „lichtundurchlässig" wird, kann eine weitere Erhöhung der Stoffkonzentration nicht mehr nachgewiesen werden.

Für den Vergleich von chemischen Daten (Größen) unterschiedlicher Indikatoren können grundsätzlich zwei Möglichkeiten angenommen werden. Bei unterschiedlichen natürlichen Konzentrationen des betreffenden Stoffes ($b_1 \neq b_2$) kann die Intensität der Aufnahme entweder gleich groß sein ($a_1 = a_2$) oder aber es kann die Aufnahmerate bei Indikator 1 größer (kleiner) sein als bei Indikator 2. Diese Möglichkeiten sind in den Abbildungen 1.28 und 1.29 veranschaulicht. Zuerst soll die Möglichkeit der gleichen Aufnahme-(Reaktions-)-Intensität betrachtet werden.

Im Falle des Fehlens eines anthropogenen Eintrages ($x_1 = x_2 = 0$) betrage die Konzentration bei dem Indikator *A* gleich *1*, bei Indikator *B* gleich *3*. Wird die Intensität des Faktors anthropogen um 2Δ erhöht, ist die Konzentration bei Indikator *A* auf *3*, bei Indikator *B* auf *5* gestiegen. Im Falle einer Verhältnisbildung (Bezugsetzung zum Mittelwert, siehe auch 1.4.2) ist die Antwortreaktion des Indikators *A* um *3*, die des Indikators *B* jedoch nur um *1.66* (fünf Drittel) erhöht, obwohl ja beide Indikatoren auf eine gleiche Faktoränderung gleich stark reagiert haben. Anders liegt der Fall, wenn die Abweichung (Differenz) bestimmt, hier liegen beide Differenzen bei *2*. Beim Vergleich von Daten zweier Indikatoren im geochemischen Feld, bei denen die Antwort gleich intensiv (analog, parallel, gleich groß) ist, muß also die Differenz zum Rauschwert herangezogen werden.

In Falle dessen, daß ein Indikator *A* intensiver akkumuliert als ein Indikator *B*, ergibt sich folgendes Bild (siehe Abb. 1.29). Zunächst ist davon auszugehen, daß sich eine doppelte oder *n*-fach intensive Akkumulation auch doppelt oder *n*-fach im unbelasteten Raum ausdrückt (Forderung der Linearität). Angenommen Indikator *A* akkumuliert eineinhalb mal so intensiv wie Indikator *B*.

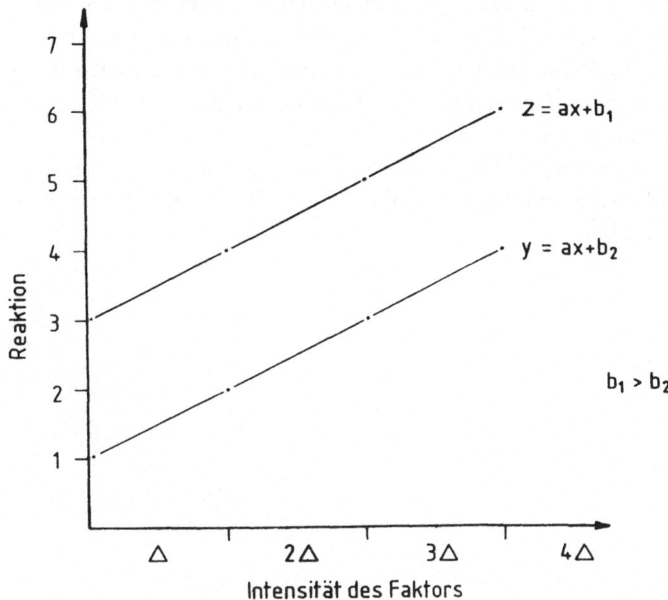

Abb. 1.28. Gleiche Aufnahmeintensität unterschiedlicher Indikatoren

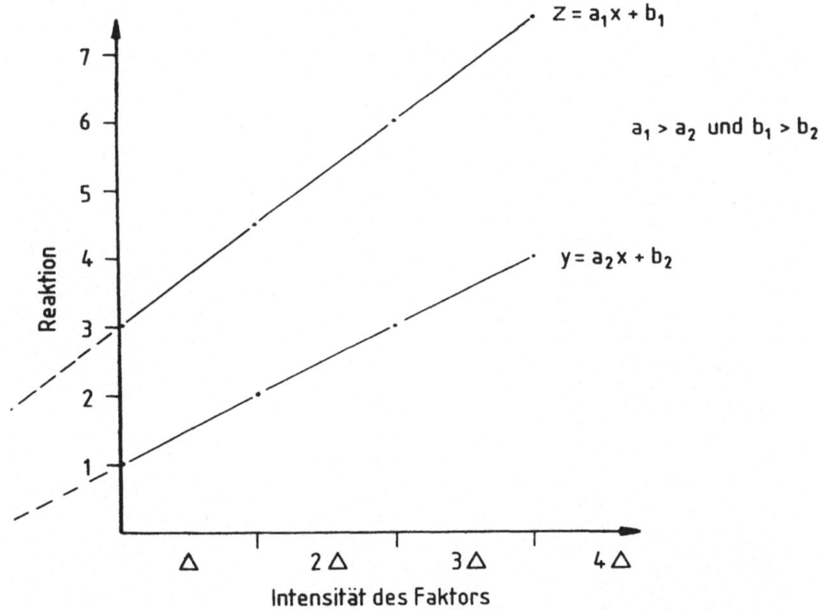

Abb. 1.29. Verschiedene Aufnahmeintensitäten unterschiedlicher Indikatoren

Wenn der Rauschwert für *A* gleich *1* gesetzt wird, so liegt er für *B* demnach bei *3/2*. Eine Differenzbildung bei Zunahme der Intensität des Faktors um 2Δ ergibt eine Änderung der Antwort bei Indikator *A* um *2*, bei Indikator *B* eine Änderung um *3* Einheiten. Eine Verhältnisbildung ergibt für beliebige Änderungen der Intensität des Faktors jedoch immer analoge Reaktionsänderungen bei beiden Indikatoren (Anwendung siehe 2.4.1.1).

Die hier angestellten Vorbetrachtungen sollen genügen, Daten unterschiedlicher Indikatoren zu interpretieren und Aussagen hinsichtlich ihrer räumlichen und zeitlichen Auflösung zu machen.

2 Landschaftsgeochemische Zustandsbeschreibung mit natürlichen Indikatoren

2.1 Flechtenindikation

2.1.1 Geschichte und Methoden der Flechtenindikation

Die „Entdeckung" der Flechten als Indikatoren für eine Luftbelastung erfolgte im vorigen Jahrhundert, als im Jahre 1859 Grindon (GRINDON 1859) feststellte, daß die Flechtenflora der Stadt Manchester, einer Hochburg der Industrialisierung, deutlich ärmer ist als die in anderen Städten, die weniger industriell entwickelt sind). Der Schwede Nylander (NYLANDER 1866) schrieb im Jahre 1866 davon, daß in den Luxembourg-Gärten von Paris die Flechtenflora zurückgeht und äußerte die Vermutung, daß der Grund hierfür die Verunreinigung der Luft in der Stadt sei. Um diese Hypothese zu untermauern, exponierte Arnold im Jahr 1891 Flechten im Stadtgebiet von München. Das Experiment bestätigte Nielanders Vermutung, exponierten Flechten starben ab. Arnolds Versuche waren gleichzeitig die ersten Schritte hin zu einem aktiven Flechtenmonitoring (ARNOLD 1891).

Grundlegend für viele nachfolgenden Untersuchungen urbaner Luftbelastung mittels Flechten ist die 1926 veröffentlichte Habilitationsschrift von Sernander (SERNANDER 1926), in der das Territorium einer Stadt nach den Resultaten der Flechtenindikation in Reinluftgebiete und belastete Gebiete gegliedert werden. Sernander teilte dabei die Stadt in drei Zonen ein, die auch heut noch üblich sind. Die erste Zone, in der Kernstadt gelegen, in der die Flechten völlig fehlten, erhielt die Bezeichnung Flechtenwüste. Damit ist nicht in Anlehnung an biogeographische Begriffe eine Wüste gemeint, in der nur Flechten vorkommen, sondern im Gegenteil eben ein flechtenfreier Raum. In der zweiten Zone treten zwar Flechten auf, zeigen jedoch deutlich Schadspuren und führen augenscheinlich einen Kampf um das Überleben. Aus diesem Grunde erhielt dieser Bereich den Namen „Kampfzone". Die am Stadtrand und im Stadtumland gelegenen Biotope ohne Schädigung der Flechtenflora wurden als Reinluftgebiete ausgegliedert. Wurde noch in den 50er Jahren das Phänomen des Flechtensterbens im wesentlichen in Städten beobachtet und erhielt deshalb auch die Bezeichnung „Stadteffekt", so ist es heute so, daß ganze Regionen, oft auch im ländlichen Bereich, Schädigungen und Degradation der Flechten aufweisen. Warum aber reagieren Flechten so empfindlich auf

Luftschadstoffe? Zur Klärung dieser Frage soll zunächst die Natur der Flechten selbst behandelt werden.

Flechten (Lichens) stellen eine aufeinander abgestimmte Lebensgemeinschaft zweier verschiedener Organismen dar, eines Pilzes und einer Alge. In dieser Symbiose, die bei den Flechten einen in Flora und Fauna der Erde selten hohen Grad der Vervollkommnung erreicht, bedingen sich beide Organismen in ihrer Existenz an dem entsprechenden Standort, da sie sich gegenseitig die notwendigen Lebensbedingungen schaffen (WIRTH 1980). Pilz und Alge sind untrennbar funktionell verbunden und erscheinen als neue Pflanzen, die mitunter Stoffwechselleistungen vollbringen kann, zu denen keiner der beiden Partner allein fähig wäre. Lange Zeit wurde die symbiotische Natur der Flechten nicht erkannt und selbige den Moosen zugeordnet. Volkstümliche Bezeichnungen wie Isländisch Moos (*Cetraria islandica*). Rentiermoos (*Cladonia rangiferina*) und Eichemoos (*Evernia prunastri*) erinnern noch heute daran.

Äußerlich besitzt die Flechte meist weder Ähnlichkeit mit dem beteiligten Pilz oder der Alge. Je nach der Wuchsform des als „Lager“ oder „Thallus“ bezeichneten Vegetationskörpers untergliedern sich die Flechten in Krusten-, Blatt- und Strauchflechten (Abb. 2.1).

In dieser äußerlich homogenen „Pflanze“ sind innerlich die Aufgaben jedes Partners in der Lebensgemeinschaft genau festgelegt. Der Pilz umhüllt mit seinem Geflecht (Pilzhypen) die Alge und schützt sie erstens vor zu starker Sonneneinstrahlung, zweitens vor zu hohem Wärmeverlust und drittens dem Zugriff algenfressender Tiere. Außerdem nimmt der Pilz Wasser auf und leitet es zur Alge weiter, wobei letztere mit den im Wasser enthalten notwendigen Nährstoffe versorgt wird. Die Produktion der für die Ernährung grundlegenden Kohlenhydrate überläßt der Pilz der autotrophen, also zur Photosynthese befähigten Alge. Die Alge steht als Primärproduzent oder Phycosymbiont somit dem Pilz als Primärkonsument oder Mycosymbiont gegenüber. Der Anteil an Kohlenhydraten, den die Alge dabei über ihrem Eigenbedarf hinaus als Nahrungsmittel für den Pilz produziert, ist zum Teil erheblich und kann bis zu 70 % betragen (FEIGE 1982).

Aus diesen Versorgungsrelationen heraus resultiert ein Dauerstreß für die Alge, der zu einer sehr geringen positiven Stoffbilanz führt. Dies schlägt sich in einer außerordentlich niedrigen Wachstumsrate der Flechten nieder. In Tabelle 2.1 sind einige solcher Wachstumsraten angegeben.

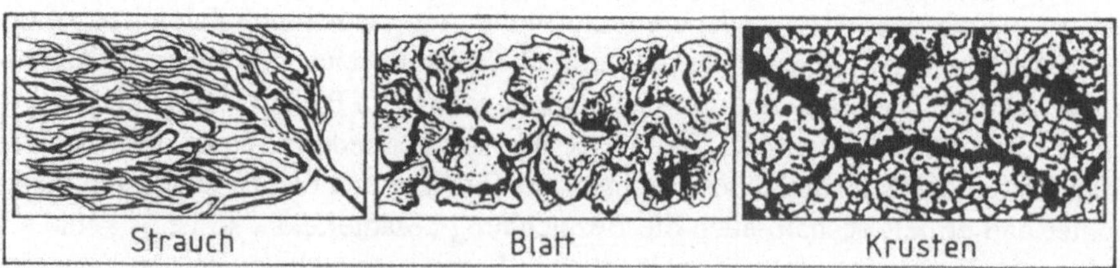

Abb. 2.1. Wuchsformen von Flechten

Tabelle 2.1. Jährliche Wachstumsrate einiger Flechten (nach FEIGE 1982)

Flechte	jährliche Wachstumsrate in mm
Physcia calsia	0.8 - 1.1
Parmelia saxatilis	1.7 - 3.2
Cladonia rangiferina	2.0 - 5.0
Lecanosa muralis	0.8 - 2.3

Andererseits stellt DOLL (1982) fest, daß einige der ca. 30 bisher bekannten Algenarten, die in Flechten als Phycosymbionten gefunden wurden, ausschließlich in dieser Symbiose mit Pilzen nachgewiesen werden konnten. Es liegt die Vermutung auf der Hand, daß sie allein gar nicht lebensfähig wären. In dieser engen symbiotischen Lebensweise haben Pilze und Algen häufig sogar gemeinsame Organe zur vegetativen Vermehrung hervorgebracht, so daß eine Fortpflanzung der Flechten nicht jedesmal wieder ein zufälliges Treffen der beiden Partner erfordert.

Diese Symbiose ermöglicht es den Flechten unter verschiedensten klimatischen Bedingungen und auf den unterschiedlichsten Substraten zu siedeln. Jede Art stellt dabei aber sehr spezifische Standortansprüche bezüglich Substrat, Klima und Luftbeschaffenheit, was vermutlich zur Bedeutung der Flechten als Bioindikator beigetragen hat. Denn die Fähigkeit sich ganz speziellen Umweltbedingungen anpassen zu können, macht empfindlich gegenüber Schwankungen dieser Umweltfaktoren. Gründe für die Nutzung als Bioindikator sind unter anderem:

- Flechten besitzen keine Kutikula, die Spaltöffnungen für den Gasaustausch bilden würde. Die Schadstoffe können also aus der Luft durch Diffusion mehr oder weniger ungehindert in den Flechtenkörper eindringen.
- Flechten zeigen eine überaus hohe Sensibilität gegenüber Störungen bzw. Veränderungen der abiotischen Faktoren ihrer Umwelt. Sie reagieren empfindlich sowohl auf Luftverschmutzungen verschiedener Art als auch auf Störungen des Licht-, Wasser- und Temperaturhaushaltes. FEIGE (1982) sieht die Hauptsache vor allem in dem „extrem eingestellten Gleichgewicht zwischen Eigenversorgung (der Alge, d. A.) und Pilzversorgung", das schon bei geringen Veränderungen eines oder mehrerer abiotischer Standortfaktoren nicht mehr in vollem Umfang aufrechterhalten werden kann, was zur Störung der Gesamtsymbiose führt. Gegenüber Beeinträchtigungen der Luftqualität gelten Flechten allgemein als ca. zehnmal empfindlicher als höhere Pflanzen (URECH, HERZIG & LIEBENDÖRFER 1989) und daher zu Recht als Frühwarnsysteme der Luftverschmutzung.
- U.a. RABE (1990) stellt bei Begasungs- und Freilanduntersuchungen fest, daß Flechten vor allem gegenüber SO_2 und anderen sauren Gasen und Niederschlägen hochempfindlich reagieren. Wenn also - wie das in Städten meist der Fall ist - der Schwerpunkt der einwirkenden Immissionen bei den sauren Schadstoffen liegt, bieten sich Flechten als Monitororganismen besonders an. Auf die

Reaktion von Flechten bei Einwirkung von SO_2 als Schadstoff wird eingegangen.

- Wenngleich die vorherrschende Empfindlichkeit der Flechten gegenüber SO_2 bzw. sauren Schadstoffen nachgewiesen ist, können sie sich in der freien Natur auch den Einwirkungen aller anderen Stoffe nicht entziehen. RABE & SEUREN (1980) stellten sogar eine weitgehende Korrelation der Flechtenzonen im Stadtgebiet von Aachen mit Staubniederschlägen und CO-Konzentrationen fest. Ähnliche Ergebnisse gelangen GUTTE & KÖHLER (1980) bei Untersuchungen im kleinräumiger Umgebung bestimmter „Mischemittenten“ (Verkehrsknotenpunkte, Industrie) in Leipzig.
- FEIGE (1982) weist auf die Beeinträchtigung der Flechtenvegetation in Städten und Ballungsgebieten durch SO_2, Fluorwasserstoff und Ozon bzw. dessen Folgeprodukte hin. Aus Schweden (FOLKESON 1978), den USA (SCHWARTZMANN ET AL. 1986 sowie OLMEZ ET AL. 1985), Italien (BARGALI ET AL. 1987) und Israel (GARTY 1985) sind Experimente und Untersuchungen bekannt, in denen man hauptsächlich das Akkumulationsverhalten von Flechten gegenüber Schwermetallen nutzte.
- Mit Flechten werden also komplexe Schadstoffeinwirkungen widergespiegelt, sie gehören zur Gruppe der komponentenunspezifischen Bioindikatoren (STEUBING & KIRSCHBAUM 1982).
- Im Vergleich des Verhaltens höherer Pflanzen gegenüber Luftverunreinigungen mit dem der Flechten stellten STEUBING & KIRSCHBAUM (1982) fest, daß Flechten vor allem durch langfristige, unter Umständen aber sehr geringe Immissionseinwirkungen geschädigt werden (höhere Pflanzen eher durch kurzfristige, hohe Belastungen), was sie auch für Untersuchungen in wenig belasten Gebieten als brauchbaren Indikator ausweist. Aus dem erläuterten flechtenspezifischen Verhältnis zwischen hohem Stoffwechsel bei relativ geringen Wachstumsraten (siehe Tabelle 2.1) schlußfolgert JÜRGING (1980) einen hohen Schadstoffdurchsatz der vorhandenen Phytomasse der Flechten, was sich für ihren Einsatz als Bioindikator ebenfalls als günstig erweist.
- Flechten sind „winterharte Immergrüne“. Damit eignen sie sich besonders für Untersuchungen der Langzeiteinwirkungen bestimmter Schadstoffe und weisen durch das Fehlen saisonaler Ausscheidungsprozesse, wie z.B. Laubfall, vermehrte Schadstoffimmission auf. Zudem sind die Flechten durch ihre Winterhärte auch bei niedrigen Temperaturen in der Lage, zu assimilieren, d.h. vor allem für Städte in Zeiten höherer Luftbelastung, in denen Untersuchungen mit vielen anderen Bioindikatoren nicht möglich sind.
- Nicht zuletzt führt JÜRGING (1980) noch das weltweite Vorkommen einiger Flechtenarten an, was gute Voraussetzungen für die Forschung und die großräumige Vergleichbarkeit der gewonnenen Untersuchungsergebnisse mit sich bringt.

Obwohl also Flechten zur Gruppe der spezifischen Indikatoren gehören, sind ihre Reaktionen gegenüber anderen Schadstoffgruppen oder Parametern unterscheidbar. Vor allem die Belastung der Luft mit Staub spielt eine nicht unbedeutende Rolle. Der schädigende Einfluß von Staub ist wie folgt zu charakterisieren:

- Die Staubpartikel lagern sich auf dem Thallus ab, behindern also die Lichtzufuhr und schränken damit die Fähigkeit der Alge zur Photosynthese ein. Aus der gerade bei Flechten extrem hohen Bedeutung der uneingeschränkten Photosynthese zur Aufrechterhaltung des höchst sensiblen Versorgungsverhältnisses zwischen Alge und Pilz kann demnach abgeleitet werden, daß Staubauflagen sofort drastische Auswirkungen auf die Pflanzen haben.
- Die den Staub bildenden Partikel lagern sich ab und tragen damit zur Eutrophierung des Gebietes bei. Unter Hinweis auf Tabelle 2.2 ist festzustellen, daß die meisten Flechten gerade nicht oder nur mäßig eutrophierte Standorte bevorzugen. Staubablagerung führt also zu einer Verschlechterung der Standortbedingungen für Flechten.

Außerdem sei noch angeführt, daß gerade in Städten Stäube meist alkalische Reaktionen zeigen, sehr viele Flechten aber unter subneutralen bis sehr sauren Bedingungen gedeihen. Wiederum wird also durch Staubeinwirkung eine Verschlechterung der Standortbedingungen hervorgerufen.

Eine grobe Richtlinie über den Zusammenhang zwischen Staubkonzentration und Flechtenbewuchs in Stadtgebieten geben HUBER & HUBER (1984) (Tab. 2.2). Dabei handelt es sich um Mittelwerte, die das Ergebnis zahlreicher Literaturauswertungen darstellen und natürliche zum Beispiel in Abhängigkeit von der Zusammensetzung der Stäube, der Art der Flechten usw. entsprechend modifiziert werden müssen.

Tabelle 2.2. Zusammenhang zwischen Flechtenbewuchs und Staubkonzentration der Luft (aus: HUBER & HUBER 1984)

Zone	Staubkonzentration
Flechtenwüste	über 20 g/m^2/Monat
Kampfzone	16 - 20 g/m^2/Monat
Normalzone	bis 15 g/m^2/Monat

Zu diskutieren bleibt die Frage, ob es sich bei dem Zusammenhang zwischen Staubkonzentration und Flechtenzone um eine Scheinkorrelation handelt, da ja Staub und SO_2 oft von der gleichen Quelle emittiert werden.

Ein vielfach diskutiertes Problem besteht darin, daß die einzelnen Flechtenarten neben der unterschiedlichen Toleranz gegenüber Schadstoffen, eben hauptsächlich SO_2, eine artspezifische unterschiedliche Toleranzbreite gegenüber klimatischen Schwankungen besitzen. Die Kenntnis dieser artspezifischen Eigenschaften ist sehr bedeutsam für die Auswahl der für die jeweilige Problemstellung zu nutzende Flechtenart, für Erwartungen bezüglich der Untersuchungsergebnisse und deren

Bewertung. Flechten mit hoher ökologischer Toleranzbreite, wie zum Beispiel Hypogymnia physodes, werden also vor allem durch Immissionswirkungen in ihrer Verbreitung beeinflußt. Sie ist so „unempfindlich" gegenüber klimatischen Änderungen, daß sie für aktives Monitoring verwendet werden kann. Dabei wird die Flechte aus einem Reinluftgebiet in einen auch klimatisch anderen Untersuchungsraum verbracht, die Flechtenreaktion korreliert jedoch mit der SO_2-Belastung dieses Raumes und nicht mit den geänderten klimatischen Parametern. Ist die ökologische Toleranzbreite hingegen niedrig, können klimatische Bedingungen am Standort zum Teil größeren Einfluß auf die Verbreitung und Vitalität der Flechten haben als Luftverschmutzungen.

FEIGE (1982) beobachtete zum Beispiel trotz fehlender Luftverschmutzung einen Rückgang in der Verbreitung verschiedener Ramalina- und Usnea-Arten, was er mit einschneidenden Hydraturveränderungen am Standort begründete. Dieses Klimaproblem teilt noch heute die Lichenologen in der Gruppe der Befürworter und Gegner des Biomonitoring mittels Flechten. Rydzak (in SCHÖLLER 1993) schloß 1954 aus seinen Untersuchungen von Lubtin, daß nicht die Luftverschmutzung sondern die verminderte Luftfeuchte in Städten zum Rückgang der Flechten im urbanen Bereich führt. Ausführlich wird diese These in einem Aufsatz von SCHÖLLER (1993) diskutiert. Allgemein wird jedoch die Indikatoreigenschaft der Flechten für eine SO_2-Belastung anerkannt und hat ihren Niederschlag in Richtlinien des Verbandes Deutscher Ingenieure (VDI-Richtlinie 1991) gefunden.

Ein wichtiger Begriff im Flechtenmonitoring ist der Begriff der Toxitoleranz, also dem Vermögen, Belastungen auszuhalten, zu überleben. Grundsätzlich kann davon ausgegangen werden, daß Krustenflechten die am wenigsten empfindlichen Arten sind, Blattflechten eine eher geringe Toleranz gegenüber Schadstoffen (SO_2) aufweisen und Strauchflechten (auch Bartflechten genannt) am empfindlichsten reagieren. Eine einfache Erklärung dieses Phänomens könnte darin bestehen, daß Krustenflechten, die eng am Substrat liegen, nur zu etwa 50 % luftexponiert sind, während Strauchflechten zu fast 100% von Luft umgeben sind. Eine Möglichkeit der Bestimmung der Toxitoleranz besteht darin, die entsprechende Art zu allen anderen im Untersuchungsraum vorkommenden Arten in Beziehung zu setzen. Dieser Toxitoleranzwert gibt also die Empfindlichkeit der Flechten in dem Gebiet an. Er errechnet sich aus der Anzahl der Standorte, an denen die Art vorkommt, und der Gesamtanzahl der Flechtenarten dieses Standortes nach der Formel

$$T = \sum S/A_{si}$$

mit T : Toxitoleranzwert,

A_{si} : Anzahl der Arten am Standort Si

S : Zahl der Standorte, an denen die entsprechende Flechtenart vorkommt

Eine sehr toxitolerante (unempfindliche) Flechte wird an vielen Standorten (S wird groß) auch mit sehr wenigen, ebenfalls toxitoleranten Arten vorkommen (ΣA_{Si} wird klein), der Toxitoleranzwert ergibt sich als entsprechend groß. Kommt die

Flechte hingegen nur vereinzelt und in Begleitung sehr vieler anderer Arten vor, wird ein kleiner Toxitoleranzwert errechnet.

Eine andere Möglichkeit besteht darin, einen direkten Zusammenhang (Tab. 2.3) zwischen dem Auftreten bestimmter Flechtenarten und gemessener SO_2-Konzentration herzustellen.

Tabelle 2.3. Zusammenhang zwischen Flechtenflora und SO_2-Gehalt der Luft (aus: HAWKSWORTH & ROSE 1970)

Zone	vorhandene Flechten	SO_2 ($\mu g/m^3$)
0	-	
1	*Pleurococcus viridis* (Stammbasis)	170
2	*Pleurococcus viridis, Lecanora conizaeoides* (Stammbasis)	150
3	*Lecanora conizaeoides ,Lepraris incana* (Stammbasis)	125
4	*Hypogymnia physodes, Parmelia saxatilis* (Stammbasis), *Lecanora expallens, Chaenotheca ferruginea*	70
5	z.B. *Hypogymnia physodes, Parmelia saxatilis, Parmelia glabrata, Lecanora candelaris, Ramalina farinaecea*	60
6	z.B. *Pseudovernia furfuracea, Alectoria fuscescens*	50
7	z.B. *Parmelia caperata, Parmelia revoluta, Usnea subflori-dana*	40
8	z.B. *Usnea ceratina, Parmelia perlata, Parmelia reticulata, Normandia pulchella, Finodina roboris*	30
9	z.B. *Lobaria pulmonaria,Lobaria amplissima, Dimeralla lutea, Usnea florida*	30
10	u.a. *Lobaria scrobiculata, Sticta limbata, Usnea articulata, Usnea filipendula, Teloschistes flavicans*	„rein“

Dazu wurden verstärkt seit den 60er Jahren (SCHÖLLER 1993) Laboruntersuchungen durchgeführt, bei denen Flechten mit unterschiedlicher Gaskonzentration konfrontiert wurden. Diese Laboruntersuchungen bestätigen einerseits die allgemeine Schadwirkung von Schwefeldioxid auf die Flechten wie auch deren unterschiedliche Toleranzschwelle bei verschiedenen Arten. Die bei den Begasungsversuchen festgestellte Abhängigkeit der Wirkung des SO_2 von ihrem Wasserzustand kann dahingehend interpretiert werden, daß höhere Feuchte zu aktiverem Metabolismus und damit aktiverer Aufnahme des Schadstoffes führt, in 2.1.3 wird auf diese Problematik näher eingegangen.

2.1.2 Passives Flechtenmonitoring

Der Definition nach bedeutet passives Monitoring die Nutzung von natürlichen Objekten zur Gewinnung von Information über den Zustand des entsprechenden Ökosystems, die im Untersuchungsraum vorkommen. Es muß also auf die Flechtenflora zurückgegriffen werden, die existiert, die Indikatoraussage besteht aber nun gerade darin, daß die Flechtenflora verarmt oder sogar völlig fehlt, wie in der Flechtenwüste. Je deutlicher die Aussage ausfällt, um so weniger Objekte zur Aussagengewinnung sind vorhanden. Die „Linearität" oder der „Meßbereich" endet mit dem Absterben der toxitoleranten Flechten, also bei etwa 170 µg Schwefeldioxid je m^3 Luft (Tab. 2.3.).

Passives Monitoring (Flechtenindikation) sollte grundsätzlich nur mit epiphytischen Flechten durchgeführt werden, also mit Flechten, die an Bäumen wachsen. Bodenbewachsende oder Flechten, die auf Steinen wachsen, sind weniger gut geeignet. Flechten haben zwar keine Wurzeln und ernähren sich deshalb nicht aus dem Substrat, sie haben dennoch einen großen Kontakt zu ihm. Da die Strauchflechten am empfindlichsten sind, bleiben für ein Monitoring meist nur Krusten- und Blattflechten übrig, die relativ dicht am Substrat anliegen. Dieses Substrat kann im Falle der Gesteine sauer (Granit) oder stark basisch (Kalk) reagieren. Auch natürliche und künstliche Baumaterialien unterscheiden sich deutlich in ihrer Reaktion, so reagieren Sandstein und Schiefer eher sauer, Kalkstein und Beton hingegen basisch. Hinzu kommen die unterschiedlichen Löslichkeiten. Da die Aufnahme und Reaktion von Schwefeldioxid abhängig vom Wasserzustand ist, ergibt sich folgendes Gesamtbild (Abb. 2.2).

Die auf dem Stein siedelnde Flechte wird bei Regen von Wasser umgeben. In diesem Wasser liegt der Schwefel als Säuerestion der schwefligen Säure vor, als SO_3^{2-} Gleichzeitig wird der Stein angelöst, im Falle von Kalkstein entsteht Calciumbicarbonat. Das Carbonation kann nun durch das Sulfition ersetzt werden, bei der Verdunstung entweicht CO_2, ein Säurebildner wurde durch den anderen ersetzt, die Säurebilanz bleibt unverändert. Siedelt die Flechte jedoch auf Sandstein, erfolgt ein solcher Austausch nicht, da kein Säurebildner entweichen kann, die Säurebilanz ist positiv.

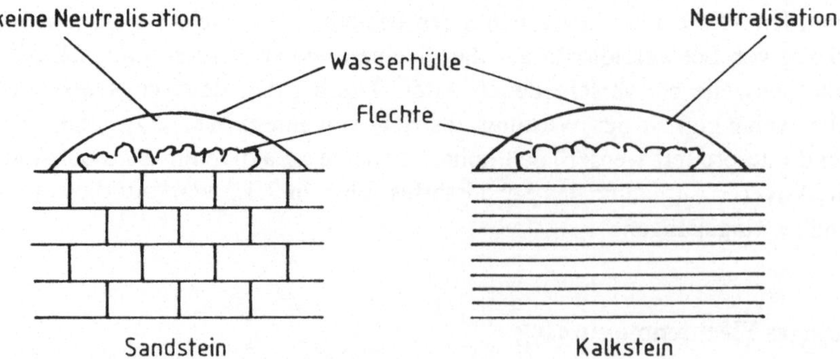

Abb. 2.2. Abhängigkeit des chemischen Milieus des die Flechten umgebenden Wassers von der Gesteinsart

Auf diese Weise ist das Resultat für die Flechten völlig unterschiedlich, die Wirkung gleicher Sulfitkonzentration im Niederschlagswasser abhängig vom Substrat. Aufmerksame Beobachter können in Städten auf kalkhaltigem Baumaterial deshalb oft Flechten der Art *Physica tenella* entdecken, sogar in ausgesprochenen Flechtenwüsten. Nun unterscheidet sich zwar auch der pH-Wert der Baumborke verschiedener Arten voneinander (siehe auch 2.4.1.1), aber da der Stamm senkrecht steht, ist der Kontrakt des Thallus zum den Stamm benetzenden Wasser geringer. Trotzdem sollte zur Indikation nur eine Baumart genutzt werden oder Arten, bei denen die physikalischen und chemischen Eigenschaften der Borke ähnlich sind.

Eine weitere Einschränkung ergibt sich aus den Flechtenarten selbst. Grundsätzlich wird davon ausgegangen, daß Flechten durchweg negativ auf eine Erhöhung der Schwefeldioxidkonzentration in der Luft reagieren. Eine Ausnahme scheint *Lecanora conizaeoides* zu bilden. Die Änderung der Flechtenflora estnischer Städte hat gezeigt, daß diese Flechtenart erst ab einer gewissen Säurebelastung auftritt (MARTIN 1985). Damit ergibt sich eine nichtlineare Kurve der Anzeige der Säurebelastung (Abb. 2.3).

Während bei anderen Flechtenarten (Graph a_1 und a_2) die Individuenzahl je Standort in Abhängigkeit der SO_2-Konzentration kontinuierlich fällt, steigt die Zahl der Lecanora conizaeoides zunächst an, um dann ab einer gewissen Konzentration abzunehmen. So wurde in Tallinn 1985 zum ersten Male diese Flechtenart im Bereich der „Kampfzone" kartiert (MARTIN 1985). Einer Anzahl *N* von Individuen der Art Lecanora conizaeoides können also bis auf eine Ausnahme immer zwei Stufen der Luftbelastung zugeordnet werden. Diesem Fakt trägt auch die VDI-Richtlinie zum passiven Flechtenmonitoring Rechnung, indem sie die Einbeziehung dieser Flechten in die Resultate eines Monitoring nur zuläßt, wenn keine andere Flechtenart außer Lecanora conizaeoides mehr vorkommt, die Flechtenreaktion also im linearen Bereich ist.

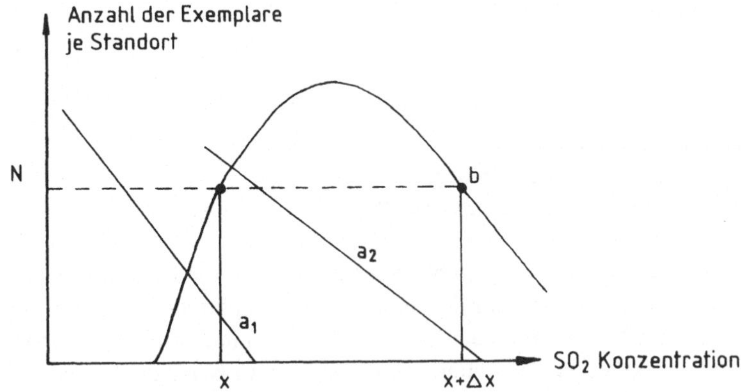

Abb. 2.3. Abhängigkeit der Individuenzahl bei *Lecanora conizaeoides* und anderen Flechten von der Säurebelastung der Luft

Grundsätzlich können beim sensitiven Flechtenmonitoring vier Arbeitsmethoden unterschieden werden. Die erste besteht in der Erfassung der Verbreitung der einzelnen Flechtenarten. Die Grundlage besteht also in einer floristischen Untersuchung des zu bewertenden Gebietes. Entsprechend des Auftretens oder Fehlens einzelner Arten an eigentlich für sie typischen Substraten oder Habitaten lassen sich Rückschlüsse auf die Veränderung, sprich Verunreinigung, des Substrates oder Habitates ziehen. Eine floristische Erfassung der im Untersuchungsgebiet vorkommenden Flechten ist auch die Grundlage der anderen Methoden. Die zweite Methode besteht in der Bewertung der Artenvielfalt. Auf vergleichbaren Substraten und vergleichbaren Habitaten ist die Anzahl der siedelnden Flechten ein guter Zeiger der Luftreinheit.

Werden bei Methode eins und zwei im wesentlichen quantitative Merkmale verwendet, so werden bei den Methoden drei und vier qualitative Merkmale zur Indikation des Luftzustandes herangezogen. Die dritte Methode beruht auf der Erfassung qualitativer Charakteristika einzelner Arten oder Individuen, also: ist die Art oft oder selten mit gesunden oder mit geschädigten Einzelexemplaren vorhanden. Die vierte Methode ist auf der Grundlage des Versuches entstanden, Daten der sensitiven Flechtenindikation digital, also in Zahlen zu erfassen.

Aus der Verbreitung, dem Deckungsgrad und der Vitalität der Flechten lassen sich verschiedene Werte ermitteln, die zur Interpretation der lufthygienischen Situation herangezogen werden können. Es sind dies der f-Wert, der Toxitoleranzfaktor T und der sich daraus ergebende IAP-Wert, der Index of Atmospheric Purity (LE BLANC & DE SLOOVER 1970). Der f-Wert stellt dabei einen um die Vitalität korrigierten Deckungsgrad dar. Bei einer schlechten Vitalität, d.h. bei deutlicher Schädigung der Flechten, wird vom Deckungsgrad ein bestimmter Anteil von seiner Höhe abgezogen bzw. bei sehr guter Vitalität, wenn z.B. die Flechten reich fruchten, addiert. Bei normaler Vitalität bleibt der Deckungsgrad unverändert, der f-Wert ist dann also gleich dem Deckungsgrad. Der Deckungsgrad selbst gibt an, wieviel Anteil der Stammoberfläche von der Flechtenart bedeckt sind. Der IAP-Wert berechnet sich als

$$IAP = f * n / T$$

mit n : Artenzahl der auftretenden Flechten,
f : um die Vitalität korrigierter Deckungsgrad
T : Toxitoleranz (LE BLANC & DE SLOOVER 1970).

Die qualitative Einschätzung der Flechten hinsichtlich ihres Gesundheitszustandes, die Beurteilung ihrer Vitalität ist natürlich einer stark subjektiven Komponente unterlegen. Ob eine Flechtenart vorhanden ist oder nicht, ist eindeutig bestimmbar, ob sie jedoch unterdrückt wirkt oder vital, hängt von der Einschätzung und entsprechenden Erfahrung des untersuchenden Wissenschaftlers ab. Die Methoden drei und vier verlangen also eine ausgezeichnete Kenntnis der Flechtenflora und einen großen Erfahrungsschatz.

Dem passiven Monitoring steht das gesamte Arsenal der sensitiven Flechtenindikation offen. Während aktive Indikation wegen ihrer Aufwendung auf extrem belastete, zumeist stark urbane Gebiete beschränkt bleibt, wird passives Monitoring sowohl in urbanen Gebieten wie auch schadstoffbeeinflußten mehr oder weniger natürlichen Ökosystemen durchgeführt. Eine einheitliche Methodik des Sammelns oder Gewinnens der Daten konnte bisher leider nicht erreicht werden, so daß die Daten verschiedener Autoren nur bedingt untereinander vergleichbar sind.

Die Frage beginnt meist damit, welche Flechten in die floristische Beschreibung einbezogen werden sollen, bodenbewachsende, rindenbewachsende, gesteinsbewachsende oder alle Arten. Da epiphytische, also rindenbewachsende Flechten am meisten luftexponiert sind, wird sich zumeist auf diese beschränkt. Je nach Geosystem wird oft eine oder zwei Baumarten ausgewählt, an denen die Flechtenzönosen beschrieben werden. In stark urbanisierten Räumen ist das die Linde, der Ahorn, Apfel oder Birne, in Waldökosystemen oft die Fichte oder Kiefer. Damit sind jedoch auch noch nicht alle Probleme gelöst. Es spielt das Alter der Bäume eine Rolle und welche Stellen oder Abschnitte des Baumes in die Untersuchung einbezogen werden.

Zumeist wird sich auf den Stamm beschränkt, beginnend etwa 1.50 m über Bodenniveau. Zur Auswahl kommen entweder die am dichtesten besiedelte Stelle bzw. Seite des Stammes oder konsequent eine bestimmte Exposition.

Oft kommt es zur Auswahl der am dichtesten besiedelten Seite, da hier die natürlichen Bedingungen des Flechtenwachstums am optimalsten sind wie Feuchte, Beregnung und Schatten, die lufthygienische Situation aber in etwa die gleiche ist. Wird als Kriterium die Exposition (Himmelsrichtung) genommen, so können die Amplituden der natürlichen Parameter entsprechend den konkreten Standortbedingungen vom Pessimum bis zum Optimum reichen und somit zusätzlich die Indikationsaussage beeinflussen. Der Deckungsgrad einer Flechtenart wird mit Hilfe eines Rahmens von 25×25 cm Kantenlänge bestimmt, der an die ausgewählten Stellen des Stammes gehalten wird. Der Deckungsgrad wird zur Berechnung des f-Wertes benötigt, also zur Digitalisierung der Daten der Flechtenindikation. Unterschiedlich ist ebenfalls, welche Flechtenarten in die floristische Beschreibung mit einbezogen werden, ob nur die Makro- oder auch die Mikroarten.

Zu den Makroarten gehören die Blatt- und Strauchflechten, die Krustenflechten sind in den Mikroarten vertreten. Zu bedenken ist ebenfalls, daß einige Flechtenarten nur exakt anhand chemischer Nachweisreaktionen bestimmbar sind. Zum Zwecke des chemischen Nachweises muß die Flechte natürlich vom Baum entfernt werden. Mit dem Entfernen verändert sich jedoch die Indikatoraussage für eventuell später folgende Wiederholungsuntersuchungen. Da die chemischen Nachweisreaktionen vor allem für die schwer identifizierbaren Mikroflechten relevant sind, ist es vorteilhaft, für die Belange der Indikatoren nur Makroflechten zu verwenden. In den letzten Jahren hat sich die Verwendung von einigen sogenannten Indikatorarten durchgesetzt, d.h. die Verwendung von Makroflechten mit besonders hohem spezifischen Zeigerwert. Es konnte statistisch abgesichert werden, daß der Informationsverlust bei der Verwendung solcher Indikatorarten gegenüber einer vollständigen floristischen Aufnahme im Hinblick auf die Bewertung der lufthygienischen Situation so gering ist, daß man ihn vernachlässigen kann (LIIV 1986).

Zum Abschluß dieser Vorbetrachtungen sei noch einmal auf folgenden Fakt hingewiesen, der den nötigen Abstand zu den Resultaten und der Interpretation passiven Flechtenmonitorings unterstreicht.

Flechtenindikation beruht grundsätzlich auf der Information, die durch das Auftreten oder Verschwinden einer einzelnen Art oder ganzen Flechtengesellschaft gegeben ist. Für dieses Entstehen oder auch Vergehen von Flechten oder auch Flechtengesellschaften ist letztendlich ein ganzer Komplex von Faktoren der unterschiedlichsten Qualitäten und Quantitäten zuständig. Betrachtet sei das Bild unter gleichen lufthygienischen Bedingungen in unterschiedlichen Landschaften bei epiphytischen Flechten an Bäumen mit unterschiedlichsten Standortbedingungen hinsichtlich ihres Vergesellschaftungsgrades. Bei an Weideflächen grenzenden Bäumen ist die Artenzahl unabhängig vom Standort des betreffenden Baumes etwa gleich und zu 50 % identisch. In einem Waldstück in der Lüneburger Heide weist der Baum, der im Bestand steht, einen fast doppelt so hohen Flechtenbewuchs auf, die Arten sind aber zu mehr als 66 % identisch! Zum anderen spielen sich auch innerhalb der Flechtengemeinschaft Prozesse ab, die auf die Artenzusammensetzung Auswirkungen haben können. Es gibt wie in jeder anderen Gemeinschaft Konkurrenzverhalten, das durchaus zur natürlichen Unterdrückung einzelner Arten führen kann, ohne daß Luftverunreinigungen dabei eine Rolle spielen. Auch eine Flechtengemeinschaft macht verschiedene Sukzessionsstadien mit Pionierbesiedlung und Klimaxbereich durch, was sich natürlich in der Artenvielfalt niederschlägt, ohne auf lufthygienische Zustände zurückführbar zu sein (SCHNEIDER ET AL. 1981).

2.1.3 Beispiel: Passives Monitoring mit Indikator-Flechten

Flechtenindikation mit Indikatorarten beruht auf der Tatsache, daß verschiedene Flechtenarten auch verschiedene Bedingungen an das sie umgebende Milieu stellen. Auf die allgemeine Regel, daß Krustenflechten weniger empfindlich gegenüber Luftschadstoffen sind als Blattflechten und diese wiederum weniger empfindlich als Strauch- oder Bartflechten, wurde schon hingewiesen. Diese Untersuchung nach der Toxitoleranz ist jedoch nicht die einzige. Unter den Flechten, ebenso wie bei den höheren Pflanzen, gibt es acidofile und basifile, eutrophile und aneutrophile. Unterschiedliche Anforderungen werden natürlich an Besonnung, Luftfeuchte und Lufttemperatur gestellt. Als Indikatorarten werden nun solche Flechtenarten ausgewählt, die eine möglichst weite Amplitude in bezug auf natürliche Faktoren aufweisen, gegenüber Luftschadstoffen jedoch möglichst eng und in verschiedenen Richtungen reagieren. Anschaulich hierzu ist der Vergleich mit Indikatorflüssigkeiten zur pH-Wertmessung. Der Indikator reagiert allein auf die Änderung der Wasserstoffionenkonzentration (die „Luftverschmutzung“) und bleibt von der Änderung anderer Konzentrationsverhältnisse weitgehend unbeeinflußt; andererseits reagiert jeder Indikator nur in einem eng begrenzten pH-Wertbereich, so daß eine Aussage über die gesamte Breite der pH-Wertezahl nur möglich wird, wenn alle Indikatoren zum Einsatz gebracht werden.

Das eigentlich Schwierige an der Aufgabe ist es, solche Flechtenarten zu finden, die den genannten Ansprüchen genügen, in bezug auf Naturfaktoren ökologisch breit und in bezug auf Luftschadstoffe ökologisch eng zu sein. Zur Beantwortung dieser Frage ist eine umfangreiche Literaturanalyse notwendig. Ein hoffnungsvoller Weg besteht darin, Flechtenkartierungen aus verschiedensten Gebieten Europas zu betrachten und festzustellen, in welchen Zonen - also Flechtenwüste, Kampfzone, Normalzone - kommen welche Flechten immer wieder vor. Diese Flechten haben auf jeden Fall eine breite ökologischen Amplitude gegenüber Naturfaktoren und indikatieren immer wieder den gleichen Zustand der Luftbelastung.

Wie schon erwähnt, ist die Untersuchung auf Makroflechten beschränkt. In der Stadt Kasan, am Rande Osteuropas unter kontinentalen Bedingungen, wurde in der Flechtenwüste vereinzelt lediglich *Physcia orbicularis* angetroffen, in der Kampfzone kamen *Parmelia sulcata, Physcia stellaris* und *Hypogymnia physodes* hinzu. Die Normalzone zeichnete sich durch das Aufkommen von *Anaptychia ciliaris* und *Usnea hirta* sowie *Ramalina sp.* aus (NIKOLAJEWSKIJ 1983). In Stuttgart gibt es eine echte Flechtenwüste, in der Kampfzone treten *Parmalia sulcata, Hypogymnia physodes* und *Physcia tenella* auf, ebenfalls *Physcia orbicularis* und *Physcia stellaris*. Die Normalzone wird bereichert vor allem durch *Xantoria parietina* und *Ramalina pollinaria* (DJALALI 1973). In Prag wird die Flechtenwüstengrenze von *Physcia sp.* umsäumt, und hier tritt auch die säureliebende *Lecanora conicaeoides* auf. Die Kampfzone wird besiedelt durch *Parmelia sulcata, Physcia stellaris* und *Phaeophyscia orbicularis* sowie *Xanthoria parietina* (aus LIIV 1986).

Verallgemeinernde Arbeiten von STEUBING (1977) zeigen eine Abnahme der Sensitivität von *Evernia prunastri, Platismatia glauka* über *Parmelia sulcata* und *Hypogymnia physodes* mit *Candelaria xanthostyina* nach *Xanthoria parietina* und *Physcia sp.* Eine Arbeit aus der Region de Mantes in Frankreich zeigt einen Flechtenwüstenrand aus *Physcia sp.* auf, es kommen in der Kampfzone hinzu *Xanthoria parietina* und *Parmelia acetabulum* und in der Normalzone *Parmelia fastigiata* und *Anaptychia ciliaris* (DERUELLE 1977). In Tallinn, einer Stadt am Finnischen Meerbusen, wird die Grenze der Flechtenwüste und die Kampfzone durch *Phaophyscia orbicularis, Physcia. stellaris* und *Physcia tenella* gebildet, in der Normalzone kommen *Usnea hirta, Ramalina sp.* und *Anaptychia ciliaris* hinzu (MARTIN 1987). Es kann also festgestellt werden, daß sich einige Flechtenarten unabhängig von der geographischen Lage der Städte immer in der gleichen Flechtenzone ansiedeln. Im Randbereich der Flechtenwüste die *Physcia*-Arten und *Phaeophyscia orbicularis*, in der Kampfzone *Parmelia sulcata, Hypogymnia physodes* und *Xanthoria parietina* und in der Normalzone *Anaptychia ciliaris, Ramalina*-Arten und *Usnea hirta.*

Zu den ökologischen Parametern dieser Flechtenarten kann folgendes festgestellt werden (WIRTH 1980). *Anapthyclia uliaris* kommt bis in die hochmontane

Stufe hinein vor und ist in niederen Lagen durch starken Rückgang nur noch selten anzutreffen. Dieser Fakt weist schon auf ihre Empfindlichkeit gegenüber starken und auch schwächeren anthropogenen Einflüssen hin. Diese Flechte bevorzugt alte freistehende Laubbäume mit rissiger, mineralreicher Rinde, die auch durchaus kalkstaubimprägniert sein kann. Man trifft *Anaptychia ciliaris* also häufig an Straßen- und Feldbäumen, viel an Esche, Linde und Ahorn, bisweilen auch in lichten Bergwäldern. An die Niederschlagsmenge werden keine hohen Anforderungen gestellt. Die Besonnung kann, wie die bevorzugten Standorte zeigen, sehr intensiv sein. Vom Klima, von den Klimaanforderungen her kann *Anaptychia ciliaris* also sehr wohl in Städten leben, obgleich vor allem saure Luftverunreinigungen stören.

Von der Gattung *Ramalina* sind vor allem *Ramalina fastigiata., R. farinacea, R. fraxinea* und *R. pollinaria* diejenigen Arten, die in den verschiedenen Arbeiten als empfindlich eingestuft werden. Ramalina-Arten siedeln häufig an freistehenden Laubbäumen mit ziemlich basenreicher Rinde im mittleren Stammbereich, viel an Esche und Ahorn, gern an Straßenbäumen mit angrenzendem Grünland in schwachbesiedelten Gebieten, was ihre Empfindlichkeit unterstreicht. Sie lieben lichtoffene Standorte mit oft wechselnden Feuchtebedingungen. *Usnea hirta* siedelt in der collinen bis hochmontanen Stufe an lichtreichen, windoffenen Standorten. Sie stellt keine hohen Ansprüche an die Beregnung, sie bevorzugt Laub- und Nadelbäume mit saurer Borke und ist relativ wenig empfindlich gegenüber Umweltschwankungen natürlicher Faktoren wie Feuchte, Licht und Temperatur. Um so mehr ist sie als Indikatorflechte geeignet.

Parmelia sulcata ist bis in die hochmontanen Lagen auf Rinden von Laubbäumen anzutreffen. Sie zeichnet sich durch eine breite ökologische Amplitude aus und bevorzugt lichtreiche Standorte. Meist ist sie an nährstoffreichen, subneutralen bis mittelsauren Standorten anzutreffen. *Parmelia sulcata* ist eine der am häufigsten und weitesten in Siedlungsgebiete eindringenden epiphytische Blattflechten.

Hypogymnia physodes, eine auf Rinde, Holz und Silikatgestein siedelnde euryöke (also mit breitem Standortbereich) Flechtenart, die auf saure, nährstoffarme Substrate konzentriert ist. Bei stärkerer Eutrophierung fehlt *H. physodes*. Auch sie bevorzugt lichtreichen Standorten, findet also von den Faktoren Licht, Feuchte und Temperatur her in der Stadt optimale Bedingungen.

Im Gegensatz dazu ist die bis in die hochmontane Stufe vordringende *Xanthoria parietina* eine Flechte, die subneutrale und nährstoffreiche Rinde bevorzugt. Oft trifft man sie auf kalkhaltigem, meist staubimprägnierten Substrat, vielfach auch auf anthropogenen Substraten wie Beton, Ziegel, Terrazzo, Asbestzement etc., auf Dächern, Mauern usw. Sie liebt also eutrophierte Standorte und ist relativ resistent gegenüber Luftverschmutzungen.

Von der Gattung *Physcia* sind besonders die Arten *Physcia tenella und Ph. stellaris* ziemlich häufig in allen Gebieten, anzutreffen also auch sehr toxitolerant, die in blattflechtenarme Gebiete mit vordringen. Die *Physca*-Arten siedeln viel an Laubbäumen und bevorzugen lichtreiche Standorte. Das Substrat muß nährstoffreich sein, sollte aber nicht allzusehr eutrophisierenden Bedingungen ausgesetzt sein, also staubgeschützt. Dies trifft vor allem für *Physcia tenella* zu.

Wenn die unterschiedlichen Forderungen der Flechten in Betracht gezogen werden, besonders ihre Optimum- und Pessimumbedingungen verglichen, so wird klar, daß eine unterschiedliche Gruppierung der genannten Flechten eine unterschiedliche lufthygienische Situation anzeigt. Davor jedoch noch einige Bemerkungen zum Substrat. Wie oben erwähnt, siedeln die *Ramalina*-Arten, *Anaptychia ciliaris, Parmelia sulcata, Xanthoria parietina* und die *Physcia*-Arten bevorzugt auf der Rinde von Laubbäumen, *Usnea hirta* und *Hypogymnia physodes* hingegen auf der meist sauren und nährstoffarmen Rinde von Nadelbäumen. Auch aus dieser Tatsache kann ein Indikationsmerkmal abgeleitet werden.

Ist die Rinde eines Nadelbaumes stark eutrophiert, vor allem durch Kalkstäube, die außerdem den pH-Wert der Rinde in den neutralen oder gar basischen Bereich verschieben, ist es durchaus möglich, daß Flechten, die ein solches Substrat bevorzugen, bei einer derartigen lufthygienischen Situation auch substratfremd auf Nadelbäumen anzutreffen sind. So konnten in Tallinn im Immissionsbereich eines Zementwerkes Physcia tenella auf Nadelbäumen, auf Pinus silvestris angetroffen werden. Obwohl ja, wie oben erwähnt, *Physcia tenella* auf eutrophierende Stäube, wenn sie auf ihrem bevorzugten Substrat siedelt, eigentlich mehr negativ reagiert.

Ein umgekehrtes Phänomen ist bei *Hypogymnia physodes* zu beobachten, die saure Substrate, also die Rinde von Nadelbäumen, bevorzugt. Da durch den Einfluß saurer Gase auch der pH-Wert der Rinde solcher Bäume wie Linde (Tilia), Ahorn und so weiter herabgesetzt wird und in den pH-Wertbereich der Rinde von Nadelbäumen kommen kann, zeigt eine Besiedlung von Ahorn, Linde, Apfel oder Birne eine durch saure Gase bestimmte lufthygienische Situation an. Also nicht nur die Beantwortung der Frage, ob die Flechte in der Gruppe anwesend ist oder nicht, kann als Indikatoraussage verwendet werden, sondern auch die Aussage, wo, also auf welchem Substrat, welche Flechtenart siedelt, ist eine wichtige Information.

Eine durch saure Gase belastete lufthygienische Situation wird also durch mehrere Zustände oder Indikatoraussagen indikatiert. Die erste Aussage ist das Fehlen aller Makroflechten, also aller Strauch- und Blattflechten. Diese Feststellung kann damit begründet werden, daß saure Gase die am meisten schädigende Einwirkung auf die Flechten zeigen, ein Totalausfall der gesamten Flechtenvegetation also am ehesten damit zu begründen ist. Es können sicher auch noch, also ergänzend, andere Faktoren eine Rolle spielen. Hauptursache ist jedoch die Wirkung saurer Gase. Ein Auftreten von *Hypogymnia physodes* an Ahorn oder Linde ist ebenfalls ein ziemlich sicheres Zeichen für die Wirkung saurer Gase. Oft besteht die Flechtengruppe an solchen Standorten dann aus *Hypogymnia physodes, Physcia tenella* und *Parmelia sulcata.* Von den beiden recht toxitoleranten Arten *Parmelia sulcata* und *Physcia tenella* mag letztere die breitere ökologische Amplitude haben, *Parmelia sulcata* dagegen verträgt eher saure Belastung als Eutrophierung, die ja *Physica tenella* weniger stört. Deshalb kann als dritte Indikatoraussage für eine durch saure Gase belastete lufthygienische Situation der Zustand aufgefaßt werden, daß *Parmelia sulcata* noch anzutreffen ist, *Physcia tenella* jedoch schon fehlt.

Als Anzeiger für eine hohe Staubbelastung kommen ebenfalls ganz spezifische Flechtengruppierungen in Frage. Als erste das schon erwähnte Auftreten von Physcia tenella an der Rinde von Nadelbäumen. Durchgeführte pH-Wertmessungen ergaben, daß im Falle der Besiedlung von Nadelbäumen durch diese Flechtenarten der pH-Wert der Rinde auf 7 bis 8 angehoben war. Unter natürlichen Bedingungen hat die Rinde von der schon erwähnten *Pinus silvestris* einen pH-Wert von 4.0! Eine Flechtengruppierung aus *Physcia tenella* und *Xanthoria parietina* bei Fehlen von *Parmelia sulcata* an unter natürlichen Bedingungen subneutralen und nährstoffreichen Rinden, etwa von Tilia oder Acer deutet ebenfalls auf eine lufthygienische Situation, die durch das Auftreten alkalischer Stäube gekennzeichnet ist (NILSON & MARTIN 1982).

Treten am Stamm die Arten mit hoher und mittlerer Toxitoleranz in Gruppierungen auf, die sich von den oben genannten unterscheiden, so ist das eine Indikation für einen mittelbelasteten unspezifischen lufthygienischen Zustand. Unspezifischer Zustand bedeutet, es ist mit der angewendeten Methode nicht bestimmbar, ob die saure oder die alkalische Belastung der Luft überwiegt. Sicher ist nur, daß eine Belastung vorliegt, und daß sie nicht so hoch ist, auch die toxitoleranten Arten zu verdrängen. Den Hinweis auf eine Belastung überhaupt liefert das Fehlen der empfindlichen Arten wie *Ramalina sp.*, *Usnea hirta* oder *Anaptychia ciliaris*.

Treten auch die empfindlichsten Arten in der Gruppierung auf, kann man davon ausgehen, daß der lufthygienische Zustand zufriedenstellend ist, daß also keine nennenswerten Luftbelastungen vorliegen, weder saure noch alkalische. Eine weitere Differenzierung wäre möglich nach den schon erwähnten Kriterien der Flächendecken oder Vitalität. Das führt jedoch zu einer Subjektivierung des Indikationsresultates, was ja gerade durch die oben beschriebene Herangehensweise verhindert werden sollte. Die oben gemachten Aussagen sind in Tabelle 2.4 zusammengefaßt.

Tabelle 2.4. Flechtenindikation von Luftbelastungen mit Flechtengemeinschaften

Art d. Luftverunreinigung		Indikatorflechtengemeinschaft *Ramalina sp. Anaptychia ciliaris*	*Parmelia sulcata*	*Xanthoria parietina*	*Hypogymnia physodes*	*Physcia sp.*	*Usnea hirta*
saure	Laub	-	+	-	x	-	-
Agenzie	Nadel	-	+	x	+	x	-
	L + N	-	-	-	-	-	-
alkalische	L	-	-	+	-	+	-
Stäube	N	-	-	-	+	+	-
unspezif. mittlere	L	-	+	x	-	+	-
Luftverunr.	N	-	-	-	+	-	-
keine	L	+	+	x	-	x	-
Luftverunr.	N	-	-	-	+	-	+

+ die Flechtenart muß vorhanden sein; - die Flechtenart darf nicht vorhanden sein;
x das Vorhandensein oder Nichtvorhandensein der Art spielt keine Rolle

Eine ganz wichtige Frage ist, die Frage nach der Sicherheit der Aussage, die mit der Beschreibung der Flechtengruppierung eines Baumes gewonnen werden kann. Wie schon festgestellt, sind die verwendeten Flechtenarten nicht nur sehr weit verbreitet, sondern auch sehr häufig anzutreffen. Untersuchungen des Tallinner Botanischen Gartens haben gezeigt, daß die entsprechenden Flechten in Gebieten, in denen sie vorkommen können, in denen es ihnen die Umweltsituation erlaubt, an 8 von 10 untersuchten Bäumen auch vorkommen (LIIV 1986). Die Untersuchung eines Stammes bringt also eine Sicherheit der Richtigkeit der Aussage von etwa 80 %, eine außerordentlich hohe Sicherheit für eine sensitive Indikation. In Verbindung mit dem Zeitraum, den die Indikation umfaßt, nehmen diese 80 % eine noch höhere Bedeutung ein.

Der Zeitraum einer Flechtenindikation mit Indikatorflechtengemeinschaften beruht natürlich nicht auf der Reaktionszeit des Individuums, sondern auf der Reaktionszeit der Zönose, der gesamten Flechtengruppe. Dabei geht es weniger um die Reaktionszeit, die die Zönos braucht, um auf Schädigungen, auf Belastungen zu reagieren, sondern um die Zeit, die die Flechtengruppe braucht, sich zu regenerieren. Dieser Zeitraum umfaßt an die 6 bis 7 Jahre. Mit anderen Worten, der Zustand, den eine Flechtengruppe jetzt im Moment zeigt, kann vor 6 bis 7 Jahren sein Klimaxstadium erreicht haben und ändert sich seitdem. Die Flechtengruppe hatte noch keine Zeit zu reagieren und zeigt den momentanen lufthygienischen Zustand dementsprechend auch noch nicht an.

Da ja doch die Immissionsstruktur an die Emissionsstruktur und die Transmissionsstruktur gebunden ist und die beiden letzteren Strukturen an die Verteilung der Emittenten und die Raumausstattung, die natürliche sowieso, aber auch die anthropogene Raumausstattung, diese Strukturen aber über einen hinreichend langen Zeitraum bestehen, ist der Zeitraum der Flechtenindikation mit Indikatorflechtengemeinschaften ausreichend für die Aktualität der Aussage. Siedlungsstrukturen, Industriebetriebe, Nutzungsstrukturen erhalten sich in Zeiträumen von Jahrhunderten bis Jahrzehnten, die Indikationszeit von 6 bis 7 Jahren ist ein Bruchteil dieser Zeiträume. Es muß jedoch klar sein, daß eine kurzfristige Feststellung von Änderungen der lufthygienischen Situation, etwa nach der Stillegung eines Betriebes oder nach dem Einsatz von Filteranlagen, mit dieser Methode nicht nachweisbar ist. Hierzu muß auf jeden Fall ein aktives Monitoring vor und nach der Maßnahme stattfinden, um zu bestimmen, für welches Immissionsgebiet sich Wirkungen ergeben.

Nach der oben vorgestellten Methode wurden die estnischen Städten Tallinn, Pärno und Villjandi kartiert (ZIERDT 1994). Um eine Interpretation der Aussage des Flechtenmonitorings zu ermöglichen, sollten zunächst die untersuchten Städte näher charakterisiert werden. Die schematische Darstellung der Nutzungsintensität (Funktionsvielfalt) ist zum besseren Verständnis in Abbildung 2.4 dargestellt.

Tallinn als Industriestadt und administratives Zentrum Estlands gliedert sich relativ gut in Gebiete oder Stadtteile unterschiedlicher Funktionalität. Außerdem unterscheiden sich die Stadtviertel deutlich hinsichtlich des Alters der Bebauung und der Bebauungsstruktur, dem Grünflächenanteil und dem Straßenverkehr. So lassen sich sowohl in der Wohnbebauung wie in den Industrievierteln die Zeit der Nutzungsnahme ausmachen und in Perioden vor 1920, 1920 - 1960 und nach 1960 unterteilen. So sind auch die Hauptemissionsquellen Industrie, Verkehr und Hausbrand (Kohle und Ölschiefer) in unterschiedlicher Konzentration und Gruppierung im Stadtgebiet verteilt.

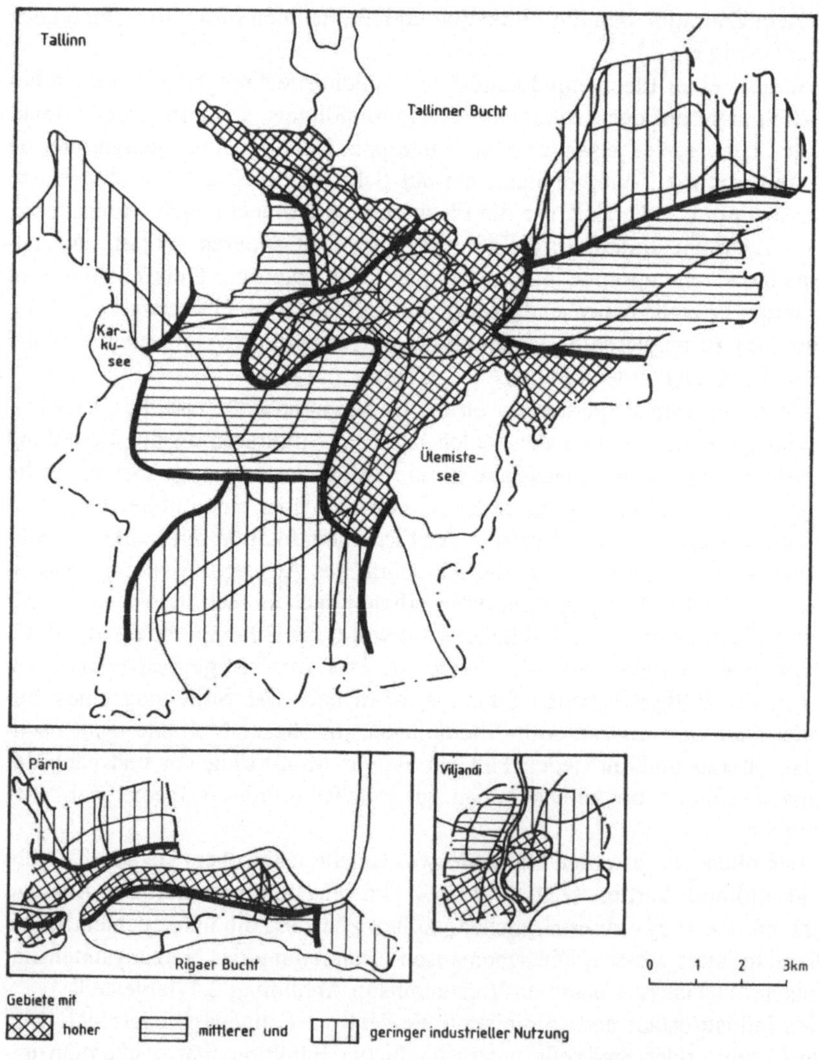

Abb. 2.4. Nutzungsintensität in den Teilgebieten der untersuchten Städte

Die Industrie konzentriert sich im Gebiet der Altstadt, auf der Landzunge zwischen Tallinner und Kopli Bucht und um den Ülemistesee. Viele der Industrieanlagen und Wohngebäude dieser Stadtviertel entstanden um die Jahrhundertwende mit entsprechenden Heizsystemen. Bedingt durch den Hafen in der Tallinner Bucht und die Werftanlagen herrscht ein hohes Verkehrsaufkommen. Außerdem liegen in diesem Gebiet (fast) alle administrativen und kulturellen Einrichtungen der Stadt, zumindest mit eigenen Heizanlagen auf Kohlebasis versehen.

An diese Stadtteile mit hoher Nutzungsintensität schließen sich Neubaugebiete an. Die Bewertung „mittlere Nutzungsintensität" für diese fast reinen Wohngebiete ergibt sich aus der Tatsache, daß in ihnen eine Vielzahl von kleinen Heizhäusern zu finden ist, die jeweils nur einige wenige Wohnblöcke versorgen (also keine Fernheizung). Intensiver Busverkehr bindet die Neubaugebiete an die eigentliche urbane Infrastruktur im Zentrum an.

Die Stadtteile meist geringer Nutzung könnten am ehesten als „Villenvororte" bezeichnet werden, doch ist die Bebauungsdichte geringer als die für Deutschland typische. „Häuser in einem Kiefernwald" ist das wohl treffendste Bild. Einige wenige Buslinien binden die Bevölkerung an der Kernstadt an, die wenigsten Straßen tragen eine feste Decke. Die dominierenden Holzhäuser werden mit Holz, Ölschiefer und Kohle (in dieser Reihenfolge) beheizt, die damit auch die einzigen Quellen für Umweltbelastungen sein dürften.

Pärnu (Pernau), eine kleine Stadt mit 50.000 Einwohnern an der Rigaer Bucht, hat eine sehr interessante Doppelnutzung. So schreibt ALLER (1978): „Bei dem Wort Pernau kommt zumeist der Begriff "Kurort" in den Sinn, mit einem Sandstrand am Meer, schattigen Parks und Alleen, Gedanken an das Meer, Tausende Touristen. Doch neben all dem ist Pernau eine Industriestadt, im Laufe der Geschichte gewachsen" (Übers. aus dem Estnischen). Während sich in Deutschland die Begriffe „Kurort" und „Industriestandort" weitestgehend ausschließen, war (ist) diese Doppelfunktion für die ehemals sowjetischen Bäder üblich (vgl. auch die Infrastruktur der Kaukasischen Bäder).

In Pärnu ist im wesentlichen die Leichtindustrie entwickelt, eine kleine Reparaturwerft, eine Fischverarbeitungsfabrik und die Holzverarbeitung. Diese Einrichtungen liegen auf der rechten Seite des Pärnu-Flusses während die linke den Kureinrichtungen vorbehalten ist. Hier befindet sich auch der alte Stadtkern von Pärnu mit den administrativen und kulturellen Einrichtungen des einstmals wichtigen Ortes. Da die Heizsysteme immer noch auf fossilen Brennstoffen beruhen, sind sie und der Verkehr diejenigen Emissionsquellen, die die Luft der Stadt belasten können.

Ein kleines Neubaugebiet mit einigen Heizhäusern (mittlere Nutzungsintensität) südöstlich der Altstadt gelegen, zeichnet sich durch viele kalkschotterbefestigte Straßen aus, die bei trockenem Wetter für eine erhebliche Staubbelastung sorgen können. Auch wieder als „Häuser im Kiefernwald" ist das östliche Villenviertel (geringe Nutzungsintensität) zu bezeichnen, während das Gebiet im Norden eher den Namen „Gartenstadt" verdient.

Während Tallinn (Reval) und Pärnu an der Ostsee liegen, befindet sich der kleine Ort Viljandi (Fellinn) im Inneren Estlandes auf dem Höhenzug Sakala. Viljandi ist ein kleines Provinzstädtchen mit knapp 14.000 Einwohnern. Die Industrie ist im wesentlichen auf die Verarbeitung der landwirtschaftlichen Erzeugnisse der umliegenden Dörfer ausgerichtet, von überregionaler Bedeutung ist nur eine Streichholzfabrik, die einzige in Estland. Außerdem gibt es Textilindustrie und ein Unternehmen zur Bearbeitung von Naturstein.

Die Industriebetriebe sind im Südwesten der Stadt ganz in der Nähe des Bahnhofs konzentriert. Zum Stadtzentrum hin wurden die Fabriken allmählich durch administrative und kulturelle Einrichtungen ersetzt, die durch ihre Heizanlagen zu Emission von Schadstoffen beitragen. Nur die Hauptstraßen tragen eine Asphaltdecke, die übrigen Straßen und Wege sind mit Kalkschotter befestigt.

Im Nordwesten, am rechten Ufer des Flusses Walusja, befindet sich ein Neubaugebiet, das durch seine Heizhäuser zur Luftbelastung beträgt. Industrie gibt es hier nicht. Der Osten der Stadt wird von Einzelhausbebauung eingenommen. Hier gibt es wieder kleine Kiefernbestände, oft liegen zwischen den Häusern auch Gärten. Die Straßen sind mit Kalkschotter befestigt.

In Abbildung 2.5 sind die Resultate der Flechtenindikation mit Flechtengemeinschaften dargestellt. Entsprechend der Größe der Städte und der zur Verfügung stehenden Bäume wurden in Tallinn 112 Standorte (Pinus silvestris und Acer platanoides), in Pärnu 64 (ebenfalls beide Arten) und in Viljandi 27 Standorte (nur Acer platanoides) bezüglich des Vorkommens der genannten Flechten untersucht.

Die administrative Stadtfläche der industriell geprägten Großstadt *Tallinn* läßt sich anhand der Flechtenindikation in vier verschiedene Zonen der Luftverunreinigung untergliedern. Südlich und nordöstlich der Kernstadt konnten zwei Gebiete mit weitgehend reiner Luft ausgegliedert werden. Es handelt sich um Wohngebiete. Ihre Bebauung ist nicht sehr dicht und wird durch einen hohen Baumbestand aufgelockert. Industrie ist hier nicht angesiedelt. Die in diesen Gebieten untersuchten Bäume sind durchweg mit Flechten niedriger Toxitoleranz bewachsen.

In der Kernstadt mit ihrer großen Anzahl von Industriebetrieben und Verwaltungseinrichtungen wurden zwar unterschiedliche Indikatorzustände gefunden, sie weisen jedoch alle auf saure Agenzien hin. Hier im Zentrum von Tallinn tritt nur der Ahorn als Indikatorsubstrat auf.

Luftbelastung durch alkalische Stäube konnte für den Südosten und den Nordosten des Stadtgebietes von Tallinn indikativ nachgewiesen werden. Sie hat ihre Ursache in den von der dort konzentrierten Baumaterialienindustrie emittierten Stäuben. An den hier vorhandenen Kiefern siedelte sich *Physcia tenella* an, eine Flechte, die gewöhnlich nur an mehr neutralen und nährstoffreicheren Substraten zu finden ist. Messungen zeigten, daß der pH-Wert der Rinde, der bei der Kiefer in Reinluftgebieten etwa 4.0 beträgt, auf 7.0 bis 8.0 erhöht ist und damit schon im basischen Bereich liegt.

Das übrige Territorium der Stadt wird durch die Flechtenindikation als Gebiet mit unspezifischer mittlerer Luftverunreinigung ausgewiesen.

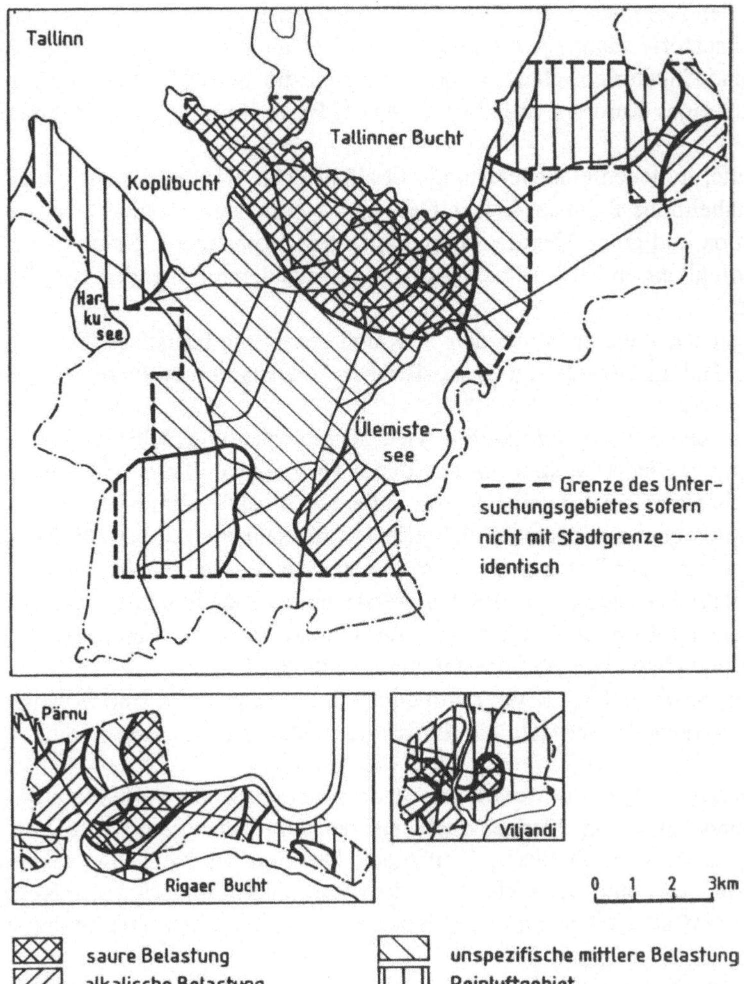

Abb. 2.5. Luftverunreinigungszustand der untersuchten Städte nach Resultaten der Flechtenindikation

Das Ostseebad *Pärnu* an der Rigaer Bucht läßt sich ebenfalls in vier verschiedene Luftverunreinigungszonen gliedern. An einigen wenigen Stellen im Stadtrandgebiet wurden am Ahorn die Flechten Anaptychia ciliaris und Ramalina sp. gefunden. Im mit Kiefern bestandenen Ostteil des Stadtrandes trat Usnea hirta in der Flechtengemeinschaft auf. Diese Räume können als Reinluftgebiete ausgegliedert werden.

Im Nordosten reicht ein mit sauren Luftbeimengungen belastetes Gebiet vom Zentrum der Stadt bis an den Stadtrand. Verursacher sind Emittenten im Stadtzentrum, deren hohe Schornsteine eine weite Verbreitung der Schadstoffe ermöglichen und so den Nordostteil der Stadt, der keine eigenen Emittenten hat, mit belasten. Die Schadstoffe stammen zumeist aus den Heizanlagen der Verwaltungseinrichtungen und Sanatorien. Dadurch befinden sich die Einrichtungen, die Pärnu den Charakter eines Kurortes verleihen, in einem Bereich mit hoher Luftverunreinigung.

Die Gebiete, in denen eine Belastung mit alkalischen Stäuben vorliegt, weisen eine recht einheitliche Raumstruktur auf. Es sind neu bebaute Gebiete mit spärlicher Vegetation und guten Ventilationsbedingungen. Vorhandener Staub, welcher in der Stadt oft alkalisch ist, wird hier häufiger als in anderen Gegenden vom Wind aufgewirbelt.

Als Übergangsgebiete zwischen den stark und den wenig belasteten Territorien treten wie in Tallinn Gebiete mit unspezifischer mittelstarker Luftverunreinigung auf.

Auch die Kleinstadt *Viljandi* kann in vier Gebietstypen unterschiedlicher Luftverunreinigung gegliedert werden. In den durch Anaptychia ciliaris und Ramalina sp. charakterisierten Reinluftgebieten trat außerdem noch Evernia prunastri auf, welche ebenfalls eine geeignete Indikatorflechte für saubere Luftverhältnisse ist. Um die Auswertung der Daten nicht zu erschweren und ein vergleichbares Bild in den unterschiedlichen Städten zu erhalten, wurde sie nicht als Indikator verwendet. Areale mit reiner Luft nehmen etwa 50 % der Gesamtfläche der Stadt ein, Einfamilienhäuser und ein dichter Baumbestand prägen ihr Bild.

Das Stadtzentrum und der Raum nördlich des Industriegebietes sind Zonen, die durch saure Agenzien belastet sind. Emissionsquellen sind in erster Linie die Heizhäuser.

Das Industriegebiet im Südwesten der Stadt mit einer bedeutend höheren Verkehrsdichte und mit wenig Pflanzenwuchs auf den Freiflächen weist eine Verunreinigung der Luft durch alkalische Stäube auf. Der Teil des Neubaugebietes am nordwestlichen Stadtrand, der nicht unter dem Einfluß der Emission der Kesselhäuser steht, wird als Gebiet mit unspezifischer mittlerer Luftverunreinigung ausgegliedert.

Zunächst kann festgestellt werden, daß die vorgeschlagenen Indikatorflechtengemeinschaften in allen drei untersuchten Städten eine Klassifizierung der Luftbelastung ermöglichen. Diejenigen Makroflechten, die als wenig toxitolerant eingeschätzt wurden, fanden sich ausschließlich in Gebieten ohne Industrie und mit dichtem Baumbewuchs. In den Stadtzentren gab es Beobachtungsstellen, an denen die untersuchten Bäume entweder keinen Flechtenbewuchs hatten oder wo *Physcia tenella* als stark unterdrücktes Einzelexemplar kartiert werden konnte. Zwischen diesen beiden Gebietstypen konnten Räume ausgegliedert werden, in denen sich je nach der luftchemischen Situation solche Flechtenarten wie *Parmelia sulcata, Xanthoria parientina* oder *Hypogymnia physodes* befanden. Für alle drei untersuchten Städte gilt, daß sich die Hauptemittenten der genannten Luftverunreinigungen auf dem Territorium der jeweiligen Stadt selbst befinden, auch im Kurort Pärnu. Alle drei Städte wiesen in Stadtteilen gleicher Nutzungsart, Bebauungsstruktur und Vegetationsausstattung gleichartige Luftverunreinigungszustände auf. Es konnten folgende Gebietstypen ausgegliedert werden:

1. Gebiete mit stark saurer Belastung (SO_2, NO_x, CO), die sich in den Stadtzentren, in Industriegebieten oder in von diesen beeinflußten Gebieten befinden.
2. Gebiete mit Belastung durch alkalische Stäube, die entweder durch die Baumaterialienindustrie oder durch eine spezielle Stadtteilstruktur (Bebauung mit Mehrfamilienhäusern, hohe Verkehrsdichte und hoher Anteil an unbewachsenen Freiflächen) verursacht wird.
3. Gebiete mit unspezifischer mittlerer Luftverunreinigung, die sich meist entweder zwischen Gebieten mit saurer und alkalischer Luftbelastung befinden oder zwischen diesen und Reinluftgebieten liegen.
4. Gebiete mit sauberer Luft, die sich am Stadtrand befinden und durch eine Bebauung mit Einfamilienhäusern gekennzeichnet sind.

Von Interesse ist außerdem die Tatsache, daß proportional zur Größe der untersuchten Städte die Gebiete mit der stärksten Unterdrückung der Flechtengemeinschaften anwachsen. Die Größe der Stadt dominiert offenbar als Einflußfaktor gegenüber dem ihres ökonomischen und damit auch umweltbelastenden Potentials. Wie aus Tabelle 2.5 ersichtlich ist, nehmen die stark belasteten Gebiete etwa 25 % der Gesamtterritorien der untersuchten Städte ein.

Tabelle 2.5. Territorien der Städte (angegeben durch die Zahl der Rasterquadrate RQ) und prozentualer Anteil der belasteten und unbelasteten Gebiete

Stadt	Gesamt-territorium	Gebiete stark belastet		nicht belastet	
	RQ	RQ	%	RQ	%
Tallinn	121	25	22,3	15	13,5
Pärnu	64	19	29,6	15	23,1
Viljandi	27	7	25,9	13	48,2

Ein anderes Bild ergibt sich bei der vergleichenden Betrachtung des Flächenanteils der Reinluftgebiete. Ihr prozentualer Anteil nimmt mit der Abnahme der Stadtgröße zu. Während in Tallinn nur 13.5 % des Territoriums als Reinluftgebiet indikatiert wurden, sind es in Viljandi schon 48.2 % der Gesamtfläche der Stadt. Diese Erscheinung läßt sich wahrscheinlich dadurch erklären, daß die Zentren der untersuchten Städte im wesentlichen von den gleichen Nutzungsarten eingenommen werden und eine ähnliche Raumstruktur haben. Im Stadtzentrum sind die Verkehrsdichte und die Bebauungsdichte meist sehr hoch. Hauptverursacher der Emission sind Kfz-Verkehr und Hausbrand. In den beiden Kleinstädten befindet sich die Industrie oft im Stadtzentrum. Mit dem Wachsen Tallinns ging eine Ansiedlung der Industrie am Stadtrand einher, die sich somit in seinen Nutzungsarten vom Stadtrand der Kleinstädte Viljandi und Pärnu unterscheidet. Da die Reinluftgebiete auf den Stadtrand beschränkt bleiben, wird ihr prozentualer Anteil mit dem Wachstum der Stadt natürlich geringer.

Die Resultate der vorgestellten Untersuchungen erlauben folgende Schlußfolgerungen:

1. Es existiert ein allgemeiner „Stadteffekt", der gleichartig auf die Flechtenflora wirkt und unabhängig von der Größe und den Hauptfunktionen der untersuchten Städte ist. Das Flechtenmonitoring erlaubt es, in Städten unterschiedlicher Größe und Funktion qualitative und quantitative Aussagen über die Luftverunreinigung zu treffen.
2. Eine bestimmte Gruppe von Indikatorflechtengemeinschaften ist ausreichend, um in Städten unterschiedlicher Größe und Funktion ein Flechtenmonitoring durchzuführen. Die Nutzung gleicher Flechtengemeinschaften in verschiedenen Städten ermöglicht einen Vergleich der Belastungssituation zwischen diesen.
3. Die Nutzung von Indikatorflechtengemeinschaften ermöglicht eine automatische Datenverarbeitung, ohne daß eine Digitalisierung der Daten notwendig ist. Ein entsprechendes Programm läßt sich auf der Basis der Mustererkennung erstellen.

2.1.4 Beispiel: Aktives Flechtenmonitoring mit der Flechte *Evernia prunastri*

Die Erfassung der Luftbelastung der Stadt Leipzig sollte deshalb mittels Bioindikatoren durchgeführt werden, weil sie die Aufstellung eines Wirkungskatasters erlauben. Da gerade im Winterhalbjahr sehr starke SO_2-Belastungen zu erwarten sind, wurde diese Jahreszeit für die Untersuchungen gewählt. Die Arbeiten erfolgten im Auftrag und mit Unterstützung des Leipziger Umweltamtes.

Da in Leipzig nur *Lecanora conizaeoides* als epiphytische Flechte anzutreffen ist, und auch schon öfters kartiert wurde (GUTTE 1971/72, 1980/82; ACKERMANN 1992/93), diese Flechtenart jedoch nicht nur relativ hohe Schadstoffkonzentrationen aushält, sondern teilweise auch fordert, sollte ein aktives Flechtenmonitoring mit anderen Flechten durchgeführt werden. Um eine eindeutige Schädigungsinterpretation zu erhalten, aber auch um den Empfehlungen der VDI-Richtlinie 3799 zu entsprechen, die nur epiphytische Flechten als Bioindikatoren zuläßt, wurde auf die Resultate einer Pilotstudie zurückgegriffen, bei der verschieden empfindliche Flechten auf ihre Indikatoreigenschaften hin getestet wurden.

Diese Pilotstudie diente der Auswahl der günstigsten Flechtenart für ein aktives Monitoring im Raum Halle-Leipzig-Bitterfeld. Sie erfolgte im Winterhalbjahr 1990/91 in der Stadt Halle/Saale (TAUBALD 1991), wo bei einem aktiven Flechtenmonitoring mehrere Flechtenarten ausgebracht wurden. Nach Empfehlung von Prof. J. Martin, Direktor des Botanischen Gartens in Tallinn, wurden dabei die gegenüber Luftschadstoffen recht resistenten *Hypogymnia physodes*, die sehr empfindlichen *Usnea hirta* und *Ramalina farinacea* und die weniger anfällige Evernia prunastri zusammen auf einer Holztafel exponiert. Folgendes Verhalten der Flechten konnte beobachtet werden (Abb. 2.6).

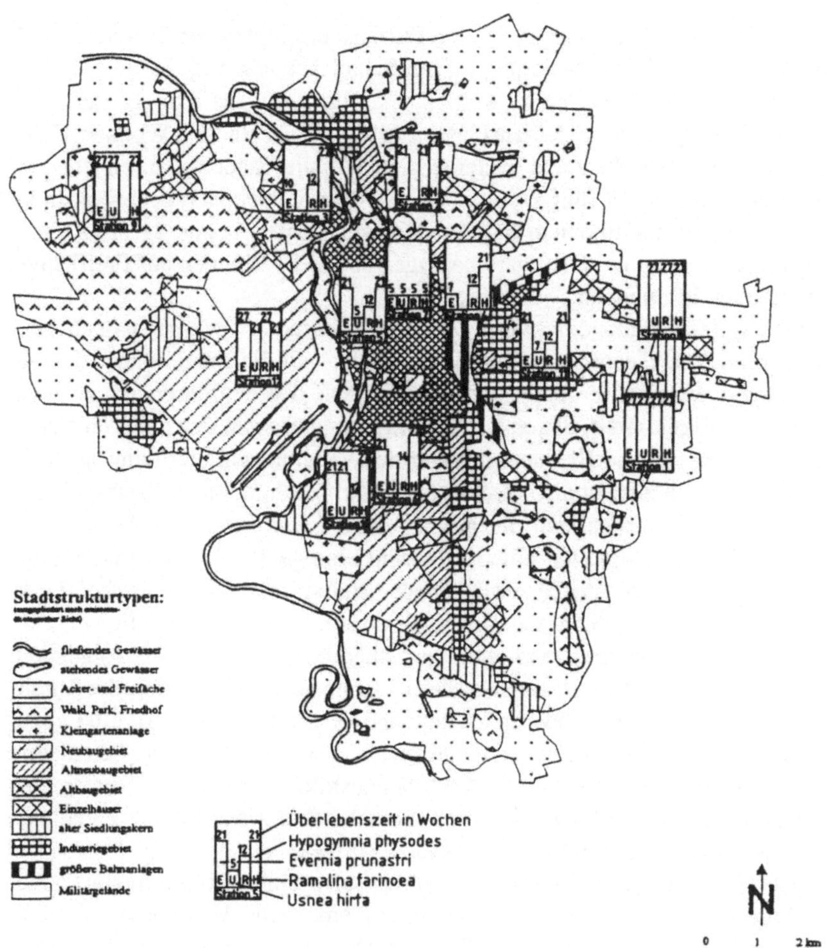

Abb. 2.6. Überlebenszeit ausgewählter Flechtenarten in Halle

Ramalina farinacea war nach nur fünf bis acht Wochen Expositionszeit abgestorben und ließ nur eine Differenzierung zwischen dichtbebautem Stadtgebiet und weniger bebautem Umland zu. Bei Usnea hirta ergab sich die Schwierigkeit, daß visuell eine Schädigung und vor allem unterschiedliche Schädigungsstufen nur sehr undeutlich auszumachen waren. Eindeutige Anzeichen einer Vitalitätsbeeinträchtigung gab es nicht, der Zustand der Vergilbung der einzelnen Äste konnte nur vage geschätzt werden. Da außerdem die Differenzierung des Stadtgebietes ähnlich eingeschränkt war wie bei *Ramalina farinacea*, erwies sich *Usnea hirta* letztendlich als ungeeignetste von allen verwendeten Arte zu einem aktiven Monitoring. Die in der VDI-Richtlinie empfohlene Flechte *Hypogymnia physodes* erwies sich wiederum als zu resistent für den Luftzustand in den ostdeutschen Städten, es konnte nur eine Differenzierung in drei Schadensklassen (5, 21 und 27 Wochen Überlebensrate) vorgenommen werden. *Evernia prunastri* hingegen erlaubte eine Differenzierung in fünf Schadensklassen (5, 7, 10, 21 und 27 Wochen Überlebensrate). Diese Überlebensrate verteilte sich auf die Stadtstrukturen entsprechend den Erwartungen mit fünf Wochen in der Altstadt, sieben Wochen im Industriegebiet, zehn Wochen in einem Villenviertel mit Kohleheizung, 21 bis 27 Wochen in Neubaugebieten und Kleingartenanlagen sowie 27 Wochen auf Freiflächen und im stadtnahen Waldgebiet.

Im Ergebnis dieser Pilotstudie wurde *Evernia prunastri* als Versuchsflechte für die folgenden aktiven Flechtenmonitorings gewählt, weil die Bestimmung der Vitalität der einzelnen Flechte genau und sehr einfach durchzuführen ist. *Evernia prunastri* hat die Eigenschaft, die ersten Schädigungsspuren an den äußeren Enden ihrer „Äste“ zu zeigen. Die Beeinträchtigung der Vitalität schreitet dann nach innen hin fort, die Flechte stirbt also radikal von außen nach innen ab. Beim Absterben dieser Flechte verfärben sich die geschädigten Teile durch das Ausbleichen des Chlorophyll in der Alge von einer grünen in eine gelblich weiße Farbe. Eine scharfe Trennung von abgestorbenen und noch vitalen Teilen ist selbst bei Trokkenheit und ungünstigen Lichtverhältnissen (Waldstandort) immer möglich.

Diesem Verhalten entsprechend wurden Schädigungsstufen nach folgendem einfachen Prinzip ausgegliedert: Schadstufe 0 - keine Beeinträchtigung der Vitalität, Schadstufe 1 - die ersten äußeren „Äste“ sind vergilbt (d.h. die Alge ist abgestorben), Schadstufe 2 - die beiden ersten äußeren „Äste“ sind vergilbt, Schadstufe 3 - die Schädigung erfaßt den dritten „Ast“, Schadstufe 4 - das Absterben der Algen ist bis zum vierten „Ast“ fortgeschritten, Schadstufe 5 - die gesamte Flechte ist von der Schädigung erfaßt (ZIERDT & DIPPMANN 1993).

Die Flechten wurden im Südostschwarzwald - also einem Reinluftgebiet - gewonnen. Beim Sammeln der Flechten wurde auf eine hohe Vitalität und gleichmäßige Größe der Exemplare geachtet. Die Baumborke, an der die Flechten wuchsen, wurde mit der Flechte zusammen entfernt. Nach dem Transport der Flechten in das höher mit Luftschadstoffen belastete Expositionsgebiet wurden die Flechten nicht unmittelbar ausgebracht, sondern erst nach einer Adaptationszeit von etwa einer Woche. Für die Exponierung der Flechten wurden in ca. 9x25 cm große Holzbrettchen fünf Löcher mit einem Durchmesser von 4 cm und einer Tiefe von ca. 1 cm eingefräst. Mittels lösungsmittelfreiem Klebstoff wurden die Flechten an der Baumborkenseite in die Vertiefungen eingeklebt.

Um eine flächendeckende Beobachtung der Luftqualität von Leipzig zu ermöglichen, wurde der Abstand der Stationen voneinander auf ca. 1 km vereinbart. Bei der Exponierung der einzelnen Flechtentäfelchen mußte neben einheitlicher Höhe von ca. 1.50 m auch die Ausschaltung unmittelbarer Störfaktoren berücksichtigt werden. So war es nicht möglich, alle Flechtentäfelchen genau in eine Hauptwetterrichtung aufzustellen, was in den sehr komplizierten Luftströmungsverhältnissen der Stadt ohnehin unmöglich ist.

Im Abstand von drei Wochen wurden vom Zeitraum der Ausbringung an (Mitte Dezember) in Leipzig diese Flechtentäfelchen kontrolliert und einer Bewertung unterzogen.

Beschreibung der Stadtstrukturtypen der Stadt Leipzig

Da die Luftbelastung vorrangig von Quantität und Qualität der in Frage kommenden Emissionsquellen abhängig ist und eine Stadt ein sehr weites Spektrum von Emissionstypen besitzt), wurden die Stadtstrukturtypen der Stadt Leipzig näher untersucht und sogenannte Stadtstrukturtypen nach emissionsökologischer Sicht ausgegliedert (ZIERDT & DIPPMANN 1996) (Abb. 2.7).

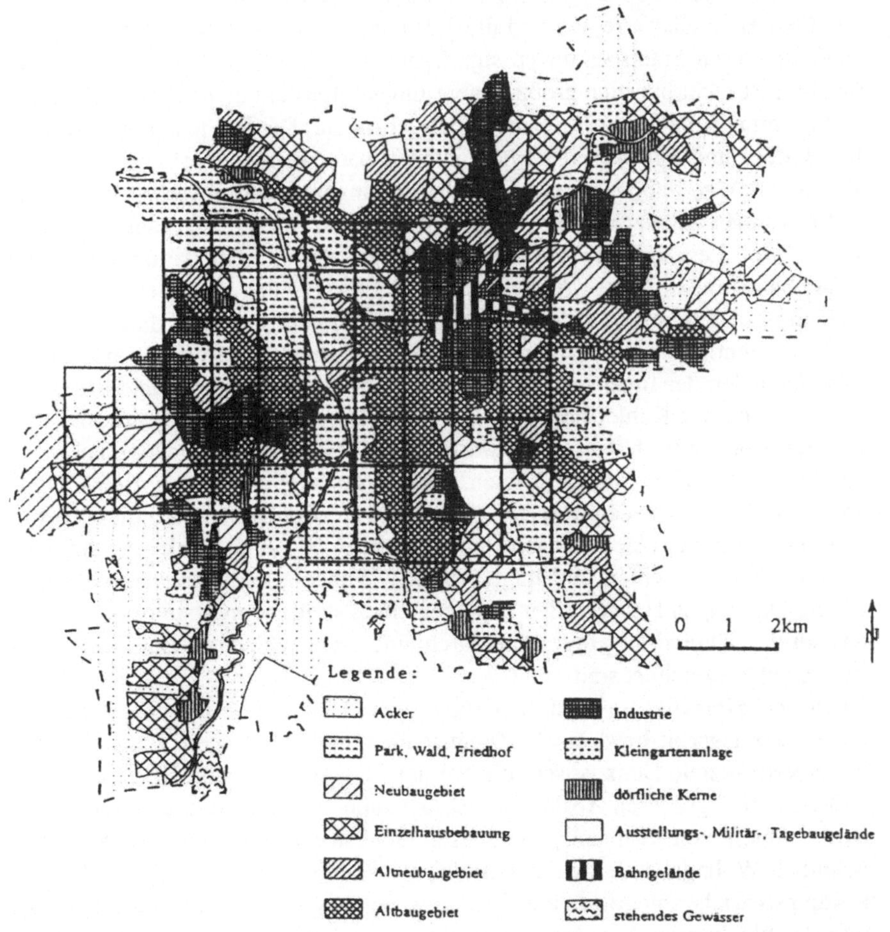

Abb. 2.7. Stadtstrukturtypen in Leipzig, ausgegliedert nach emissionsökologischer Sicht

Bei der Wahl der Expositionsstandorte wurde ähnlich wie bei der Pilotstudie vorgegangen. Die Flechtenexposition nicht willkürlich (stochastisch) oder entsprechend einer mathematischen Vorgabe, sondern an bewußt ausgewählten Standorten, die bestimmte Stadtstrukturtypen in ihrer unterschiedlichen Ausstattung entsprechend repräsentieren. Die Stadtstrukturtypen werden im folgenden kurz charakterisiert:

- Die *Altbaugebiete* umfassen die ältesten Gebäude, die vornehmlich im Innenstadtbereich zu finden sind, aber auch die Häuser aus der sogenannten Gründerzeit. Dieser Stadtstrukturteil ist gürtelförmig von West nach Ost und von Nord nach Süd ausgerichtet, das Stadtzentrum in der Mitte gelegen. In diesen sehr dicht bebauten Gebieten sind kleinere bis mittlere Industriebetriebe, vor allem Handel und Handwerk, mit den Wohnbauten verknüpft. Die Qualität der Bausubstanz der Wohnungen aus der Gründerzeit ist sehr unterschiedlich. Die geschlossenen Häuserreihen und die Verbindung mit stark befahrenen Straßen sind für diesen Stadtstrukturtyp signifikant. Bei den Wohngebäuden besserer Qualität ist nicht nur eine großzügigere Innenhofgestaltung oder auch die Lage an breiteren Straßen mit Straßenbäumen zu finden. Die Wohnungen sind deutlich größer und mit besseren Materialien gebaut worden (Wohngebiet an der Waldstraße), so daß sie einen wesentlich geringeren Wärmeverlust haben und somit weniger beheizt werden müssen. Wesentlich häufiger sind aber im Stadtgebiet von Leipzig die Wohnungen mit geringerer Bauqualität zu finden (Eisenbahnstraße). Diese „Mietskasernen" zeichnen sich neben einer höheren Bebauungsdichte mit noch teilweise mehreren Hinterhöfen auch durch eine höhere Konzentration der Kleinindustrie aus. Diese Betriebe werden wie die in den Gebäuden der Innenstadt dominierenden Büroeinrichtungen und die Wohnungen noch mit Kohle (häufig Braunkohle) beheizt. Durch fehlende Instandhaltungsarbeiten nach dem 2. Weltkrieg an den Gebäuden entstanden neben sicherheitstechnischen Mängeln auch Unzulänglichkeiten an den Heizanlagen sowie an den Wärmedämmwerten dieser Häuser. Erkennbar wird diese Tatsache an veralteten Heizanlagen mit geringem Wirkungsgrad, an defekten Schornsteinen, feuchten und ungedämmten Wänden, undichten Fenstern und Türen. Die langen Häuserzeilen bedingen einen strahlstromartigen Luftmassenaustausch, während die Hinterhöfe durch einen sehr schlechten Luftmassenaustausch gekennzeichnet sind.
- Unter den *Altneubauten* wird die Gruppe von Gebäuden verstanden, die in der Zwischenkriegszeit bzw. bis 1970 entstanden sind. Modernere Baustoffe und veränderte soziale Denkweisen, die bei der Planung und beim Bau einflossen, äußern sich in größeren Abständen der Gebäude voneinander und in einem höheren Anteil von Grünanlagen. Diesen Stadtstrukturtyp repräsentieren vornehmlich Wohngebäude, wobei nur kleinere Handwerksbetriebe sowie Dienstleistungsbetriebe integriert sind. Die teilweise langen und breiten Straßenzüge und die blockartige Anordnung (Nibelungensiedlung) der Wohngebäude sorgen in diesen Wohngebieten für eine gute Durchlüftung. Die vorwiegende Einzelofenheizung, die diese Gebiete ökologisch eindeutig charakterisiert, basiert

auf Kohleverbrennung und ist hier schneller und oftmals kostengünstiger auf Öl- oder Gasheizung bzw. Fernheizung umzustellen. Die Gebiete der Altneubauten sind in loser Form an die Altbaugebiete angegliedert.

- Die Stadtgebiete mit den *Villen- und Einzelhausvierteln* werden durch unterschiedlichste Heizungsanlagen gekennzeichnet. Sie sind außer im Innenstadtbereich überall in Leipzig vertreten und liegen als Ein- und Zweifamilienhäuser vornehmlich an alten Siedlungskernen am Stadtrand oder als Villen in den Altbau- bzw. Altneubaugebieten der Stadt. Da die Heizungsanlage nur für das entsprechende Haus zu sanieren ist, kann relativ kostengünstig und schnell eine Umstellung auf sparsamere und ökologisch günstigere Energieträger erfolgen. Parallel dazu ist in den meisten Fällen eine kontinuierliche Instandhaltung der Gebäude erfolgt, so daß mit einer nachträglich verbesserten Dämmung ein guter Wärmedämmwert erreicht werden kann. Die Häuser sind selten höher als 2 Etagen und bieten mit der Gartenfläche gute Voraussetzungen für einen regen Luftmassenaustausch. Wegen des hohen Platzangebotes, der ruhigeren Lage und des dazugehörigen Gartens sind diese Grundstücke sehr begehrt. In den Siedlungen sind Handwerksbetriebe, aber auch Dienstleistungseinrichtungen anzutreffen.
- In häufiger Nachbarschaft mit den Villen- und Einfamilienhausvierteln befinden sich die *Kleingartenanlagen*. Sie lokalisieren sich auch in Teilen der Aue, unmittelbar in Altbaugebieten und Altneubaugebieten, auf minderwertigem Ackerland oder an Bahnanlagen. Aus den nur teilweise beheizbaren Gartenlauben sind kaum Emissionen zu erwarten, weil im Winterhalbjahr die einzelnen Gärten recht spärlich von den Besitzern frequentiert werden. Durch die geringe Aufrißhöhe und fehlender großer Bäume ist ähnlich den Villen- und Einfamilienhausvierteln mit einer guten Durchlüftung zu rechnen. Die Verbrennung von Reisig und anderen Pflanzenabfällen ist in den letzten Jahren eingeschränkt worden, besitzt aber dennoch vereinzelt bei entsprechender Intensität und Windrichtung große Bedeutung für ungünstige lufthygienische Verhältnisse in unmittelbarer Nähe.
- Die geringste Eigenbelastung der Luft ist in Leipzig an den *landwirtschaftlich genutzten Flächen* zu erwarten. Dennoch ist eine gewisse Staubfracht durch Auswehungen von Dünger etc., verbunden mit einer Fremdbelastung von weiter entfernten in größerer Höhe abgegebener Emissionen, nicht auszuschließen. Da diese Gebiete ausschließlich am Stadtrandgebiet liegen, können sich diese Fremdemissionsquellen möglicherweise im Westen (Böhlitz-Ehrenberg), im Südwesten (Kulkwitz) oder im Süden (Tagebaue, Böhlen) befinden.
- Die *Neubaugebiete* der Stadt Leipzig wurden ab 1970 errichtet. Sie entstanden zum größten Teil auf der grünen Wiese (Grünau), sind aber auch als Lückenbebauung (Innenstadt) oder als „Rekoviertel“ auf ehemaligem Altbaugelände (Konradstraße) angelegt wurden. Da sich die Betriebe auf den Dienstleistungsbereich beschränken, alle Gebäude durch Wärmekraftwerke fernbeheizt und die Wohnungen mit Elektroherden ausgestattet sind, sind die Emissionsquellen nur im starken Straßenverkehr auf den Hauptverkehrsstraßen zu suchen. Die

langen und hochgeschossigen Häuserzeilen gewährleisten einen effektiven Luftmassenaustausch.

- Ein weiterer Stadtstrukturtyp von Leipzig ist das *eingemeindete Dorf*. Sie liegen vornehmlich direkt an Flußauen. Die historisch gewachsenen Siedlungskerne haben zum Teil ihren dörflichen Charakter behalten. Es dominieren kleinere ältere Bauernhäuser (teilweise mit Hof), die gegenüber den Ein- und Zweifamilienhäusern stark sanierungsbedürftig sind. Das betrifft neben einer Heizungsumstellung auch die entsprechende umfangreiche Wärmedämmung. Neben kleineren Betrieben des Dienstleistungssektors sind auch in den Wohngebäuden unterschiedliche Heizungsarten mit unterschiedlichen Heizmaterialien vorhanden. In diesem Stadtstrukturtyp werden in den nächsten Jahren mit die meisten Umstrukturierungen (Umnutzung und Überbauung) stattfinden.
- Die *Industrie* besitzt in Leipzig einen beachtlichen Flächenanteil. Die größeren Industriegebiete konzentrieren sich im Westen (Industriegelände West), Norden und Osten der Stadt. Als Hauptemissionsquellen für SO_2-Ausstoß stehen die drei Kraftwerke innerhalb der Stadt. Die Emissionen der weiteren Industriebetriebe sind von der Betriebsgröße, der Betriebsart etc. abhängig. Bedeutungsvoll für die lufthygienische Situation der Stadt Leipzig ist die Summe der Emissionen, die auch vom Aktiven Flechtenmonitoring erfaßt wird. Bei größeren Fabrikhallen und einer gedrängten Bauweise, die gerade für ältere Betriebe typisch ist, ist die Luftzirkulation stellenweise sehr eingeschränkt. Nur durch hohe Schornsteine oder Lüftungsanlagen ist es möglich, die Emissionen durch freie Luftzirkulation in andere Gebiete zu verlagern. Durch die geringere Bebauungsdichte in den neueren Industriegebieten ist ein besserer Luftmassenaustausch gegeben. Durch Produktionsrückgang bzw. -stillegung und härtere Emissionsgrenzwerte in den letzten Jahren ist eine Verminderung der Luftbelastung möglich.
- Die Besonderheiten der *Park-, Wald- und Friedhofsgelände* sowie der stehenden Gewässer liegen in dem Fehlen von Emissionen. Sehr gute Durchlüftungsverhältnisse ist bei den stehenden Gewässern gegeben, während der hohe Baumbestand der anderen Gebiete eine gewisse Filterwirkung, vor allem im Sommer, erwarten läßt.
- Das *Bahngelände* ist für die Luftzirkulation im Stadtgebiet von Leipzig bedeutend. Die langen Bahnschneisen, das Hauptbahnhofsgelände oder die großen Rangierbahnhöfe bilden ideale Strömungsbahnen für die Luftmassen. So existiert ein grobes, aber doch gleichmäßig verteiltes Netz mit guter permanenter Durchlüftung. Da aber flächenmäßig nur die Gleisanlagen des Hauptbahnhofes interessant sind, fehlen die anderen auf der Stadtstrukturtypenkarte.
- Nicht zu unterschätzen hinsichtlich der auftretenden Schadstoffausstöße ist der im gesamten Stadtgebiet ablaufende *Straßenverkehr*. Auch hier konzentriert sich die Fläche nicht auf größere Gebiete, sondern durchzieht die Stadt netzartig. Ähnlich dem Bahngelände ist bei breiteren Straßen eine gute Belüftung gegeben. Belastungsschwerpunkte können auch an großen Kreuzungen ausgemacht werden. Da aber wie beim Bahngelände bedeutende Flächen nicht aus-

gegliedert werden können und der SO_2-Ausstoß auch nicht wesentlich ist, wurden diese Verkehrstrassen nicht in die Karte der Stadtstrukturtypen mit aufgenommen.

Zusammenfassend können zwei Hauptemissionsquellen für Leipzig ausgemacht werden. Der in den Wohnungen vor 1970 dominierende Hausbrand mit Braunkohlenbriketts ist vermutlich die größte Quelle der SO_2-Emissionen im Stadtgebiet. Dabei ist der Energieeinsatz abhängig von den Wirkungsgraden der verwendeten Brennstoffe und denen der Heizungsanlage, aber auch von dem Wärmebedarf der Häuser, der wiederum vom Dämmwert der Häuser und der Regeltechnik der Heizung bestimmt wird. Durch ungünstige Wärmedämmwerte der Häuser, wie oben schon erwähnt, und fehlender optimaler Regeltechnik (durch Öffnen und Schließen der Fenster erfolgte in Neubaugebieten mit Zentralheizung die Wärmesteuerung), sowie sorglosen Umgang mit den subventionierten Brennstoffen wird der Energiebedarf einer Wohnung oder eines Betriebes deutlich erhöht. Der mittlere Wärmebedarf liegt in den alten Bundesländern bei 27.0 GJ/WE, bei fernbeheizten Wohnungen in den neuen Bundesländern bei 49.1 GJ/WE und bei einzelofenbeheizten Wohnungen sogar bei 77.9 GJ/WE. Die Industriegebiete bilden die zweite Gruppe der Hauptemissionsquellen von SO_2. Die Wahl der Flechte *Evernia prunastri* und die Methode des aktiven Flechtenmonitoring überhaupt machte mehrere Bewertungsfahrten nötig, deren Beobachtungsergebnisse im folgenden Teil kurz dargestellt werden. Die Flechtentafeln wurden vom 14.12. bis 16.12.1994 im gesamten Untersuchungsgebiet exponiert. Dieser kurze Zeitraum ermöglicht, den Fehler des Einflusses der unterschiedlichen Expositionszeit sehr gering zu halten. Die erste Bewertungsfahrt fand am 9./10.1.1995 (Abb. 2.8) statt.

Knapp einen Monat nach Ausbringen der Flechten wurden schon erste Schädigungen beobachtet. Die Flechten in den betroffenen Bereichen wiesen nur geringe Nekrosen auf, so das mit der Schadstufe 1 bewertet wurde. Zu diesem Zeitpunkt sind deshalb nur zwei Schadensklassen zu interpretieren. Im Untersuchungsgebiet sind zwei größere zusammenhängende Bereiche in den südlichen Teilen mit Anfangsschädigungen der Flechtenexemplare zu beobachten. Hierbei handelt es sich in erster Linie um die Altbaustandorte im südlichen Teil von Leipzig (Connewitz). Im Westen der Stadt befinden sich die Flechtentafeln mit der Schadstufe 1 in den Altbaustandorten, in den Industriegebieten. Aber auch Teile des Neubaugebietes Grünau oder größere Parkanlagen im südwestlichen Auenbereich (Nonne) fallen mit in diesen Bereich. Eine Differenzierung, die nur stark emittierende Stadtstrukturtypen (z.B. Altbaustandorte) unter den geschädigten Flechten erkennen läßt, ist unter den genannten Stationen im westlichen Teil nicht vorhanden. Insgesamt sind zwei Schadensklassen in Verbindung mit diesem frühen Zeitschnitt auch zu wenig, um für alle Stadtstrukturtypen optimale Vergleiche zu ziehen.

Der zweite Bewertungszeitpunkt zeigt dagegen ein wesentlich differenzierteres Schädigungsbild der Flechten. Innerhalb von nur 20 Tagen wird ein sehr hoher Grad des Vitalitätsverlustes der Flechtenexponate erreicht.

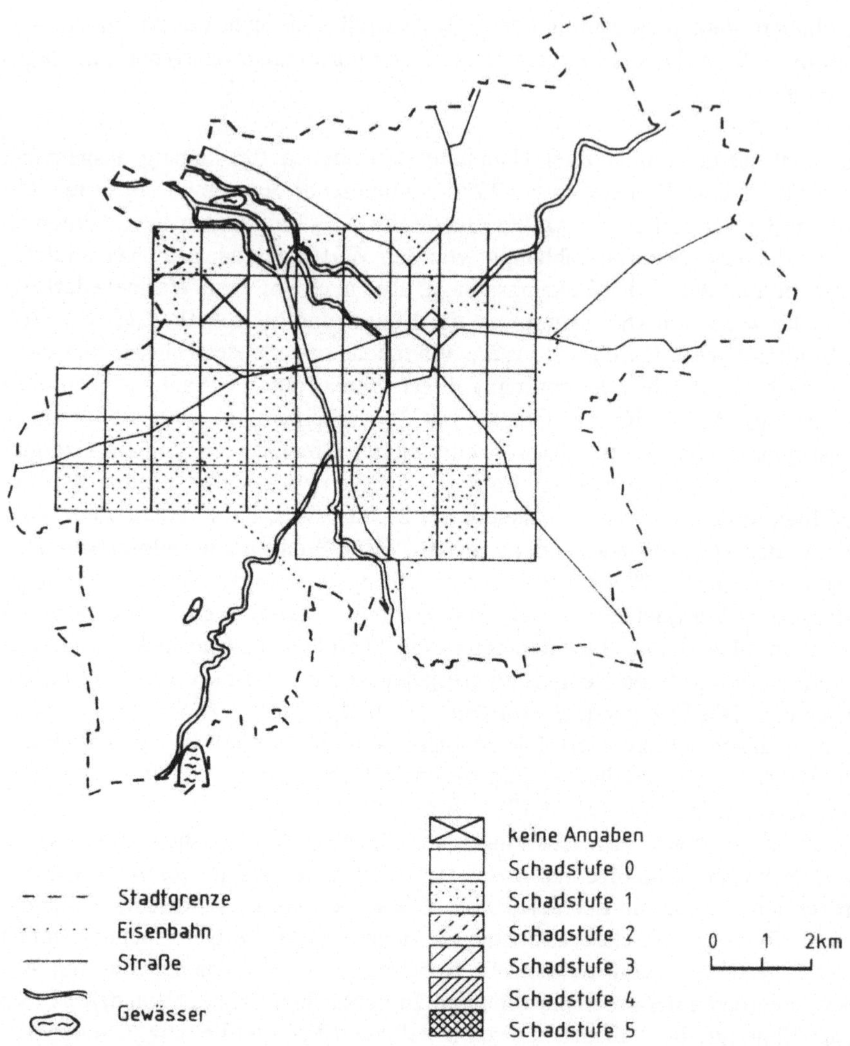

Abb. 2.8. Schadensbild der Flechten in Leipzig am 9./10.1.1995

Dabei werden alle Schadstufen von den einzelnen Stationen erfaßt. Einprägsam sind vor allem drei Stationen, deren Bewertungsergebnis die Vergabe der Schadensklasse 5 zur Folge hatte. Zwei dieser Stationen befinden sich in Altbau- und Industriegebieten im Westen der Stadt Leipzig. Die dritte Tafel mit vollständig abgestorbenen Flechten liegt ebenfalls in einem Altbaugebiet südlich vom Stadtzentrum. Nur vier Flechtentafeln wurden mit der Schadensklasse 4 bewertet. Sie sind in den Altbau- und Industriegebieten der westlichen Stadtteile zu finden. Um diese Standorte stark geschädigter Flechten gruppieren sich mehrere Stationen mit einem mittleren Schädigungsniveau, das der Schadensklasse 3 entspricht. Sie lokalisieren sich neben den schon erwähnten Altbau- und Industriegebieten auch in kleineren Parkanlagen und vor allem an Kleingartenanlagen. Im Süden vermitteln zwei Standorte zwischen der schon erwähnten Station mit vollständig abgestorbenen Flechten und dem mit der Schadensklasse 1 nur gering geschädigten Flechten des Stadtzentrums.

Die Stationen mit der Schadensklasse 2 befinden sich in den Außenbereichen des Untersuchungsgebietes und repräsentieren neben Einzelhausgebieten, Freiflächen und Neubaugebieten (Grünau) auch die zentralen Parkanlagen der Aue. Im östlichen Teil des Untersuchungsgebietes sind bis zu diesem Zeitpunkt günstigere lufthygienische Verhältnisse anzutreffen als im Westen. Deshalb besitzen viele Altbau- und Industriegebiete noch die Schadensklasse 2 in ihrer Bewertung. Die Standorte geringer Schädigung der Flechten (Schadensklasse 1) lokalisieren sich vornehmlich in den Außenbereichen des Untersuchungsgebietes. Die einzige Ausnahme bildet das Stadtzentrum, das mit einem hohen Anteil an Neubauten und einer sehr gut sanierten Altbausubstanz sich mit niedrigen Immissionen bis zu dieser Zeit auszeichnet.

Ein Streifen gleichen Schädigungsgrades setzt sich bis an den nördlichen Rand des Untersuchungsgebietes fort. Hier, aber auch im Südosten, bestimmen größere Einzelhaussiedlungen das Bild der Stadtstrukturtypen. Außerdem befinden sich Standorte mit der Schadstufe 1 in größeren Parkanlagen (Südfriedhof) und in Neubaugebieten (Grünau). Weite Verbreitung dieser Stationen ist in den stadtnahen Randbereichen der Auen zu beobachten. Die Station in der Nähe der Burgaue im Nordwesten, die Station an der Partheaue im Nordosten und die Station in der Elster-Pleiße-Aue im Süden des Untersuchungsgebietes. Zwei Stationen mit ungeschädigten Flechtenexponaten befinden sich im südlichen Auenbereich und besitzen schon zu dieser Zeit die mit Abstand günstigsten lufthygienischen Verhältnisse.

Im nächsten Zeitschnitt (vom 18.2. bis 21.2.1995) ist die Schädigungsgeschwindigkeit der Flechtenexponate noch sehr groß (Abb. 2.9). Der hohe Grad der Differenzierung der einzelnen Schadstufen konnte nicht mehr gehalten werden. Es werden nur noch Stationen mit den Schadstufen 1, 3, 4 und 5 angetroffen. Die Verbreitung von Einzelstationen hinsichtlich des Bewertungsergebnisses wird eingeschränkt und erkennbar sind vornehmlich größere Gebiete gleicher Bewertungsklassifizierung. Auffällig ist zu diesem Zeitpunkt die durchweg sehr hohe Schädigung der Flechtenexponaten im Westen der Stadt Leipzig. Den größten Anteil der Stationen mit vollständig abgestorbenen Flechten nehmen die Altbaugebiete gefolgt von den Industriegebieten ein (Lindenau und Plagwitz).

Um diesen Belastungskern schließen sich gleich große Bereiche mit Flechten, die mit der Schadstufe 4 bewertet wurden sind, an. Davon sind im nördlichen und südlichen Anschluß wieder Altbau- und Industriestandorte betroffen. Im Westen hingegen erfaßt dieser Teil mit hoch geschädigten Flechten auch Stationen am Rand von Neubaugebieten und Freiflächen, während im Osten die Flechten der Stationen in den zentralen Auenbereichen mit geringer Ausdehnung geschädigt

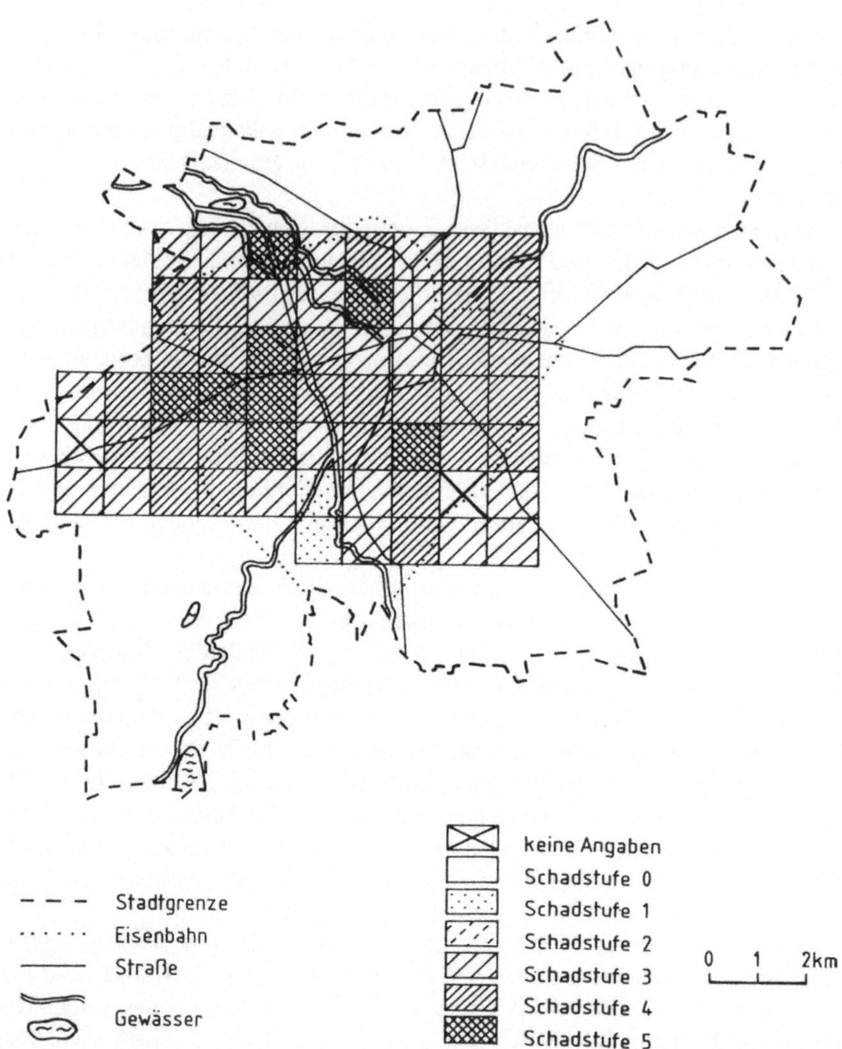

Abb. 2.9. Schadensbild der Flechten in Leipzig vom 18.2. bis 21.2.1995

wurden. Die Stationen in den Parkanlagen des zentralen Teiles der Aue bilden einen Übergang zwischen den Belastungsgebieten im Westen und Osten des Untersuchungsgebietes. Im Osten hat sich vom letzten bis zu diesem Zeitpunkt ein großes Gebiet hoher Schädigung der Flechtenexponate herausgebildet. Um die schon im vorherigen Zeitschnitt beschriebene Station mit der Schadstufe 5 sind viele Standorte hinzugekommen, die mit der Schadensklasse 4 bewertet wurden. Das betrifft vor allem die Fortsetzung in den nordöstlichen Bereich des Untersuchungsgebietes, wo sich auch der Hauptteil der Altbau- und Industriegebiete befindet. Darin ist auch die Station enthalten, die als einzige den Stadtstrukturtyp

Bahngelände in eindrucksvoller Weise repräsentiert. Die großen Gleisanlagen des Leipziger Hauptbahnhofes verzweigen sich hier zum ersten Mal in einzelne Trassen, von denen dann die Hauptstrecken abgehen. Die Ventilationsbahnen verlaufen dann in nordöstlicher und östlicher Richtung. Somit könnte nur bei Winden aus dieser Richtung niedrigere Immissionen aus der nordöstlichen Partheaue zu erwarten sein, um als Frischluft gelten zu können. Daß dies bis zu diesem Zeitpunkt nicht der Fall war, zeigt das Bewertungsergebnis der Schadstufe 4. Die Häufigkeit dieser Windrichtungen ist zudem noch sehr gering.

Die Stationen, die im vorherigen Bewertungszeitschnitt noch der Schadensklasse 2 zugeordnet wurden, weisen jetzt eine mittlere Schädigung auf (Klasse 3). Sie konzentrieren sich vornehmlich in den Randbereichen des Untersuchungsgebietes und im unmittelbaren Stadtzentrum. Sehr wichtig ist die Tatsache, daß Außenbereichen keine Stationen der Altbau- und Industriegebiete zu finden sind. Viele Einzelhaussiedlungen, größere Parks und Kleingartenanlagen und Neubaugebiete sind typische Stadtstrukturtypen dieser Stationen. Nur die zwei Auenbereiche mit ausreichender Distanz zu stark emittierenden Standorten fallen durch ihre deutlich geringere Schädigung der Flechtenexponate auf.

Der nächste Zeitschnitt am 13./14.3.1995 weist deutlich weniger Veränderungen im Wechsel der Schadensklassen auf (Abb. 2.10). Darin liegt ein Zeichen der beginnenden Stabilisierung der Vitalität der Untersuchungsflechten. Bedeutende Veränderungen vollzogen sich bei den Stationen mit hohen Schädigungen der Flechten. So vergrößerte sich das Gebiet der Schadstufe 5 im Westen der Stadt Leipzig um das Doppelte. Es werden nun erstmalig auch Parks und Kleingartenanlagen an den Rändern mit erfaßt. Das ist ganz deutlich im mittleren Auenbereich zu sehen, wo sich die schmalste Stelle zwischen dem Westen der Stadt und dem Stadtzentrum befindet (Clara-Zetkin-Park, Palmengarten).

Ganz prägnant stellt sich der Wechsel der Stationen von Schadensklasse 4 zur 5 im Nordosten des Untersuchungsgebietes dar. Es bildet ein zusammenhängendes Gebiet von bedeutender Größe. Die übrigen Stationen der Schadstufe 4 unterlagen kaum nennenswerten Änderungen, so daß auf die Interpretation des vorherigen Zeitschnittes verwiesen werden kann. Die Anzahl der Standorte der Schadstufe 3 reduzierten sich um 8 Stationen, wobei nur noch der Kern des Stadtzentrums übriggeblieben ist und einige vereinzelte Stationen an den Randbereichen des Untersuchungsgebietes mit den Stadtstrukturtypen der Einzelhäuser, Parks, Kleingartenanlagen, Neubaugebiete und Freiflächen. Die zwei Stationen des südlichen Auenbereiches repräsentieren die Schadstufe 2 und haben damit ihren großen Abstand zu den Bewertungsergebnissen der übrigen Stationen verloren, weisen aber trotzdem die günstigsten lufthygienischen Verhältnisse im Untersuchungsgebiet auf.

In den weiteren Zeitschnitten (4.4.1995, 24./25.4.1995 und 15./16.5.1995) spielen sich nur vereinzelt wichtige Veränderungen des Schadensbildes der einzelnen Flechtentafeln ab. So erhöht sich die Anzahl der Stationen mit vollständig abgestorbenen Flechten und erfaßt auch Stadtstrukturtypen mit niedrigeren Emissionen. Bei beliebiger Verlängerung des Zeitraumes des aktiven Flechtenmonitorings wür-

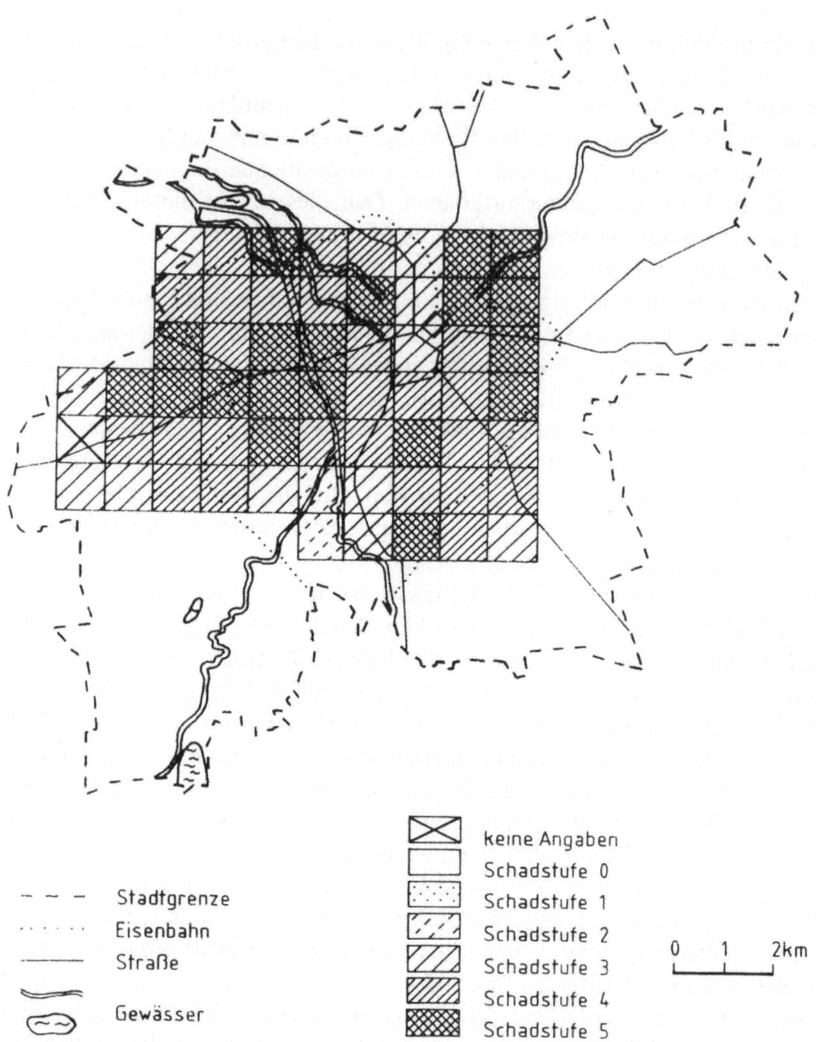

Abb. 2.10. Schadensbild der Flechten in Leipzig am 13./14.3.1995

den alle Flechten abgestorben sein und Leipzig als Flechtenwüste bestätigen. Parallel dazu reduzieren sich die Stationen mit der Schadstufe 3 erst auf 5, später auf eine Station. Die Stationen des Neubaugebietes Leipzig-Grünau und der südliche Auenbereich stellen den alleinigen Anteil in den günstigsten Schadensklassen.

Bei aktivem Biomonitoring ergibt sich immer die Frage, ob nicht allein die Versuchsanordnung oder das Verbringen an einen anderen Ort eine Schädigung hervorrufen kann. Um sicherzustellen, daß die Exposition in einer nördlicheren Gegend und das Aufkleben auf ein Holzbrett (Harz- und Terpentindämpfe) keinen Einfluß auf die Vitalität der Flechten haben, wurden jeweils drei Flechtentafeln mit je fünf Flechten an unterschiedlichen Stellen im Ostharz über den gleichen Zeitraum wie die Leipziger Exemplare ausgebracht. Die abschließende Bewertung ergab bei keinem einzigen Exemplar eine Beeinträchtigung der Vitalität. Die Versuchsanordnung als solche hat demnach keinen Einfluß auf eine Vitalitätsänderung von *Evernia prunastri.*

Die bei der Darstellung der Ergebnisse verwendeten Schadstufungen sind Mittelwerte der Vitalitätsstufen von einzelnen Flechtenexemplare je Standort. Je nach Größe und Ausgangszustand der Flechten können die indikatierten Schadstufen schon innerhalb eines Standortes je Einzelflechte voneinander abweichen. Es können also auf einer Tafel Flechten die Stufe N, N+1 oder N-1 anzeigen. Von großer Wichtigkeit ist also die Beantwortung der Frage, ob die Mittelwerte und ihre Standardabweichungen an einem Standort eine saubere (überschneidungsfreie) Trennung zu anderen Schadstufen zulassen.

Die Lösung des oben erwähnten Problems soll zwei Fragen beantworten, die innig miteinander korrespondieren. Die erste Frage besteht darin, ob wirklich quantitative Unterschiede zwischen dem „astweisen" Absterben der Flechten von außen nach innen bestehen oder ob größere Schädigungsbilder zur Differenzierung gewählt werden müssen. Damit ist die zweite Frage angerissen, nämlich ob sechs Schadstufen ausgegliedert werden können oder ob eine größere Differenzierung der Luftbelastung vorgenommen werden muß.

Für jede Tafel wurde also die Standardabweichung der Schadstufen der Einzelexemplare berechnet und zwar mit folgendem Resultat: 11×0.0, 30×0.47, 4×0.67 und 2×0.9. Die mittlere Standardabweichung beträgt somit 0.37. Bei einem Abstand der Schadstufen untereinander von eins ergibt sich also im Durchschnitt eine Schadstufenzuordnung mit $S = N + 0.37$ oder $S = N - 0.37$. Die Intervalle der Stufen betragen: 0-0.37, 0.63-1.37, 1.63-2.37, 2.63-3.37, 3.63-4.37 und 4.63-5. Rein statistisch gesehen ist also eine Durchdringung unterschiedlicher Schadstufen an einem Standort ausgeschlossen und eine Trennung (Differenzierung) der Vitalitätszustände in sechs Klassen korrekt abgesichert.

Wie in der Darstellung der Ergebnisse schon gezeigt, ermöglicht der gewählte Rhythmus der Bewertung der Vitalität eine Zustandskartierung zwischen „voll vital" und „Flechtenwüste". Diese beiden Zeitschnitte sind maximal ungeeignet für eine optimal differenzierte Bewertung der Luftbelastung, es muß demnach ein Zeitschnitt dazwischen gewählt werden. Zur Auswahl dieses Zeitschnittes müssen die Histogramme der Vitalitätsstufen zum jeweiligen Zeitpunkt herangezogen werden, sie sind in Abbildung 2.11 dargestellt.

Zum Zeitpunkt 1, der Kontrollfahrt nach 3 Wochen Expositionszeit, sind wie erwartet noch fast alle Flechten voll vital. Es wird der geochemische Zustand des Herkunftsgebietes und nicht der des jetzigen Standortes angezeigt. Das Histogramm ist sehr deutlich rechtsschief, was auf eine „negative" geochemische Anomalie hinweist oder auf eine beginnende Belastung des Indikators hindeutet.

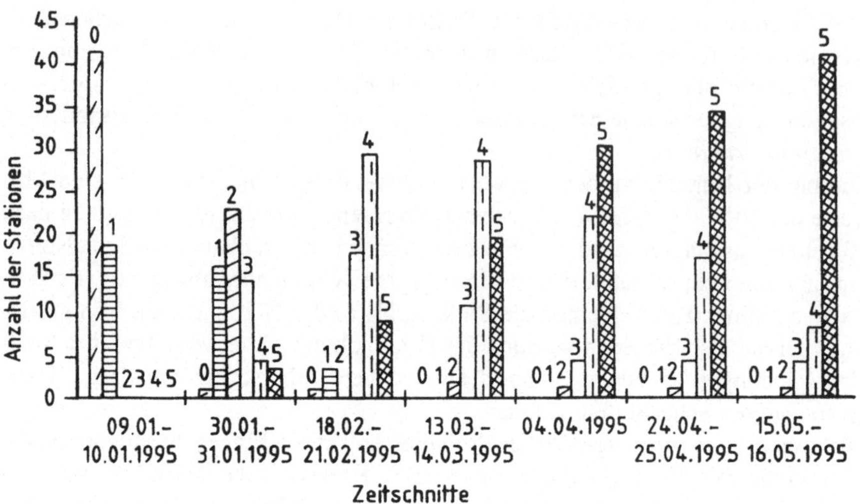

Abb. 2.11. Häufigkeiten der einzelnen Schadensklassen des aktiven Flechtenmonitoring im Winterhalbjahr 1994/95 in Leipzig

Der 2. Zeitpunkt zeigt deutlich das Bild eines geochemischen Normalzustandes, eine leichte Rechtsverschiebung in den Bereich der unbelasteten Proben oder Indikatoren hinein. Es ist das Bild der Verteilung chemischer Zustände in unbelasteten Gebieten, in der auf einer Rauschebene unterschiedliche Konzentrationen gemessen werden können. Während die Belastung im Herkunftsgebiet der Flechten unter ihrem „Meßbereich" lag, wird in Leipzig ein differenzierter Zustand der Luftbelastung angezeigt, zum Zeitpunkt 2 jedoch noch nicht als Anomalie. Der Mittelwert der Belastungszustände würde bei einer Gaußschen Normalverteilung bei einer Einteilung der Vitalitätsstufen von 0 bis 5 bei 2.5 liegen. Dieser Mittelwert der Normalverteilung wird bei geochemischen Messungen in unbelasteten Gebieten nicht erreicht, er liegt entsprechend der Rechtsschiefe immer ein wenig darunter, im Falle des Zeitpunktes 2 ist er mit 2.24 um 0.26 niedriger.

Mit einer Zunahme der Belastung (oder einer neu auftretenden Belastung) verschiebt sich das Histogramm logischerweise nach rechts (es wird linksschief), da bei gleicher Einteilung der Klassen durch die Belastungszunahme die Anzahl der Proben bzw. Indikatoren mit höheren Belastungszuständen zunehmen und nur zunehmen. Ein Auffüllen der Klassen mit weniger belasteten Proben ist nicht möglich. Es kommt sogar meist vor, daß neue Klassen mit hoch belasteten Proben auftreten. Im Falle des aktiven Flechtenmonitoring ist mit dem vollständigen Absterben der Flechten und der Zuordnung zur Schadstufe 5 der Bildung neuer Klassen - etwa Stufe 6 oder 7 - ein biologisches/methodisches Ende gesetzt. Dieser Zustand der Linksschiefe ist mit dem Zeitpunkt 3 erreicht. Allerdings hat die Anzahl der Klassen noch keine Stabilität gefunden, die eine Einstellung auf das neue chemische Emissionsfeld anzeigt.

Zum Zeitpunkt 4 sind die hohen Vitalitätsstufen 0 und 1 gänzlich verschwunden. Der Zustand der Klassenstabilität und damit des Einstellens auf die neuen Umweltbedingungen wird ab dem 4. Zeitpunkt erreicht, bis zum Ende der Expositionszeit bleiben die Klassen der Schadstufen 2, 3, 4 und 5 bestehen. Somit bedeutet der Zeitpunkt 4 die erstmalige Anzeige (Indikation) des neuen geochemischen Zustandes und somit die bestmögliche oder optimale Differenzierung der Luftqualität im Untersuchungsgebiet. Die weiteren Zeitpunkte streben in ihrer Anzeige gegen 5, da Leipzig von seinem geochemischen Grundzustand aus ja eigentliche eine Flechtenwüste darstellt, zumindest für die verwendete Flechtenart. Diese Zeitschnitte sind mit fortschreitender Zeit für eine Darstellung des Resultates des Flechtenmonitoring immer weniger geeignet.

Zeitpunkt 4 ist also am besten für eine differenzierte Darstellung des Gebietes der Stadt Leipzig bezüglich der Luftbelastung mit SO_2 geeignet, da er den optimalen (nicht maximalen!) Differenzierungsgrad der Vitalität der Flechten im Untersuchungsgebiet aufweist. Das Bild der Belastung zum Zeitpunkt 4 ist in Abbildung 2.10 dargestellt und soll zur Beantwortung der Frage genutzt werden, ob ein Zusammenhang zwischen den Vitalitätsstufen der Flechten und den Stadtstrukturtypen besteht.

Bei einem Mittelwert der Belastung von 4.04 muß grundsätzlich von einem sehr hohen Rauschwert der Schwefeldioxidbelastung ausgegangen werden. Der Rauschwert bezeichnet den Sockel, auf dem sich die Anomalien entweder positiv als „Berg" erheben oder unter den sie negativ als „Tal" absinken. Dabei ist der Rauschwert immer kleiner als der Mittelwert. Der Rauschwert ist definiert als Mittelwert des als unbelastet angenommenen Geosystems. Im betrachteten Falle entspricht er demnach dem Mittelwert des Zeitpunktes 2 mit 2.24. D.h. daß Schadensgebiete mit einer Belastungsstufe kleiner 2 theoretisch nicht auftreten können, sie würden in der Grundbelastung des Gebietes, also der Stadt Leipzig untergehen, im Rauschen verschwinden.

Genau diesen Fakt spiegelt Abbildung 2.10 wider. Hier tritt als geringste Belastungsstufe die 2. auf, die erwartungsgemäß im südlichen Auenbereich liegt. Im Stadtstrukturtyp „Wald" streuen die Belastungswerte von 2 bis 5, die 5 wird in unmittelbarer Nachbarschaft zu Altbaugebieten im Bereich der nördlichen Elsteraue erreicht, Dominierend zeigen die im „Wald" exponierten Flechten jedoch eine Vitalitätsstufe von 3 an, der Mittelwert für diesen Stadtstrukturtyp ist 3.4. Ähnliches ist für die Neubaugebiete zu verzeichnen, wozu von der Emissionsstruktur eigentlich auch die Leipziger City zu zählen ist. Mit einem Belastungsmittel von 3.5 liegen die Neubaugebiete nur unwesentlich über der Belastung der Waldgebiete. Ebenso gering belastet sind die Strukturtypen Freifläche (Acker), Park und Friedhof. Auch hier treten in unmittelbarer Nachbarschaft zwar Belastungsstufen bis zur 5 auf, der Mittelwert beträgt jedoch nur 3.5.

Einen in seiner Belastung recht einheitlichen Stadtstrukturtyp stellen die Einzelhaus- und Villensiedlungen dar. Hier erreichen die Vitalitätsstufen der Flechten 3 oder 4, im Mittel 3.7. Eine ähnlich hohe Belastung zeigen überraschend die Kleingartenanlagen, hier scheinen sich jedoch deutlich die städtischen Nachbarschaften auszuwirken, oft Altbau- und Industriegebiete. Der mittlere Belastungszustand beträgt 4.

Belastungszustände über 4 weisen alle übrigen Stadtstrukturtypen auf. Besonders auffällig ist der Leipziger Osten mit einem dichten Mosaik von Industrie, Altbau und Bahngelände, hier zeichnet sich ein Areal der höchsten Belastung ab. Ähnlich deutlich hebt sich diese Konfiguration auch im Westen Leipzigs heraus. Auch die Altneubaugebiete zeigen mit 4.5 im Mittel eine erwartet hohe Belastung. Dieses Belastungsmittel stellt zugleich das Maximum bezüglich aller Stadtstrukturtypen dar.

Da die Vitalitätszustände der Flechten eine Unterteilung in vier Schadensklassen erlauben, soll versucht werden, die Stadtstrukturtypen in entsprechende Gruppen zusammenzufassen. Da die Schadstufe 2 jedoch nur durch 2 Stationen belegt ist, soll sie der nächst schlechteren, der 3 also, zugeordnet werden. Die ersten Gruppen bilden die Strukturtypen Acker, Wald-Park-Friedhof und die Neubaugebiete mit einem Mittelwert der Belastung unter 3.5. Einen Belastungswert zwischen 3.5 und kleiner bzw. gleich 4 weisen die Stadtstrukturtypen Einzelhausbebauung und Kleingärten auf. Die Gruppe Industrie, Altbau und Altneubau zeigen mit Mittelwerten über 4 die schlechtesten lufthygienischen Werte.

Von Interesse ist auch, in wieweit Temperaturverlauf und Entwicklung der Schadensbilder der Flechten zusammenhängen. In Abbildung 2.12 ist einerseits der Mittelwert der Schadstufen der Flechten dargestellt, andererseits der Gang der Tagesmitteltemperatur im Expositionszeitraum.

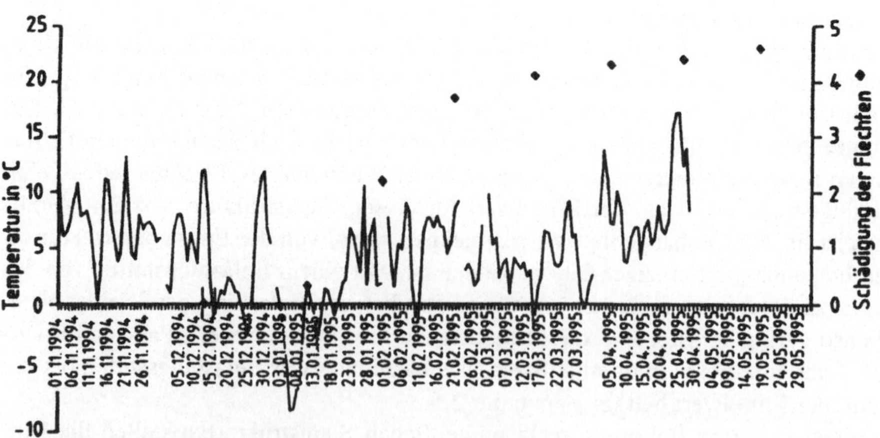

Abb. 2.12. Tagesmitteltemperatur (Linie) und Mittelwert der Schädigung der Flechten (Rombus) im Verlauf der Exposition 1994 - 1995

Nach ihrer Exposition am 14.12.94 bis zur ersten Bewertungsfahrt zeigen die Flechten nur eine geringe Schädigung. Die deutliche Verschlechterung zum zweiten Beobachtungszeitpunkt scheint, selbstverständlich zeitverzögert, mit der Kälteperiode in den ersten beiden Januardekaden im Zusammenhang zu stehen. Auch der Zeitpunkt Mitte Februar weist eine weitere deutliche Schädigung auf, wiederum nachdem die Temperaturen unter den Gefrierpunkt gefallen waren. Als eine Interpretation bietet sich an, über die Temperatur auf das Heizverhalten und damit die Schwefeldioxid-emission zu schließen. Niedrige Temperaturen fordern höhere Heizleistung und damit eine Steigerung der SO_2-Konzentration in der Luft. Nachdem die Temperatur wieder anstieg, im Winter meist verbunden mit höherer Luftfeuchtigkeit, „schwingt" das intensivere Heizen noch etwas nach. (Ähnliches ist im Bekleidungsverhalten zu sehen, im Frühjahr wird bei Temperaturen noch Winterkleidung getragen, bei denen im Herbst noch die Sommerkleidung ausreicht.) Auf diese Weise sind höhere Luftfeuchte und höhere SO_2-Konzentration nach einer Kälteperiode die Ursache für ein schnelleres Absterben der Flechten.

2.2 Niederschlag und Aerosole

Die Belastung der Luft mit Schadstoffen und ihre Verfrachtung durch Aerosole und Niederschläge kann natürlich nicht nur durch biologische Objekte angezeigt werden, sondern ist auch durch die Untersuchung dieser Aerosole und Niederschläge direkt bestimmbar. Viele Bezeichnungen aus dem alltäglichen Sprachgebrauch weisen drauf hin, daß Erscheinungen in der Atmosphäre zu deren chemischer Bewertung herangezogen werden können. Mit dem Begriff „Saurer Regen" kann heute wohl jeder etwas anfangen, er bezeichnet Niederschlag, der durch anthropogene Belastung mit Säurebildnern in der Biosphäre, aber auch an technischen Objekten zu Schäden führt. Selbst zu neuen Wortschöpfungen hat die chemische Bearbeitung (Wertung) atmosphärischer Erscheinungen geführt, so zum Beispiel zum Wort „smog", zusammengesetzt aus „smoke" (Rauch) und „fog" (Nebel). Berühmt-berüchtigt für dieses Gemisch aus Rauch, Schwefeldioxid und Wassertröpfchen in der Atmosphäre war London. Die dichte undurchsichtige „Masse" bot so manchem Verbrecher (zumindest bei Edgar Wallace) Deckung bei seinem gesetzwidrigen Gewerbe.

Die Untersuchung der atmosphärischen Erscheinung direkt hat den Vorteil, daß konkrete Größen in dem Medium gemessen werden, in dem die meisten Schadstoffe, die ein Ökosystem belasten können, auch transportiert werden. Ein Nachteil besteht darin, daß zwar das untersuchte Objekt natürlich ist, zur Parametergewinnung und Sammlung (Gewinnung, Kollektionierung) der Objekte hingegen technisches Gerät benötigt wird. Eine Ausnahme bildet hier die Schneedecke, aus der sehr leicht Proben gewonnen werden können. Bei der Untersuchung von Niederschlägen ist weniger deren Natur als Wasseraggregatzustand von Interesse, sondern die an dieses Wasser oder Eis gebundenen Aerosole.

Als Aerosole werden feste und flüssige Teilchen bezeichnet, die in der Atmosphäre dispergiert sind. Hierbei treten sowohl anthropogene wie auch natürliche Quellen in Erscheinung, die ganz unterschiedlicher Natur sein können. Als Beispiel soll Schwefel in seinen verschiedenen Oxidationsstufen betrachtet werden. Schwefel ist mit 0.052 Massenprozent ein recht häufiges Element der Erdkruste, er steht an 13. Stelle der Elementehäufigkeit (BREUER 1990).

In Kreislauf gebracht (und damit landschaftsgeochemisch relevant) wird Schwefel anorganisch, organisch und technisch. Anorganische Quellen sind im wesentlichen Vulkanismus und das Meerwasser. Vulkanisch emittierter Schwefel tritt entweder als Schwefeldioxid oder als Schwefelwasserstoff an die Erdoberfläche, durch Oxidation kann es aber auch zur Bildung von gediegenem Schwefel kommen. Heiße Quellen mit Schwefelwasserstoff sind an ihrem typischen Geruch nach faulen Eiern zu erkennen. Pro Jahr gelangen auf diesem Pfad 10^7 Tonnen Schwefel an die Erdoberfläche. Gelöst und in das Meer transportiert steht Schwefel hier erneut als landschaftsgeochemisch wichtiger Stoff zur Verfügung. Mit dem Wasser gelangen auch die im Meer gelösten Salze erneut in einen Kreislauf, werden auf die Kontinente verfrachtet und gelangen zurück ins Meer. Durch diesen Kreislauf gelangen pro Jahr etwa 5×10^7 Tonnen Schwefel in die Umwelt (RJABTSCHIKOW 1980).

Schwefel spielt auch bei Organismen eine bedeutende Rolle. Er ist Bestandteil der Aminosäuren Cystein und Methionin und sorgt unter anderem durch seine Eigenschaft als Brückenbindung aufzutreten (-S-S-) für eine Verknäulung der großen organischen Moleküle. Schwefel wird als Sulfation aufgenommen und zu S^{2-} im Organismus reduziert. Schwefelbakterien nutzen Sulfate auch im anaeroben Milieu zur Gewinnung von Sauerstoff unter Bildung von Schwefelwasserstoff. Auf diese Weise werden jährlich 10×10^7 Tonnen Schwefel von den Organismen in Kreislauf gebracht. Diese enge Bindung von Schwefel an organische Substanz spielt in der anthropogenen Emission eine erhebliche Rolle.

Schwefel ist einer der fünf Basisrohstoffe der chemischen Industrie, neben Salz, Kalk, Kohle und Öl. Etwa 85 % des Schwefels wird als Schwefelsäure genutzt, 10 % werden für Vulkanisation, die Produktion von Zündhölzern - früher Schwefelhölzern -, Farben und Fungiziden benötigt. Von den jährlich in der Wirtschaft genutzten 5×10^7 Tonnen Schwefel entstammt etwa die Hälfte Lagerstätten gediegenen Schwefels, ein Viertel Erdgas und Erdöl und ein weiteres Viertel den Röstgasen, die bei der Verhüttung von Metallsulfiden (MeS) anfallen. Ein weitaus größerer Teil gelangt eher „ungewollt" in die Umwelt, zumeist als das Schadgas SO_2. Jährlich werden 10×10^7 Tonnen Schwefel von der Industrie in die Atmosphäre emittiert. Die Energiewirtschaft ist davon zu 63 % beteiligt (Verbrennung fossiler organischer Substanz), Industrie und Verkehr zu 27 % und zu 9 % die Kleinverbraucher (Hausbrand). In Tabelle 2.6 ist eine Zusammenfassung der jährlichen Schwefelemission dargestellt.

Tabelle 2.6. Schwefelemission aus verschiedenen Quellen (Quelle: RJABTSHIKOW 1980)

Quelle	Menge in t pro a	Anteil
hydrogen (Meerwasser)	5×10^7	20 %
vulkanogen (Vulkane, Quellen)	1×10^7	5 %
biogen	10×10^7	38 %
anthropogen	10×10^7	38 %

Bemerkenswert ist, daß die Unterart *homo sapiens sapiens* genau soviel Schwefel in Kreislauf bringt wie alle anderen Organismen zusammengenommen.

Luftbestandteile entstehen also auf natürlichen und anthropogenen Wegen und in verschiedenen Formen, fest, flüssig und gasförmig. Die atmosphärischen Teilchen lassen sich wie folgt zusammenfassen: Aerosole, Nebeltröpfchen, Regentröpfchen (Schneeflocken) und Staub. Die entscheidende Größe zur Beschreibung eines Aerosols oder Staubkornes ist sein Durchmesser. Von ihm hängt insbesondere Diffusion, Sedimentation, optische Eigenschaften und Aerosolwachstum ab. So haben Luftpartikel einer Größe zwischen 0.1 und 1 µm eine horizontale Reichweite bis 8000 km und können dabei in über 10 km Höhe aufsteigen, ein Staubkorn (100 µm) sinkt schon nach 8 km zu Boden.

Zur Erdoberfläche gelangen die Luftteilchen durch Sedimentation, Auswaschung oder durch Ausregnung. Zur Sedimentation gelangen im wesentlichen Grobaerosole (> 1 µm), welche kaum physikalischen oder chemischen Veränderungen unterliegen, sondern direkt als Bodenstaub, industrieller Staub, Seespray, biologischer Staub (Pollen etc.) und vulkanischer Staub freigesetzt werden. Wegen ihrer großen Masse sedimentieren diese Grobaerosole im allgemeinen schnell auf den Boden zurück. Werden die Partikel im Nebel, Regen oder Schnee inkorporiert, bilden sie also die Kondensationskerne der Wassertröpfchen bzw. Eiskristalle, so wird vom Ausregnen gesprochen. Werden dabei freie Partikel aus der Luftsäule, die sich unter dem Niederschlagsobjekt (Regentropfen, Schneeflocke) akkumuliert und mit zu Boden getragen, so handelt es sich um Auswaschung.

Neben der Größe und damit Transportierbarkeit sind die chemischen Eigenschaften von Luftpartikeln von Bedeutung. In industriell emittierten Partikeln werden praktisch alle chemischen Elemente gefunden. Im städtischen Aerosol dominieren Sulfat (SO_4^{2-})und Nitrat (NO_3^-), typische Produkte von Verbrennungsprozessen. Des weiteren sind in hohen Konzentrationen Silizium (Quarz, Sandstein etc.) und Calcium zu finden. Kalk als Baumaterial ist ja in Europa häufig verbreitet. Auch Blei ist ein bedeutendes Element für urbane Stäube.

Abbildung 2.13 zeigt zusammenfassend Emission, Transmission und Immission von Luftpartikeln.

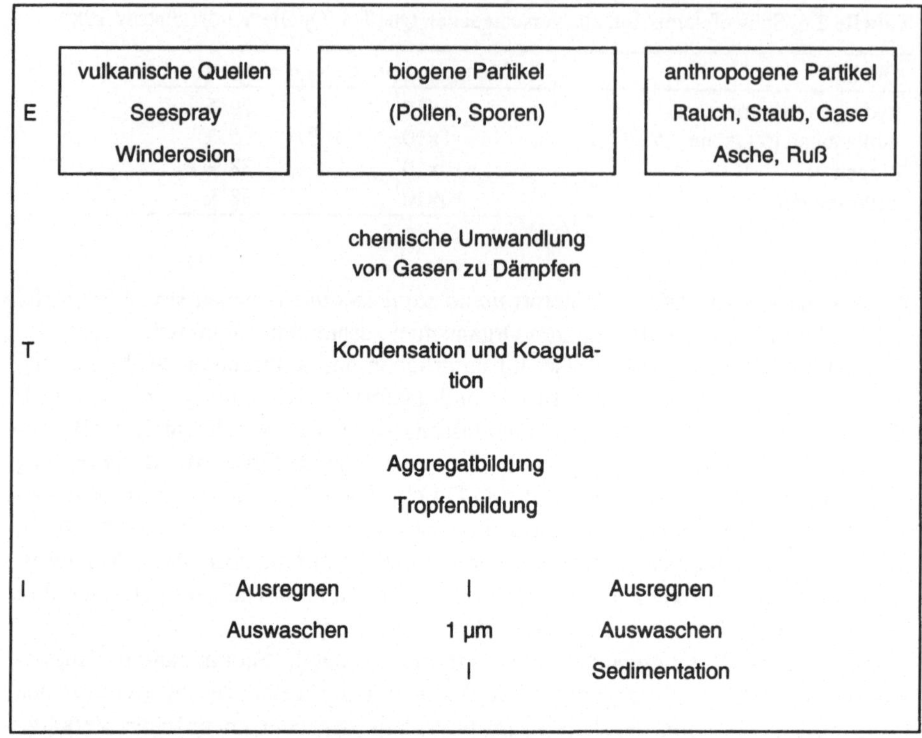

Abb. 2.13. Quellen, Reaktionen und Senken von Luftpartikeln

2.2.1 Wassergebundene Luftpartikel

Unter wassergebundenen Luftpartikeln sind solche zu verstehen, die durch Regen oder Schnee auf die Erdoberfläche gelangen. Im Regenwasser sind also Partikel zu finden, die durch Ausregnen und durch Auswaschen aus der Luft ausgespült werden, beim Schnee kommen noch die durch Sedimentation gesenkten Partikel hinzu, die auf die Schneedecke niedergehen. Das bedeutet, daß die Herkunft der Partikel sehr unterschiedlich ist, Emissionsfeld und Immissionsfeld sehr weit auseinander liegen können. Die Frage nach dem „woher" der Partikel und somit die Frage nach dem „woher" der Belastung kann nicht immer beantwortet werden.

Die Luft verliert ihre Schwermetallast entweder über die Kondensationskerne oder über eine Auswaschung der Atmosphäre, wenn Niederschlag fällt. Dazu muß es erst zur Wolkenbildung kommen. Die zur Wolkenbildung notwendige Sättigung der Luft mit Wasserdampf wird durch Abkühlung feuchtigkeitshaltiger Luft auf bzw. unter den Taupunkt erreicht. Diese Abkühlung kann auf verschiedene Weise vor sich gehen, so daß mehrere Vorgänge zu unterscheiden sind, die zur Bildung von Wolken führen. Es sind zu unterscheiden die Abkühlung durch Anstrahlung, die Abkühlung an einer kalten Unterlage, die Mischung kalter und warmer Luft und die Abkühlung durch Ausdehnung der Luft.

Die genannten vier Vorgänge der Abkühlung führen zwar sämtlich zur Kondensation, doch sind die Ergebnisse im einzelnen verschieden. Die drei erstgenannten Vorgänge beeinflussen im wesentlichen die bodennahe Luft, so daß sie Nebelbildung zur Folge haben. Sofern es zum Niederschlag kommt, haben diese Nebel für uns eine Bedeutung. Erfolgt die Abkühlung durch Ausstrahlung, so kühlt eine örtlich fixierte Luftmasse ab, die ihre chemischen Inhaltstoffe weitgehend durch Emittenten dieses Ortes bzw. Raumes erhalten hat, Emissionsfeld und Immissionsfeld sind also räumlich ähnlich.

Die anderen Nebelarten haben eine Luftbewegung zur Voraussetzung, d.h. die Schadstoffe, die mit ausgetragen werden, sind nicht am Immissionsort entstanden. Da die den Nebel bildenden Luftmassen aus verschiedenen Gegenden stammen können, charakterisiert seine chemische Zusammensetzung nur die Luftmassen für den gegebenen Moment. D.h. mit anderen Worten, sollte in einem solchen Advektionsnebel eine besonders hohe Konzentration eines Stoffes gefunden werden, so kann nicht gesagt werden, daß die Luftmassen über dem entsprechenden Ort immer so hoch mit diesem Stoff belastet sind.

Anders ist das, wenn die Nebelbildung durch das Vorhandensein einer großen Zahl von Kondensationskernen bewirkt wird. Dieser Faktor ist gerade über Großstädten und Industriegebieten durch Staub und Abgase gegeben. Gesellt sich nun ein anderer nebelbildender Faktor hinzu, kommt es zur Bildung der unangenehmen Großstadtnebel, für die ja besonders London berühmt gewesen ist. Die Kondensationskerne des Londoner Nebels waren die Ruß- und Rauchpartikel aus dem Hausbrand und der Industrie, die warme, feuchte Luft über der Themse vermischte sich mit der kühleren Luft des Festlandes, es entstand Nebel. In den Wassertröpfchen löste sich das ebenfalls durch den Hausbrand emittierte Schwefeldioxid, der Schwefel oxidierte zum Sulfidion, es entstand schweflige Säure. Sehr viele Emissionen werden jedoch - gerade in jüngster Zeit - in die oberen, also nicht bodennahen Luftschichten emittiert. Hierbei spielt sowohl die Schornsteinhöhe wie auch die Austrittstemperatur, genauer der Temperaturunterschied zwischen Abluft und der sie umgebenden Luftmasse eine große Rolle.

Besonders wichtig für das Problem ist demnach der vierte der vorne genannten Abkühlungsvorgänge. Er ist außerdem für die Bildung der meisten Wolken und somit auch meistens Niederschläge maßgebend: die Abkühlung der Luft bei Ausdehnung. Da die für die Ausdehnung nötige rasche Druckabnahme nur bei zunehmender Entfernung vom Erdboden gegeben ist, steht die Wolkenbildung in engem Zusammenhang mit aufwärts gerichteten Luftströmungen. Hierbei ist von Bedeutung, daß zu dieser aufwärtsgerichteten Luftströmung, also der vertikalen Bewegung, zumeist eine horizontale Bewegung nötig ist, also eine Bewegung der Luftmassen aus einem Raum in einen anderen. D.h. es kommt nicht über dem Raum zur Wolkenbildung und zum Niederschlag, über dem die Luftmassen kontaminiert wurden, sondern der Niederschlag fällt in einem anderen Gebiet. Stößt eine warme Luftmasse gegen eine kältere Luftmasse, so bildet sich eine Warmfront. Da die vordringende Warmluft relativ leichter ist als die vor ihr befindliche Kaltluft, gleitet die Warmluft auf die Kaltluft auf. Diese Aufgleitfläche wird als Warmfront bezeichnet. Da die Hebung der Warmluft mit Abkühlung verbunden ist, kommt es zur Bildung von Wolken und zu Niederschlägen.

Die chemischen Inhaltsstoffe dieser Niederschläge können ihren Ursprung in Gebieten haben, die Hunderte Kilometer vom Orte ihrer Wirksamwerdung emittiert wurden. Auch wenn eine Kaltluftmasse gegen eine Warmluftmasse vordringt, kommt es zur Wolkenbildung. Beim Vordringen kalter gegen warme Luft schiebt sich die Kaltluft infolge ihrer Dichte unter die Warmluft, wodurch diese nach oben verdrängt wird. Außerdem kann aber infolge der mit der Höhe zunehmenden Windgeschwindigkeit dort Kaltluft vorauseilen und in die vorhandene Warmluft einbrechen. Auch hier kommt es zur Wolkenbildung und zum Abregnen, die Kondensationskerne stammen aus weit entfernt liegenden Gebieten. Andererseits erfolgt aber eine Auswaschung der Staubpartikel aus den Luftmassen, die tatsächlich über dem Gebiet gebildet werden und aus ihm seine Schadstofflast erhalten haben.

Der chemische Zustand von Niederschlag bildet sich also aus den Inhaltsstoffen zumindest zweier verschiedener Luftmassen, die über verschiedenen Territorien gebildet wurden. Dabei ist das Eigenterritorium natürlich innert, das Fremdterritorium oder Fremdschadstoffbelastung kann jedoch wechseln, je nachdem woher die entsprechende Luftmasse kommt.

Schnee als Indikator

Schnee kann, im Gegensatz zu Regen, in zweierlei Form als Probe genommen werden, als Einzelereignis oder als Probe aus der Schneedecke. Dabei ist die Summe der chemischen Inhalte der einzelnen Niederschläge nicht gleich dem chemischen Zustand der Schneedecke, die sich in diesem Zeitraum gebildet hat. Mit anderen Worten, es ist etwas anderes, ob die Schneeproben nach jedem Schneefall gesammelt, analysiert und die Analysedaten aufsummiert werden zur Betrachtung oder ob eine Probe aus der Schneedecke entnommen wird. Auf die Besonderheiten der Prozesse bei der Bildung der Schneedecke soll im folgenden eingegangen werden.

Erstens wird natürlich der chemische Zustand der Schneedecke bestimmt durch die chemische Zusammensetzung des Schnees als Niederschlag. Es geht ja auch gerade darum, den Eintrag aus verschiedenen Gebieten, den Ferneintrag also, mit zu berücksichtigen und nicht nur den Eintrag aus einer zufälligen Richtung aufzuzeichnen. Zweitens wird der chemische Zustand der Schneedecke bestimmt durch die Aufnahme von Gasen aus der Luft und die Abgabe von Gasen in die Luft; Schneedecke und Luft haben also einen Gasaustausch. Dieser Fakt ist um so bemerkenswerter, als ja gerade im Winter die Schwefeldioxidemission besonders groß ist und ihre Verbreitung quantitativ und qualitativ eines der wichtigsten Objekte jeden Umweltmonitorings darstellt. Drittens werden nicht nur Gase aus der Luft aufgenommen, sondern vor allem durch Sublimationsprozesse auch in Lösung befindliche Stoffe, die z.B. in Nebeltröpfchen gelöst sind oder deren Kondensationskerne bilden. Da Nebelbildung ja in lokal chemisch beeinflußten Luftmassen vor sich geht, wird der lokale, also inerte chemische Zustand der Luftmassen über dem Gebiet besser oder verstärkt gegenüber dem Fremdeintrag indikatiert.

Viertens hat die Schneedecke auch mit dem Boden und der Pflanzendecke Kontakt, die sie chemisch beeinflussen. So kann gerade bei Beginn der Schneedeckenbildung, also bei den ersten Schneefällen, eine Vermischung von Schnee und Boden sowie Pflanzenteilchen vor sich gehen, besonders dann, wenn die Schneefälle von starken Winden begleitet werden. Aufgewirbelte Bodenteilchen finden sich dann in den ersten Zentimetern der Schneedecke, vom Boden aus gesehen. Die Schneedecke ist fünftens einem ständigen, permanenten Staubeintrag ausgesetzt. Dieser Staub ist sowohl natürlicher wie anthropogener Herkunft. Da vor allem große Partikel in unmittelbarer Nähe des Emittenten auf den Boden wirken, zeichnet sich vor allem die Staubfracht besonders gut in der Schneedecke ab. Dieser Eintrag ist so deutlich, daß er mit bloßem Auge erkennbar ist, der Schnee wirkt „schmutzig“.

Aus dem oben Gesagten folgt also: je länger eine Schneedecke liegt, je länger sie exponiert ist, um so stärker unterscheidet sich ihr chemischer Zustand den sie bildenden einzelnen Schneeniederschlägen in ihrer Summe. Auf diese Weise stellt die Schneedecke einen natürlichen flächendeckenden Sammelplatz derjenigen Schadstoffe dar, die aus der Atmosphäre auf die Erdoberfläche gelangen, und zwar in Form von Niederschlägen und Stäuben. Die in der Schneedecke akkumulierten Schadstoffe charakterisieren die Primärbelastung der Atmosphäre selbst und außerdem die Sekundärstruktur der Böden und Gewässer. Unter Nutzung der Schneedecke als Indikator ist es also möglich, die räumliche und zeitliche (nämlich Jahr für Jahr) Belastung der Atmosphäre zu indikatieren, die Hauptverursacher zu bestimmen und die Maßnahmen für Veränderungen abzuleiten und die Wirksamkeit der Maßnahmen schon nach einem Jahr zu prüfen. Gerade dieser letzte Aspekt ist von besonderer Bedeutung.

Wie aus dem bisher Besprochenen folgt, hängt das Niveau oder der Grad der Belastung der Schneedecke unter anderem von der Expositionszeit ab, anders formuliert, von der Existenzdauer der Schneedecke. Diese Dauer ist aber bestimmt vom konkreten Witterungsverlauf. So verschieben sich von Jahr zu Jahr sowohl der Zeitpunkt der Bildung einer beständigen Schneedecke wie auch der Zeitpunkt des Abtauens derselben. Jahr für Jahr hat also der Indikator eine vom Nutzer unabhängige unterschiedliche Expositionszeit, gesteuert über den physikalischen Luftparameter Temperatur.

Die Temperatur bestimmt aber nicht nur die Expositionsdauer der permanenten Schneedecke sondern auch Tauperioden, während deren die Schneedecke zwar nicht gänzlich schmilzt, aber doch um einige Prozent Wassergehalt verlieren kann. In Untersuchungsräumen mit ausgeprägtem Mikroklima können diese Tauperioden in unterschiedlicher Häufigkeit und unterschiedlicher Intensität auftreten. Das Problem soll am Beispiel urbaner Systeme erläutert werden. Die Lufttemperatur ist in Städten (zumindest in gemäßigten und kalten Klimazonen) meist höher als außerhalb der Stadt. So beträgt die Jahresmitteltemperatur in einem Transsekt vom Stadtrand zur Stadtmitte in Halle 10.05°C (Lettin), 10.21°C (Kröllwitz), 10.26°C

(Paulusviertel) und 10.39°C (Innenstadt) (eigene Messungen 1992-1995). In Tabelle 2.7 sind die Monatsmittelwerte für Winter/Frühjahr 1994 aufgelistet. Dabei wies die Station in Kröllwitz im Januar vier Frosttage, die Innenstadt nur zwei Frosttage auf. Die Ursachen für dieses Phänomen sind vielfältig.

Tabelle 2.7. Mittel der Lufttemperatur in den „schneerelevanten" Monaten in Halle (Saale) 1994 (eigene Erhebungen)

Monat	T.-Mittel „Kröllwitz" in °C	T.-Mittel „Innenstadt" in °C
Januar	3.29	3.96
Februar	- 0.50	- 0.16
März	6.62	7.86
April	9.28	9.70

Als erstes spielt die Herabsetzung der Rückstrahlung eine Rolle, die Herabsetzung der Albedo. Die Häuser sind oft dunkel gedeckt, Neubauten (Plattenbauten) haben oft sogar geteerte Dächer. Die mit Asphalt bedeckten Straßen werden im Winter geräumt, die Bürgersteige mit Asche, Sand oder Kies bestreut. Die Rückstrahlung oder Reflexion verringert sich, das bedeutet, daß mehr Lichtenergie im System verbleibt und in Wärmeenergie umgewandelt wird. Eine größere Verunreinigung und somit Einfärbung der Schneedecke tut ein übriges, den Schneekörper bei gleicher Strahlungsleistung mehr zu erwärmen und damit schneller tauen zu lassen. Der tauende Schnee legt dunklere Oberflächen frei, die Rückstrahlung nimmt noch mehr ab, die Temperatur steigt weiter an.

Der zweite wichtige Grund der Erhöhung der Lufttemperatur in der Stadt beruht im direkten anthropogenen Wärmestrom. Quellen dieses Wärmestromes sind die Industrie mit ihrer heißen Abluft, der durch Verbrennungsmotoren bewerkstelligte Verkehr und natürlich die Heizungen der Wohnungen. So schreibt Kuttler in „Stadtökologie" (SUKOPP & WITTIG 1993): „In Bonn erreicht der für einen Wintertag ermittelte Betrag der methabolisch freigesetzten Energie, umgerechnet auf die gesamte Stadtfläche, keine 5 W/m^2, während für den Straßenverkehr in Streßzeiten Maximalwerte von bis zu 10 W/m^2 ermittelt werden. Bestimmende Elemente der anthropogenen Wärmeproduktion sind allerdings die auf dem Verbrauch von Öl, Kohle und Gas beruhenden Energieflüsse, die dem Verbrauchsverhalten der Bevölkerung entsprechen und nachts 30 W/m^2, tagsüber 40 W/m^2 erreichten". In der Stadt entwickelt sich also, je nach Intensität und Dichte der anthropogenen Wärmequellen eine Wärmeinsel oder ein Wärmearchipel. Ein anthropogener Wärmestrom von 50 W/m^2 bewirkt eine Temperaturerhöhung um fast 2 °C (SHERBAKOW 1987).

Das Vorhandensein dieser Wärmeunterschiede führt dazu, daß in bestimmten Stadtgebieten eine Temperatur über Null °C herrschen kann, während in anderen eine negative Temperatur herrscht. Das führt zu einer Änderung des Aggregatzustandes des Niederschlages und zu einem Abtauen (Antauen) der Schneedecke in den überwärmten Gebieten. Nach bisherigen Erkenntnissen ist die Wahrscheinlichkeit von Schneefall in der Stadt im gemäßigten Klima von 15 bis 30 % geringer als im außerstädtischen Territorium (WASSILENKO 1985). Das bedeutet also, daß die Stadtstruktur und ihre Schneedecke und damit die Expositionszeit dieser Schneedecke auf einem so verhältnismäßig kleinen Gebiet, wie es eine Stadt einnimmt, stark schwankt.

Außer der Differenzierung der Vegetationsdauer bewirkt eine unterschiedliche Temperatur im Untersuchungsraum auch eine Unterschiedlichkeit der Zwischentauperioden sowohl in ihrer Häufigkeit wie auch in ihrer Intensität. Tauwettereignisse in der Stadt und außerhalb, aber auch in verschiedenen Stadtgebieten oder Expositionen (Nordhang, Südhang etc.), sind im Untersuchungsraum also ungleichmäßig verteilt. Untersuchungen des Schmelzwassers (Abb. 2.14) ergaben nun, daß die Inhaltsstoffe nicht gleichmäßig ausgewaschen werden, sondern die ersten 20 bis 30 % Schmelzwasser etwa 70 % der Inhaltsstoffe (Schadstoffe) enthalten. Das gilt ebenso für Schwefeldioxid wie auch für Schwermetalle.

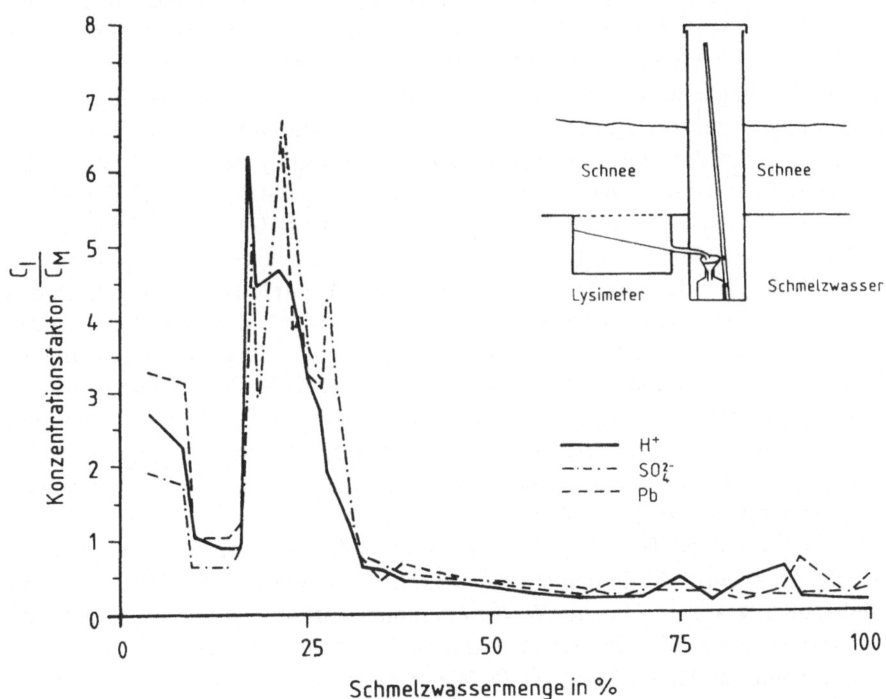

Abb. 2.14. Konzentration verschiedener Inhaltsstoffe in verschiedenen Tauwasserfraktionen (JOHANNESEN & HENRIKSEN 1978)

Für dieses Faktum gibt es im wesentlichen zwei Ursachen. Die Bildung der Schneeflocken geschieht in verhältnismäßig sauberen Luftmassen. Diese Luftmassen können durchaus aus stark belasteten Gebieten stammen, ihr Aufstieg in größere Höhen und ihre damit verbundene Ausdehnung bewirkt eine Verdünnung der Schadstoffkonzentration. Um einen Kondensationskern herum (Aerosol, belastetes Teilchen) beginnt der Eiskristall zu wachsen, die Schneeflocke entsteht.

Die Verunreinigung der Flocke nimmt zu, wenn sie durch dichtere und stärker belastete Luftschichten zu Boden fällt. Dabei lagern sich die sekundär hinzu gekommenen Teilchen außen an der Schneeflocke an. Auf diese Weise sind die belastenden Stoffe an der Oberfläche der Eiskristalle fixiert und werden beim Tauen auch als erste mit entfernt, da ja auch am Eiskristall die Oberfläche zuerst taut. Hat sich nun eine dauerhafte Schneedecke gebildet, kann diese Staub-, Asche- und Rußpartikel aufnehmen, die sich zwischen den Schneeflocken lagern. Fließt das Tauwasser zwischen den kleiner werdenden Flocken ab, werden diese Partikel mit der ersten Quantität an Wasser mit fortgespült. Unter Beachtung dieser Besonderheiten der Schneedecke sollen zwei Beispiele betrachtet werden.

Im März 1988 wurden in den Städten Tallinn, Pärnu und Viljandi Schneeproben aus der Schneedecke entnommen und auf die Schwermetalle Kupfer, Zink und Blei hin untersucht. Die Temperaturdifferenz zwischen Stadtzentrum und Umland kann in Tallinn im Winterhalbjahr 3.5° betragen (KLIMAT TALLINNA 1982), für das wesentlich kleinere Pärnu wurden 3.0° angegeben (KLIMAT PÄRNU 1986). Angaben für Viljandi liegen nicht vor. Wie sich bei der Probennahme herausstellte, hatte es schon einige intensive Tauwetterperioden gegeben, die vor allem in Tallinn und Pärnu innerhalb der Stadt sehr differenziert zur Wirkung gekommen waren. Die Schneedecke in weniger intensiv genutzten Räumen des Stadtrandes (Villenviertel, Stadtwald etc.) erwies sich nicht nur als höher in etwa 100 cm, sondern auch als deutlich weniger durch Eisschichten, die Tauwetterlagen anzeigen, durchsetzt.

Die Proben wurden aus der gesamten Schneedeckentiefe entnommen, nach dem mit einem Spaten ein entsprechender „Schurf“ gegraben war. Wichtig ist dabei, daß keine Bodenteilchen mit in die Probe gelangen, da diese zu erheblichen Kontaminationen führen können (NAZAROV ET AL. 1978). Der Schnee wurde in PE-Beutel verpackt und in diesen auch aufgetaut. Um eine hinreichend repräsentative Probe zu bekommen, sollten etwa 3 kg Schneeprobe gezogen werden. Abbildung 2.15 zeigt die summaren gemittelten Schwermetallwerte (Summe von Kupfer, Zink und Blei) wie in 1.4.2. vorgeschlagen.

Die Interpretation des entstandenen Bildes ist sehr schwer, die Aussage über die Belastungssituation tritt in den Hintergrund. Im Vordergrund steht die Frage nach möglichen Erklärungen für die Werteverteilung. Auffällig ist die starke Streuung der Metallkonzentration in Gebieten, die als belastet zu erwarten sind, vor allem das Stadtzentrum. Hier schwanken die Werte zwischen 0.76 (also *unter* dem Stadt-Mittelwert) und 3.63, dem Maximalwert für Tallinn. Ähnlich hohe Schwankungen sind im nordwestlich gelegenen Industriegebiet zu finden. Die hohen Werte im Villenviertel/Waldgebiet im Nordosten resultieren aus den wenigen und nur schwach entwickelten Tauphasen, hier wurden im Gegensatz zu den anderen Pro-

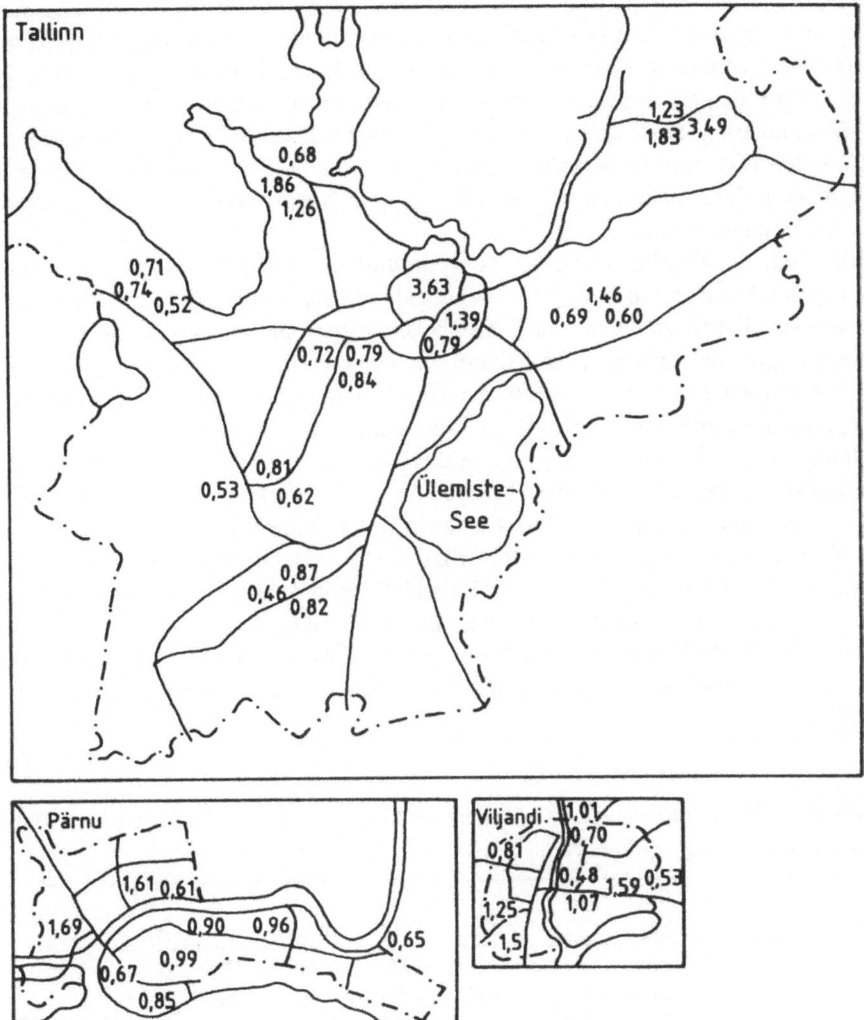

Abb. 2.15. Mittlere summare Konzentration in der Schneedecke: $\frac{1}{3}\sum_{i=1}^{3} Me_{ji} / Me_i$

(j = Probenahmepunkt, i= Pb, Zn und Cu)

benahmestandorten keine Schmutzpartikel ausgespült. Der Westteil der Stadt, gekennzeichnet durch Neubau- und Villengebiete mit ihren eher geringen Emissionsquellen und relativer homogener Temperaturen, zeigen eine ebenso homogene Belastung der Schneedecke.

Ähnlich kompliziert ist die Bewertung oder Interpretation der Ergebnisse für Pärnu und Viljandi. Auch hier können im Zentrum unerwartet niedrige Metallkonzentrationen gemessen werden. Die maximalen Konzentrationen fallen jedoch auch hier mit den am intensivsten genutzten Gebieten, vor allem Gewerbegebieten mit Wohnnutzung, zusammen. Das Fehlen eines Stadtwaldes erlaubt leider nicht, den „Waldeffekt" der Stadtrandlage und Schattenwurf der Bäume, deren Tauwetterphänomen dem Austragen von Schadstoffen entgegenwirkt, auch in den beiden kleineren Städten nachzuvollziehen.

Also nicht die absolute Höhe der Konzentration der Metalle in der Schneedecke erlaubt eine Aussage, ob ein Gebiet höher oder geringer belastet ist, sondern die Streuung der Werte. Je dichter die Werte beisammen liegen, um so geringer ist die Verunreinigung der Schneedecke. Hier ergibt sich die Frage nach der repräsentativen Probendichte für eine solche Aussage, zumal eine höhere Probendichte zwangsläufig zu größeren Streuungen führen muß.

Unter der Voraussetzung, daß eine größere Streuung der Werte auch eine größere Belastung des Systems bzw. Teilsystems anzeigt, können die Aussagen der Schneedecke als Indikator der verschiedenen Städte miteinander verglichen werden. Wie erwartet zeigt Tallinn die größten Differenzen der Relativwerte, sie schwanken zwischen 0.46 (Villenviertel) und 3.63, gemessen im Stadtzentrum. Die Kleinstadt Viljandi weist hingegen die geringste Streuung der Metallkonzentrationen auf, die Werte liegen zwischen 0.48 und 1.5. Das die Abnahme der Streuung auch mit den absoluten Mittelwerten der Stoffkonzentrationen einhergeht, zeigt Tabelle 2.8.

Tabelle 2.8. Mittelwerte, Maxima und Minima der Konzentration an Blei, Kupfer und Zink in der Schneedecke von Tallinn, Pärnu und Viljandi

	Blei			Kupfer			Zink		
	∅	X_{max}	X_{min}	∅	X_{max}	X_{min}	∅	X_{max}	X_{min}
Tallinn	0.38	1.46	0.11	1.20	8.06	0.41	1.76	6.18	1.36
Pärnu	0.21	0.64	0.11	0.78	1.80	0.40	2.08	3.00	1.26
Viljandi	0.13	0.21	0.10	0.55	0.80	0.33	2.38	5.58	0.72

Blei und Kupfer, durch Industrie und Verkehr emittiert, haben ihre höchste Konzentration in Tallinn, gefolgt von Pärnu und Viljandi, wo die geringsten Konzentrationen dieser Elemente gemessen wurden. Wie Abbildung 2.16 zeigt, liegen die höchsten Oberwerte in allen drei Städten nicht im Stadtzentrum, wo die höchste Verkehrsdichte, aber auch die höchsten Temperaturen herrschen, sondern eher an „kühlen" Straßenstandorten. Das Stadtzentrum von Tallinn zeichnet sich sogar durch eine geringere Bleibelastung als die übrige Stadt aus.

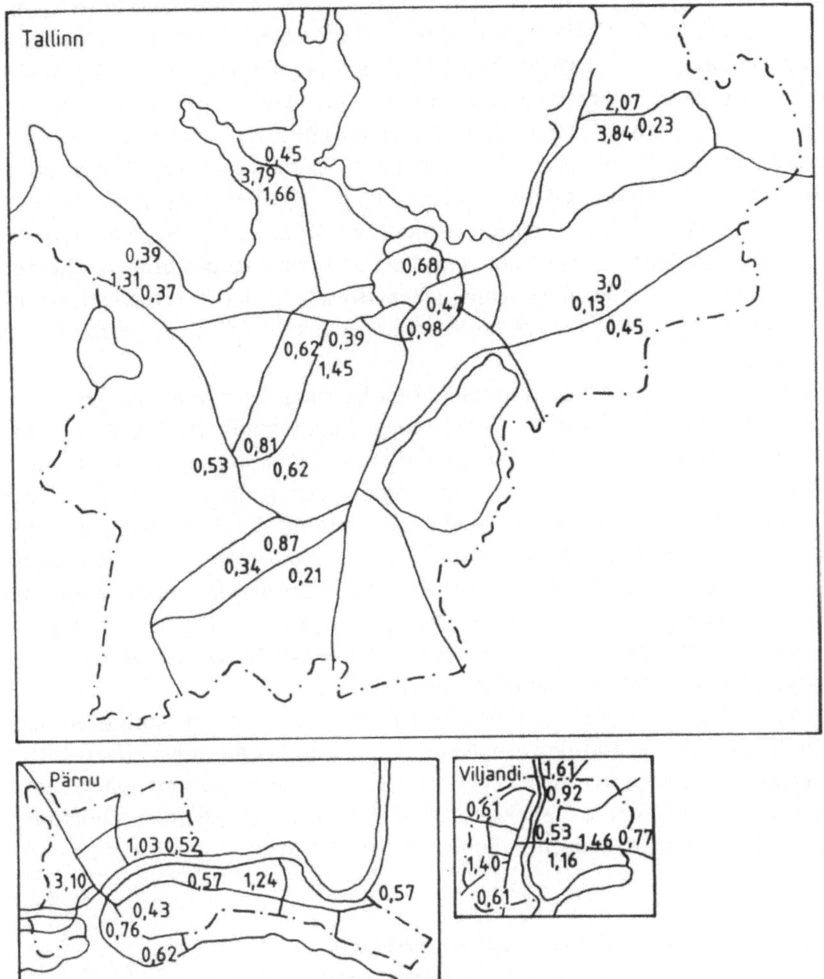

Abb. 2.16. Relative Bleikonzentration, gemessen in der Schneedecke von Tallinn, Pärnu und Viljandi

Indikation mit Hilfe der Schneedecke in Räumen mit starker Differenzierung der Lufttemperatur ist also ein schwieriges Unterfangen, ein verwertbares Bild kann nicht gewonnen werden. Lediglich ein Vergleich über den Belastungszustand verschiedener Geosysteme ist möglich, bringt aber auch nur relative Aussagen, die sich auf dem Niveau des allgemeinen Wissens bewegen. In einem zweiten Beispiel soll deshalb ein System mit gleichen Lufttemperaturen hinsichtlich der Aussagekraft seiner Schneedecke betrachtet werden.

Beispiel: Monitoring der Schneedecke im Bereich einer Kupferkiesrösterei (in Zusammenarbeit mit B. Cyffka). Das Untersuchungsgebiet befindet sich etwas nördlich des Polarkreises am westlichen Ufer des Imandrasees, südlich der Stadt Montshegorsk in einer Erstreckung von etwa 40 km. Die Kupferkiesrösterei in Montshegorsk emittiert Kupfer und Schwefeldioxid. Die Lage des Untersuchungsgebietes nördlich des Polarkreises und deutlich außerhalb der Stadt lassen eine gleichmäßige Temperatur im gesamten Raum erwarten. Die Messungen hatten zum Ziel, den durch das Werk verursachten Input an Kupfer und Schwefeldioxid (gemessen über das Anion seiner Säure) in der Landschaft zu bestimmen. Hierzu wurde bewußt der Effekt der unterschiedlichen Belastung der Tauwasserfraktion genutzt. In den ersten 20 % dieses Wassers ist ja der lokale Anteil an Gesamtbelastung zu erwarten.

Im März 1995 wurden an 7 Standorten je drei Schneeproben gezogen. Dies geschah mit Hilfe eines Plasterohres (Stück einer Regenrinne). Auf diese Weise konnte die Schneedecke auf ihre ganze Dichte hin beprobt werden, ohne die einzelnen Schichten in ihren Anteilen zu verändern. Nach Anlegen eines Schurfes wurde das Rohr etwa 5 - 10 cm vom Schurfrand entfernt durch die Schneedecke gestoßen und dann seitlich durch die dünne Schneewand herausgebrochen. Drei solcher Kerne ergaben jeweils eine Probe, jeder Standort wurde dreimal beprobt. Die Weiterbearbeitung und Analyse geschah noch am gleichen Tag. Ein wichtiges Ziel bestand in der fraktionierten Untersuchung der Schmelzwässer. Um diese zu gewinnen, genügte eine einfache Vorrichtung (Abb. 2.17).

Je drei kg Schnee gelangten in einem Gefäß mit permanentem Abfluß an der tiefsten Stelle zum Tauen. Mit der Annahme, daß ein kg Schnee etwa einem Liter Wasser entspricht, wurden die ersten 600 ml Schmelzwasser separat untersucht. Die Ergebnisse sind in Tabelle 2.9 dargestellt. Die Kupferwerte wurden photometrisch, die Anionen mittels Ionenchromatographie bestimmt.

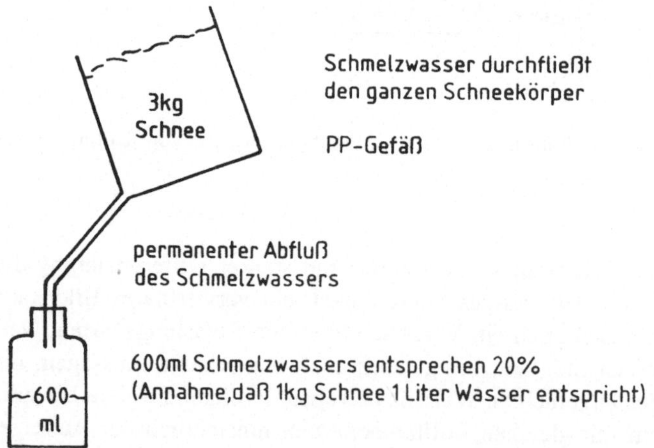

Abb. 2.17. Prinzip der fraktionierten Schmelzwassergewinnung unter Laborbedingungen (CYFFKA & ZIERDT 1995)

Tabelle 2.9. Konzentrationen von Cu^{2+}, SO_4^{2-}, Cl^- und NO_3^- im Schmelzwasser von Schnee

	20 % (in mg/l)				Rest (in mg/l)			
	Cu	SO_4^{2-}	Cl^-	NO_3^-	Cu	SO_4^{2-}	Cl^-	NO_3^-
1.1	0.6	3.7	1.1	1.0	uM	1.5	0.3	0.6
1.2	0.3	4.4	1.3	2.3	uM	1.1	0.3	0.6
1.3	0.4	2.5	1.3	2.3	uM	1.3	0.3	0.8
2.1	0.3	2.6	1.3	1.7	uM	0.8	0.4	0.6
2.2	0.4	4.2	1.1	1.6	uM	1.2	0.3	0.8
2.3	0.5	3.5	1.1	1.3	uM	1.4	0.6	0.7
3.1	0.1	2.6	1.1	1.7	uM	0.8	0.2	0.5
3.2	0.1	2.3	1.0	1.5	uM	0.8	0.2	0.6
3.3	0.1	3.4	0.9	1.8	uM	1.0	0.2	0.7
4.1	0.1	3.3	5.4	2.9	uM	1.0	0.5	0.8
4.2	0.1	2.5	1.3	1.7	uM	1.1	0.3	0.8
4.3	0.1	2.9	1.0	1.5	uM	1.1	0.3	0.6
5.1	uM	2.5	0.8	1.5	uM	1.1	0.3	0.7
5.2	uM	2.3	1.0	1.6	uM	1.1	0.2	0.7
5.3	uM	2.3	0.9	1.4	uM	0.9	0.3	0.6
6.1	uM	2.9	1.3	2.1	uM	1.1	0.3	0.6
6.2	uM	3.5	0.9	2.9	uM	1.1	0.2	0.6
6.3	uM	2.4	0.6	1.5	uM	0.8	0.3	0.5
7.1	uM	2.5	0.6	1.9	uM	0.8	0.2	0.6
7.2	uM	2.4	0.7	1.8	uM	0.8	0.2	0.6
7.3	uM	2.5	0.6	1.7	uM	0.8	0.2	0.6

Da das vollständige Schmelzen einer Schneeprobe etwa 18 Stunden dauerte, also in die Mittagszeit des nächsten Tages fiel, wo sich die Bearbeiter im Gelände aufhielten, wurde auf eine Messung des pH-Wertes verzichtet. Die sofort stark ansteigende Temperatur beeinflußt die Löslichkeit von CO_2 und damit den pH-Wert. Er wird mit steigender Temperatur ebenfalls höher und bietet keine Möglichkeit des Vergleiches mit dem pH-Wert der ersten 20 %. Es muß festgestellt werden, daß eine Beurteilung des pH-Wertes keine logische Erklärung für das differenzierte Schadensbild der Landschaft um Montshegorsk zuläßt. Die logarithmische Messung der Wasserstoffionenkonzentration erlaubt nicht einmal eine Aussage darüber, ob das Werk in Montshegorsk überhaupt als lokaler Emittent auftritt.

Die Bestimmung der Anionen im Gelände brachte keine verwertbaren Resultate, da die Konzentrationen unterhalb des Meßbereiches der Photometrie lagen. Erst eine Analyse im Labor mittels Ionenchromatographie brachte verwertbare Aussagen. Bestimmt wurde das Chloridion, das Nitration und als Indikator für eine Säurebelastung seitens der Montshegorsker Kupferkiesrösterei natürlich das Sulfation.

Das *Nitration* zeigt wie erwartet keinen direkten Bezug zum Werk. Die Konzentration ist in den ersten 20 % des Schmelzwassers zwar um ein Drittel bis die Hälfte höher, jedoch in keiner Weise räumlich differenziert. Dies hat zwei Ursachen. Zum einen sind nitrose Gase an Luftmassen (Abluft) mit hohen Temperaturen gebunden, werden also stark vertikal verfrachtet und kommen so in gleichmäßiger Verteilung zur Immission. Zum anderen ist der Fahrzeugverkehr ein Emittent von NO_x und entsprechend der Lage der Standorte in gleicher Entfernung zur Straße sind die Proben hinsichtlich dieses Parameters gleichen Emissionen ausgesetzt. Dies spiegelt sich ausgezeichnet in den Belastungsmustern sowohl räumlich wie auch fraktionär (schmelzwasserbezogen) wider.

Eine andere Bindungsform und damit auch Transmission charakterisiert das *Chloridion.* Es wird ebenso wie Schwefeldioxid bei der Verbrennung fossiler Brennstoffe emittiert, ist jedoch zu großen Teilen an die Aschepartikel gebunden (vgl. etwa Salzgewinnung aus Pflanzenasche). Mit zunehmender Entfernung zum Werk in Montshegorsk nimmt die Chloridkonzentration ab (Probe 4.1 ist sicher als „Ausreißer“ zu werten). Auch im Falle des Chlorid beweist die deutlich höhere Konzentration in den ersten 20 % des Schmelzwassers die nachträgliche Kontamination der Schneedecke, allerdings anders als beim Nitrat tritt das Werk als Emittent auf. Da Chlorid ein guter Indikator für Aschebelastung ist, findet sich in seiner Verteilung auch die Erklärung zu den pH-Werten. Die höhere Aschebelastung in Werksnähe und die geringere in Werksferne bewirken einen Ausgleich (Neutralisation) der H^+-Konzentration, somit ist auch die Zunahme des pH-Wertes in der Lokalität gegenüber dem frisch gefallenen Schnee überhaupt zu erklären, ebenso wie das relative Maximum in Standort 1 und 2.

Als aussagekräftiges Anion für die Kiesrösterei gilt auf jeden Fall das *Sulfation.* Deutlich ist mit zunehmender Entfernung zum Emittenten eine Abnahme der Sulfatkonzentration in den ersten 205 des Schmelzwassers zu verzeichnen. Mit einem Durchschnittswert von 3.5 mg Sulfat je kg Schnee ist Standort 1 am höchsten belastet. Ab Standort 5 ist keine signifikante Abnahme der SO_4^{2-}-Konzentration mehr nachweisbar. Wie die Werte des restlichen Schmelzwassers zeigen, ist der regionale geogene Hintergrund der Sulfatbelastung bei etwa 0.8 mg/kg Schnee. Die lokale Kontamination bei Standort 1 liegt demnach bei 2.7 mg/kg, bei Standort 7 immerhin noch bei 1.5 mg/kg.

Die direkte Wirkung des Sulfationes als Säurebildner ist nicht nachweisbar, sicher wird diese Säure durch die Kationen der Aschepartikel neutralisiert. Ein Vergleich der Zunahme der Chloridkonzentration gegenüber seiner Hintergrundkonzentration um das Sechsfache und der Zunahme der Sulfatkonzentration um das Dreifache (jeweils Standort 1) ergibt unter Beachtung der Wertigkeit eine ausgewogene Ionenbilanz. Angenommen wird dabei, daß sich der Chloridgehalt proportional zum Gesamtaschegehalt verhält. Festgestellt werden soll an dieser Stelle jedoch das Faktum, daß erst die Betrachtung der winterlichen Situation die Säurewirkung der Kupferkiesrösterei im Montshegorsker Raum auch analytisch nachweisen ließ. Sowohl der sich mit der Entfernung zum Werk bildende Gradient wie auch die Tatsache, daß nur die ersten 20 % des Schmelzwassers diesen Gradienten zeigen, weisen die Kupferkiesrösterei als Emittenten von Säurebildnern aus und den bereits ab Standort 1 einsetzenden massiven chemischen Einfluß.

Von großer Bedeutung war auch die Feststellung der Konzentration des Kupfers im Schnee. Die erwarteten (und dann tatsächlich auch gemessenen) Werte ließen eine Analyse mittels Flammen-AAS-Spektroskopie als fraglich erscheinen, da sie im Bereich der Nachweisgrenze dieser Methode liegen und eigentlich nur noch die Aussage „vorhanden" oder „nicht vorhanden" zuläßt. Zum zweiten konnte befürchtet werden, daß die an sich schon geringe Kupferkonzentration durch Übertritt in die Wände der Probengefäße reduziert würde. Deshalb kam als Analyseverfahren die Photometrie mittels der Blaufärbung über die Bildung von Kupfersulfat zum Einsatz.

Die höchsten Konzentrationen konnten in der Schneedecke der Standorte 1 und 2 nachgewiesen werden. Sie lagen bei etwa 0.5 mg/kg Schnee. Das Faktum, daß sich Kupfer nur in den ersten 20 % des Schmelzwassers überhaupt nachweisen ließ, beweist die lokale Herkunft des Elementes. Der Nachweis von Kupfer gelang bis zum Standort 4, danach war auch in den ersten 20 % kein Kupfer mehr meßbar. Ähnlich wie beim Sulfation beginnt die Kupferimmission also schon an Standort 1. Dieser Nachweis ist um so bedeutender als die Analyse des Bodens rein chemisch gesehen überhaupt keine Anhaltspunkte für eine Kontamination ergab.

Die Ergebnisse der Beprobung der Schneedecke lassen sich wie folgt zusammenfassen:

- Eine nachweisbare lokale chemische Wirkung der Kupferkiesrösterei bei Montshegorsk läßt sich durch die differenzierte Betrachtung des Schmelzwassers des Schnees gewinnen.
- Diese lokale Wirkung beginnt in ihrem Maximum bereits ab Standort 1.
- Die Säurebelastung durch das SO_2 wird durch die korrespondierende Ascheimmission (indikatiert über die Chloridbelastung) neutralisiert.

Regenwasser als Indikator

Die Gewinnung von Regenwasserproben als Indikator einer Transmission und letztendlichen Immission von Schadstoffen erfordert, im Gegensatz zu den Schneeproben, spezielle Sammelgefäße. Diese Gefäße können partiell in zwei Arten bzw. Modifikationen unterteilt werden. Die eine Art sammelt alle Art von Niederschlägen während der Expositionszeit, also trockene und nasse Deposition, die andere Art sammelt nur die nasse Deposition. Diese Regensammler sind bei Trokkenwetter durch einen Deckel verschlossen, der sich erst bei Niederschlag öffnet und nach dem Regenereignis wieder schließt. Auf diese Weise ist auch das Problem der Verdunstung gelöst.

Bei Regensammlern der einfacheren Art kann Verdunstung nicht vollständig verhindert werden. Das bedeutet allerdings auch immer eine Konzentration der im Wasser gelösten Stoffe, da diese sich in Abhängigkeit von der Verdunstungsstärke und Verdunstungszeit in immer weniger Flüssigkeit befinden. Bewährt haben sich „halbdurchlässige" Regensammler (Abb. 2.18), bei denen zwischen Sammelgefäß und Speichergefäß Kondensatorelemente, meist Kunststoffperlen, angeordnet sind. Das Regenwasser, aber auch beliebige andere Partikel, werden durch die Öffnung mit genau definierten Durchmesser durch die Perlen hindurch in das Speichergefäß

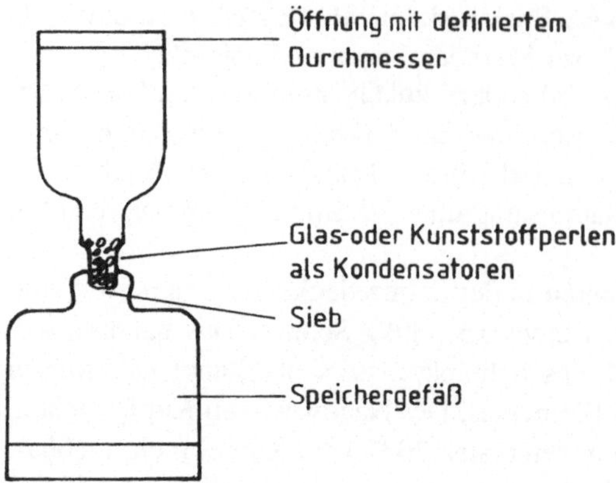

Abb. 2.18. Regensammler „Minden" nach Brechtl

geleitet. Wenn nach dem Regenereignis die Lufttemperatur wieder steigt und der Partialdruck des Wasserdampfes nachläßt, steigt Wasserdampf in der Luft nach oben. Durch die Einengung der strömenden Luft und damit Konzentration des Wasserdampfes nimmt dessen Druck wieder zu und Wasser kondensiert an den Perlen.

In dem oben beschriebenen Untersuchungsgebiet auf der Halbinsel Kola wurden in einer Entfernung von etwa 8 km Luftlinie voneinander entfernt vier Regensammler der beschriebenen Art aufgestellt. Dabei befand sich Sammler Nr. 1 in etwa 32 km Entfernung. Die Chromatogramme der Analysen des gesammelten Wassers sind in Abbildung 2.19 dargestellt.

Die Proben entstammen Niederschlagswasser eines Regenereignisses, das nach 14tägiger Schönwetterperiode eintrat (Aussagen von Einheimischen). Überraschender Weise ist das Maximum der Sulfatkonzentration nicht an Standort 1 acht km vom Emittenten entfernt, sondern an Standort 2 in 16 km Entfernung zu finden. Die gleiche Aussage trifft für Chlorid zu. Diese Aussagen der Niederschlagsanalyse können nur so interpretiert werden, daß das Maximum an Schadstoffausfall bzw. Schadstoffauswaschung erst in einer bestimmten Entfernung vom Emittenten geschieht. Die heißen Gase (Abluft der Kiesröstung) gelangen durch den Schornstein und den Temperaturunterschied zur Außenluft in eine bestimmten Höhe, werden vertikal verfrachtet und erreichen die Erdoberfläche deshalb erst nach einer gewissen Zeit, die einer bestimmten Entfernung entspricht (siehe Abb. 2.20).

Die Konzentrationen sind allerdings insgesamt so gering, daß sie nur noch chromatographisch nachzuweisen sind, photometrisch über die Bariumsulfatbildung sind derart geringe Konzentrationen und ihre Differenzen (7.72 - 9.07 mg/l) nur bedingt nachzuweisen, vor allem wenn sich durch Algen- und Pilzbefall im Niederschlagswasser eine Trübe bildet, die einen Mehrbefund an Bariumsulfat (Schwerspat) verursacht. Auch die Bestimmung des pH-Wertes ist im Niederschlagswasser problematisch, wenn es sich nicht um eine feldfrische Probe han-

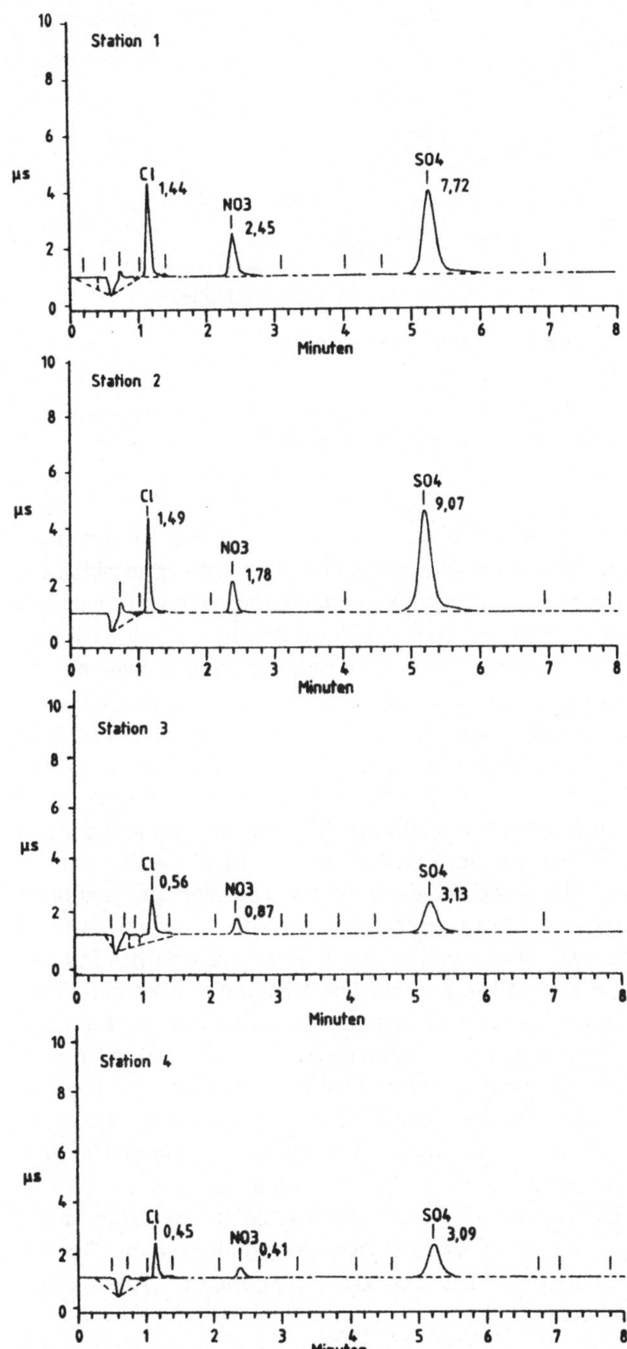

Abb. 2.19. Chlorid-, Nitrat- und Sulfatkonzentrationen (in mg/l) in Regenwasser im Raum Montshegorsk (Halbinsel Kola) nach einer 14tägigen Trockenperiode

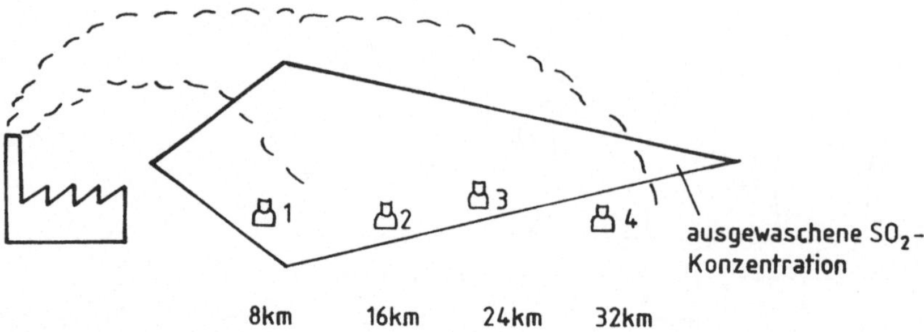

Abb. 2.20. Schematische Darstellung der SO_2-Konzentration im Regenwasser, entwickelt nach der gemessenen SO_4^{2-}-Konzentration in Niederschlagsproben

delt. Da der pH-Wert von natürlichen Wässern zumeist über die Kohlensäure, H_2CO_3, reguliert wird, deren Gehalt im Wasser jedoch stark temperaturabhängig ist, kann eine Verweildauer der Probe im Speichergefäß durchaus Änderungen des pH-Wertes hervorrufen, die nicht durch chemische Umwelteinflüsse bedingt sind.

Aber auch der Probenahmezeitpunkt bzw. der Witterungsverlauf während der Feldarbeit bestimmen das Resultat (und damit die Interpretation der Belastungssituation). In Abbildung 2.21 sind die Analyseergebnisse von Niederschlagswasser aufgeführt, das an denselben Standorten gewonnen wurde wie die Proben zu Abbildung 2.20.

Bei allen drei gemessenen Inhaltsstoffen ist eine deutliche Abnahme der Konzentration zu verzeichnen, die Tendenz der Zunahme von Standort 1 nach Standort 2 bleibt aber erhalten, ebenso die Abnahme der Stoffkonzentration zu Standort 4 hin. Eine Belastung kann für die Regenwasserproben an Standort 1 allerdings nicht mehr festgestellt werden, ist der Unterschied in den Konzentrationen der Inhaltsstoffe doch selbst beim Sulfat auf 0.12 mg/l gesunken, während er nach der Trokkenperiode noch bei 4.63 mg/l lag. Die Verhältnisse der Sulfatkonzentrationen zwischen Standort 1 und 4 entsprechen der Trockenperiode (2.49 mg/l), nach dem Dauernieselregen hingegen nur 0.65 mg/l. Unterschiedliche Momente der Probennahme führen also zu unterschiedlichen räumlichen und absoluten Aussagen (Interpretation). Auch hier läßt sich im nachhinein nur begründen, warum die Proben des Ereignisses nach der Trockenperiode höher belastet sind als die Proben der Nieselperiode. In der Trockenperiode konnten sich belastete Aerosole in der Atmosphäre anreichern, die dann beim ersten Regen ausgespült wurden. Die anschließende Nieselregenzeit fiel also in eine Periode „vorgereinigter“ Atmosphäre mit weniger belastenden Stoffen.

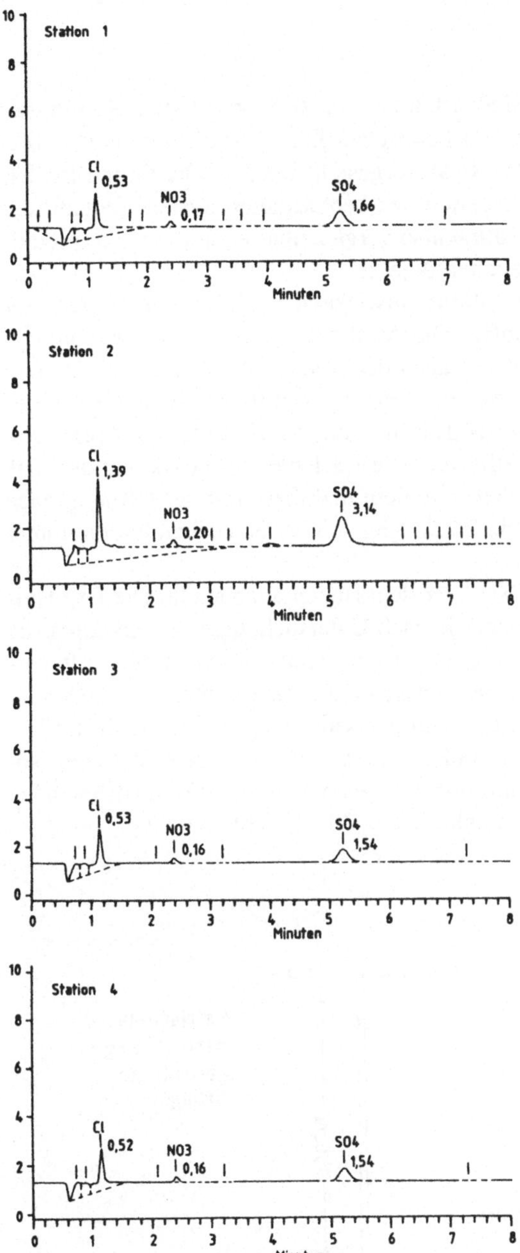

Abb. 2.21. Chlorid-, Nitrat- und Sulfatkonzentrationen (in mg/l) in Regenwasser im Raum Montshegorsk (Halbinsel Kola) nach 7tägigen Nieselereignissen

2.2.2 Aerosole als Indikator

Obwohl dies hier beschriebene Meßverfahren nur bedingt in den Kanon der „natürlichen Objekte zur landschaftsgeochemischen Zustandsbeschreibung" einzureihen ist, soll doch die Methode des SAM vorgestellt werden. Der Grund ist der, daß das SAM-Meßverfahren eine Reaktion des beobachteten Systems zuläßt, die Problematik der möglichen Interpretation also vergleichbar ist mit der Interpretation von Aussagen tatsächlicher natürlicher Objekte.

Das von Rumpel (RUMPEL ET AL. 1988) entwickelte SAM-Verfahren dient der Erfassung gasförmiger Luftschadstoffe. Die Methode nutzt die Absorption von Gasen an aktivierten Oberflächen, daher auch der Name, SAM ist die Abkürzung für Surface Aktive Monitoring. Als Adsorber dienen Rundfilter, die mit einer Lösung getränkt sind. Bestandteile dieser Lösung sind durch Luftschadstoffe austauschbar. Sie ist also schadstoffspezifisch (siehe 1.3.1 spezifische Indikation). Die Filter werden in Kunststoffpetrischälchen geklebt und diese mit der Öffnung nach unten an einem Gestell befestigt (Abb. 2.22). Vier solcher Schälchen bilden immer eine Station.

Dieses Gestell wird in 150 cm Höhe über dem Boden angebracht. Die Expositionsdauer beträgt 14 Tage bis 4 Wochen, je nach Untersuchungsziel. Die durch die Filter absorbierten Stoffmengen werden als proportional zu den in der Luft vorhandenen Stoffmengen angesehen (Linearitätsprinzip), das bedeutet, daß die SAM-Station die Konzentration in jenen Luftvolumina widerspiegelt, die sie in der Expositionszeit umgeben haben. Somit sind die Meßwerte der SAM-Stationen sowohl abhängig von der Stoffkonzentration wie auch von den sie umströmenden Volumina, diese wiederum sind eine Funktion der Windgeschwindigkeit.

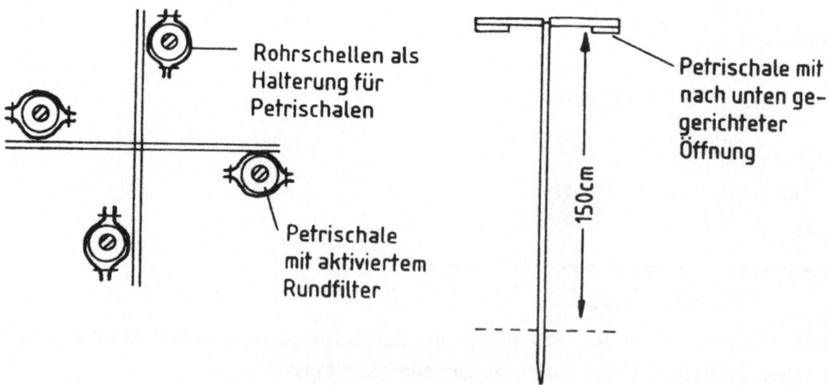

Abb. 2.22. SAM-Meßstelle, verändert nach RUMPEL ET AL. 1988

Das bedeutet, je höher die Windgeschwindigkeit, desto höher die Depositionsraten, die mit dem SAM-System nachgewiesen werden können. Auf diese Weise nimmt das untersuchte System nicht nur über sein Emissionsfeld auf die Meßwerte Einfluß, sondern auch über seine Luftzirkulation. Somit sind die aktiven SAM-Filter vergleichbar mit Flechten, die ja auch bei größerer Windgeschwindigkeit höherer SO_2-Dosis ausgesetzt sind. Im Gegensatz zu anderen Sammlern von Luft- respektive Gasproben, die bestimmte Volumina durch ein Filter pressen, sind die Daten von SAM-Stationen also funktional abhängig von der Struktur des untersuchten Systems. Da SAM-Untersuchungen vielfach auch im urbanen Raum stattfinden, soll kurz auf das städtische Windfeld eingegangen werden.

Beim Vergleich der Werte der Windgeschwindigkeit einer Stadt und ihrem Umland lassen sich hinsichtlich der Durchschnittsgrößen für die Stadt um 10 - 20 % geringere Geschwindigkeiten feststellen (Arbeitshefte Ruhrgebiet, A 040, 1992). Entlang von Ventilationsbahnen (unverbaute Schneisen) nimmt die Windgeschwindigkeit jedoch deutlich zu. Da hier aber gerade Frischluft aus dem Stadtumland einfließt, wird das Gebiet als höher belastet ausgewiesen als es eigentlich ist. Ein- und Ausfallstraßen mit ihren hohen Quellendichten werden als überproportional ausgewiesen. Somit treten bei SAM-Stationen die gleichen Phänomene auf wie sie bei anderen aktiv akkumulierenden (natürlichen) Objekten.

Zum Nachweis von SO_2 (und anderen Säurebildnern) werden die Filter mit Calciumcarbonat imprägniert. An solcherart präparierten Filtern werden Substanzen wie Schwefeldioxid, Sulfationen, Stickoxid, Fluoroxid- und Chloridionen absorbiert.

Beispiel: SAM-Stationen in Halle/Saale. Im Rahmen eines vom BMFT geförderten Forschungsprojektes zur Luftgüte in Halle/Saale kamen auch SAM-Stationen zum Einsatz. Insgesamt wurden 21 Stationen über das Stadtgebiet verteilt. Die relativ geringe Anzahl an Meßstationen zwang zu Überlegungen die Einrichtung des Meßnetzes betreffend. Die eine Möglichkeit bestand in der gleichmäßigen Verteilung der Stationen über das Stadtgebiet. Auf diese Weise wird jede subjektive Einflußnahme durch die einrichtende Person ausgeschlossen, allerdings wird auch nicht die Subjektivität des zu untersuchenden Raumes berücksichtigt. Aus diesem Gesichtspunkt ergibt sich die zweite Möglichkeit eines Meßnetzes.

Diese berücksichtigt den subjektiven Zustand des Untersuchungsraumes, im vorliegenden Falle die spezifische „Konfiguration" der Stadt Halle. Da die verschiedenen Stadtteile unterschiedlich im Gesamtsystem angeordnet vorgefunden werden, müssen die Meßstationen unregelmäßig angeordnet werden. Auf diese Weisen ist es möglich, die wichtigsten Stadtteile und Stadtstrukturtypen zu erfassen und in die Bewertung einzubeziehen. Dieses Vorgehen soll ermöglichen, die eigentlichen Punktmessungen auf die Fläche zu übertragen. In Abbildung 2.23 sind die Schwefeldioxid-Immissionsraten der SAM-Stationen dargestellt, jeweils eine Frühjahr-, eine Sommer-, eine Herbst- und eine Wintersituation.

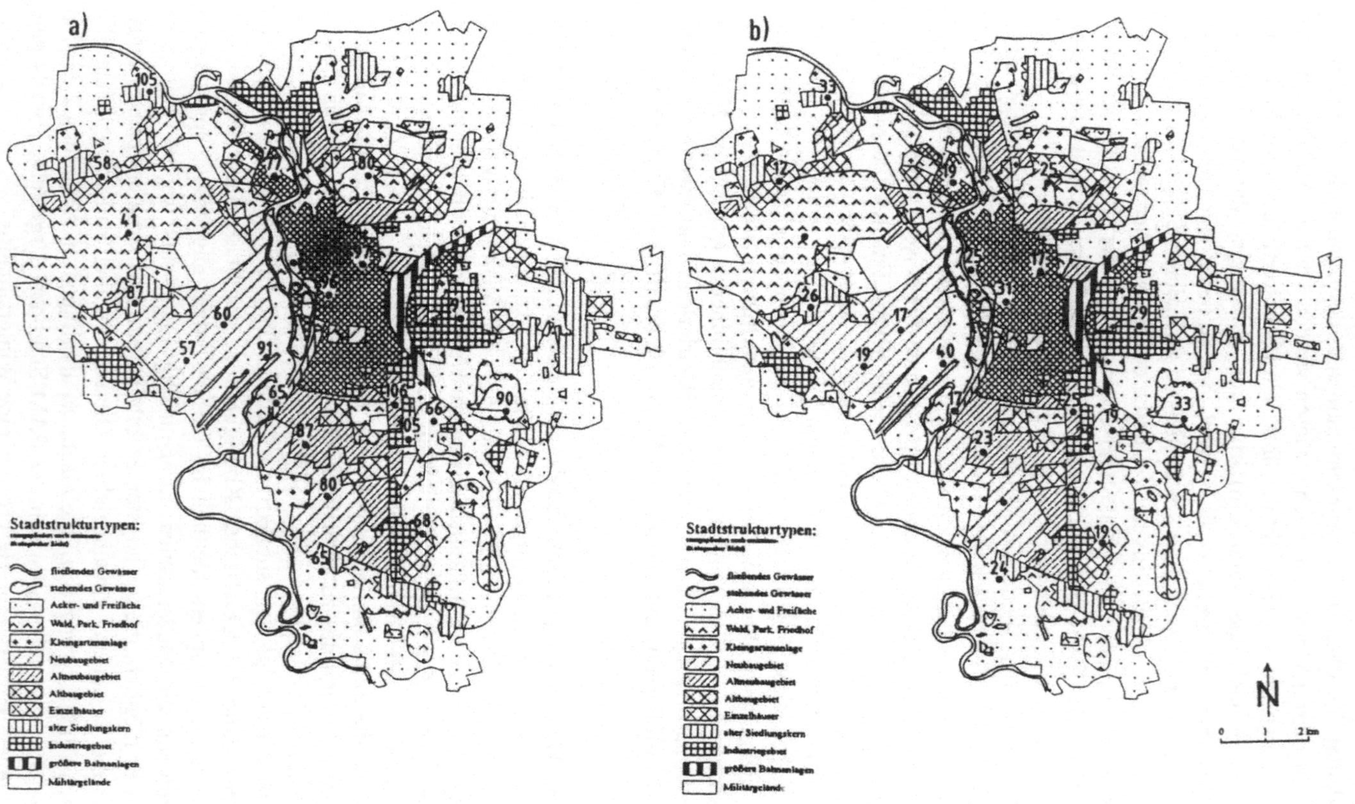

Abb. 2.23. Schwefeldioxidbelastung in mg/m^2 je Tag, gemessen nach der SAM-Methode **a)** Frühjahr 1994, **b)** Sommer 1994

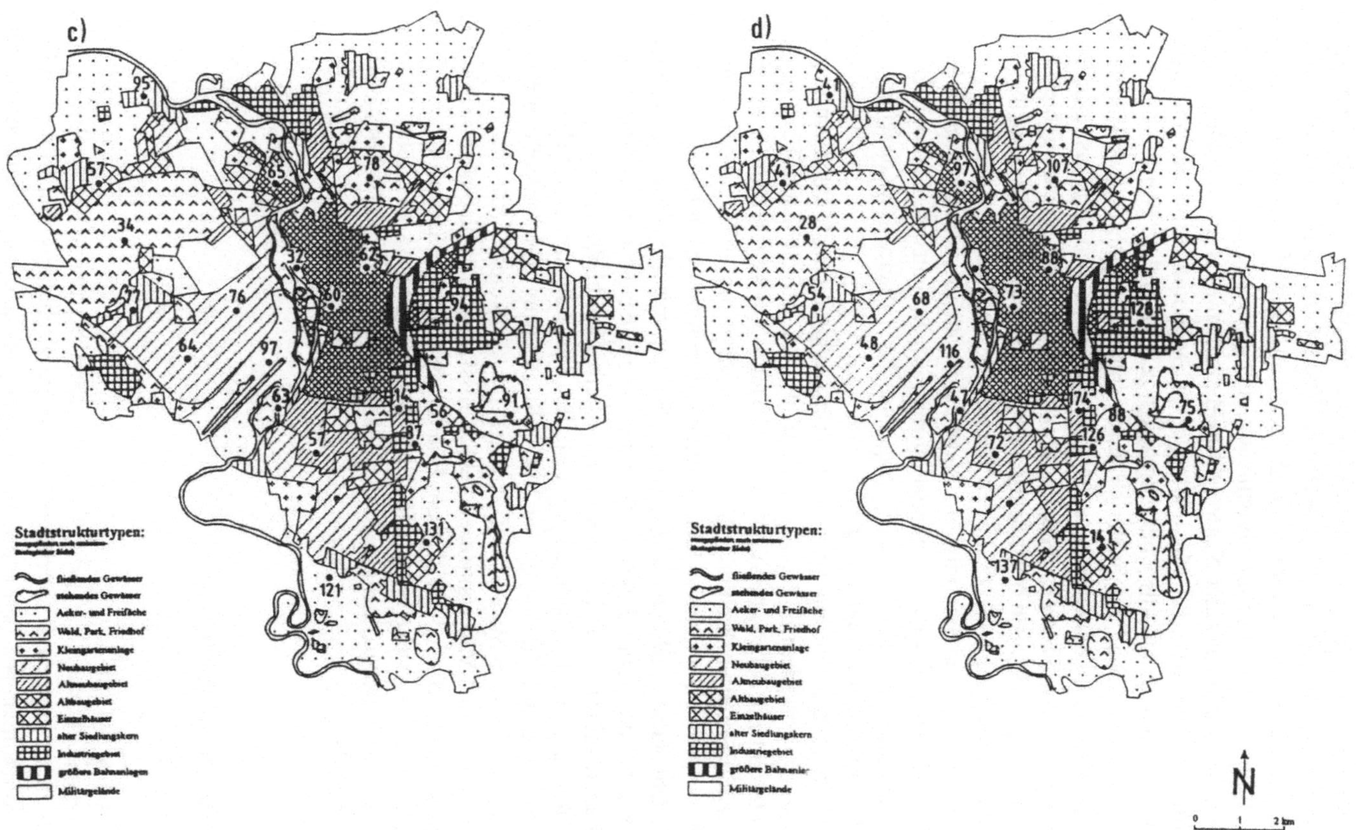

Abb. 2.23 (Forts.). Schwefeldioxidbelastung in mg/m^2 je Tag, gemessen nach der SAM-Methode **c)** Herbst 1994, **d)** Winter 1994

Da für die Schwefelemission hauptsächlich die Verbrennung fossiler Energieträger, also Kohle, Gas, Öl und Ölprodukte in Frage kommt, ist grundsätzlich von zwei Hauptemittenten auszugehen, dem Verkehr und dem Hausbrand. Da der Verkehr in Halle das Jahr über im wesentlichen gleichbleibend angenommen werden muß, sind Schwankungen der Schwefeldioxidkonzentration auf die Heiztätigkeit zurückzuführen. So tritt das Maximum der Schwefelimmission im Winter, das Minimum im Sommer auf, die Übergangszeiten zeigen mittlere Werte.

Die Frühjahrssituation zeichnet sich durch innerstädtische Schwankungen der SO_2-Konzentration zwischen 41 und 106 mg SO_2 je m^2 und Tag aus. Das Minimum wird im Stadtwald angetroffen, das Maximum in einem Industriegebiet. Auch die Altstadt zeigt sich noch hoch belastet (96 und 97 mg $SO_2/m^2/d$). Bemerkenswert hoch sind auch die Werte für den Standort in der Saaleaue mit 91 mg SO_2-Deposition. Dieser Standort zeigt im Sommer die höchsten Konzentrationen an. Grundsätzlich liegen aber alle Sommerkonzentrationen unter den Werten, die im Frühjahr aufgetreten sind. Deutlich geringer ist die Varianz, die Konzentrationen schwanken zwischen 12 und 40 mg $SO_2/m^2/d$.

Der Herbst bringt mit einer verstärkten Heiztätigkeit erneut einen Anstieg der Luftbelastung, vor allem in der Altstadt und den Industriegebieten. Für die Neubaugebiete tritt die Jahresspitze an SO_2-Belastung auf, sicher bedingt durch die schwankende Hauptwindrichtung. Die Konzentration des Schadgases in der Altstadt haben deutlich gegenüber dem Frühjahr abgenommen und steigen auch im Winter nicht mehr erheblich an. Auch die „Winterwerte" liegen unter denen des Frühjahres. Ob dies schon Resultate der intensiven Altstadtsanierung sind, in deren Verlauf auch auf moderne Heizsysteme umgestellt wird, bleibt abzuwarten.

Der Meßpunkt in der Saaleaue weist in allen vier Jahreszeiten erhebliche SO_2-Konzentrationen auf. Sie liegen um ein Drittel bis um das Doppelte höher als Meßwerte umliegender Standorte. Zu bemerken ist, daß diese SAM-Station fern ab von Wohnungen und Verkehrswegen liegt, Emissionsquellen also auch in weiterer Entfernung nicht auftreten. Zu den unverhältnismäßig hohen Depositionen scheint die in der unbebauten und auch vielfach vegetationsarmen Aue erhöhte Windgeschwindigkeit zu führen, stellt doch die Saaleaue eine wichtige Ventilationsbahn für die Stadt dar.

2.3 Pedoindikation

Der Boden ist der Spiegel der Landschaft, heißt es in der russischen Bodenkunde und Bodengeographen und jeder Geograph kann bestimmte Böden bestimmten Landschaften zuordnen. Entwicklung und Vergesellschaftung von Böden sind abhängig von Klima, von den spezifischen physikalischen und chemischen Eigenschaften des lithogenen Ausgangsmaterials und dem Relief. Über Klima und Relief wird die Ausprägung der Vegetation gesteuert (heute vielfach auch durch den

Menschen), deren Wechselwirkung mit dem anorganischen Substrat erst zur eigentlichen Bodenbildung führt. So werden in Deutschland Pararendzinen, Schwarz- und Grieserden in den Lößböden und Beckenlandschaften angetroffen, Braunerden und Podsole sind in glazialen Sedimentationsgebieten und Bergländern zu finden. Podsol in Deutschland assoziiert relativ hohe Feuchte, eher sandiges Substrat und Nadelwald, im Mittelgebirge unter Laubwald sind Braunerden zu finden (LIEDTKE & MARCINEK 1994).

Auf diese Weise und als Funktion von Klima, Substrat, Relief und Vegetationszeit ist der Boden in seiner Ausprägung Indikator des Geosystems, in dem er sich gebildet hat. Darüber hinaus sind bestimmte Eigenschaften des Bodens geeignet, chemische Änderungen im Geosystem „aufzuzeichnen" und räumlich zu speichern. Da der Boden auf diese Weise ein sehr dynamisches (reaktionsfähiges) System darstellt, spiegelt er diese chemischen Änderungen nicht primär wider, sondern sekundär durch bodenbildende (bodeninterne) Eigenschaften modifiziert. Diese Eigenschaften sollen zunächst betrachtet werden.

2.3.1 Natürliche Eigenschaften des Bodens als Indikator

Wie schon erwähnt ist der Boden ein Gebilde aus Kompartimenten sehr unterschiedlicher Herkunft und Struktur. Boden ist nicht nur eine feste Phase, sondern ebenso eine flüssige, das Bodenwasser, und eine gasförmige, die Bodenluft. Die feste Phase ist ein polydisperses System, das aus Teilchen unterschiedlichster Größe besteht, einige Teilchen haben eine Größe von Millimetern, andere sind kleiner als ein Mikrometer. Diese Teilchen unterschiedlicher Größe unterscheiden sich sowohl von ihren mechanischen Parametern her, von ihren physikalischen Eigenschaften wie auch von ihrer chemischen Seite.

Der Boden besteht zunächst nicht nur aus anorganischen, sondern auch aus organischen Teilchen. Der mineralische, also anorganische Teil wiederum besteht aus Teilchen, die infolge der Verwitterung des Ausgangsgesteines entstanden sind, wie auch aus verschiedenen hypergenen mineralischen Neubildungen, den Tonmineralen, die eine außerordentlich große Rolle bei der Akkumulation von Schadstoffen spielen. Mehr als 99 % der Bodenmasse machen die anorganischen Stoffe aus. Deshalb sind auch die globalen Niveaus der Konzentration von Mikroelementen in der Pedosphäre bestimmt durch deren Konzentration in den bodenbildenden Substanzen, den aufgelockerten Schichten der Verwitterungsdecke. Hiermit verbunden sind die außerordentlich hohen Amplituden der natürlichen Konzentrationsschwankungen der Mikroelemente im Boden, die drei bis vier Zehnerpotenzen erreichen können.

Doch nicht nur der Metallgehalt allein, sondern auch die Migrationsbedingungen im Boden werden oft durch das Ausgangsgestein mitbestimmt. So ist der pH-Wert von Böden, die sich auf Kalk entwickeln, höher als der von Böden, die sich auf einer quarzhaltigen Verwitterungsdecke entwickelt haben. Bei höheren pH-Werten ist aber die Mobilität von Kationen herabgesetzt, sie werden also besser akkumuliert. Kurz, wichtig für die Bewertung des Indikators Boden ist also das Wissen um dessen Genese und seiner Eigenschaften, also der schadstofftransformierenden Besonderheiten. Die wichtigsten Bodenbildungsprozesse, die auf die Indikatoreigenschaften von Böden wirken, sollen kurz umrissen werden.

Unter den Bedingungen der gemäßigten Breiten sind im wesentlichen fünf Prozesse zu unterscheiden, die Entbasung, die Verbraunung, die Tondurchschlämmung, die Podsolierung und die Vergleyung. Als *Entbasung* wird die Auswaschung der Alkalien und Erdalkalien aus einem Boden bezeichnet. Sie verläuft um so schneller, je mehr Wasser den Boden durchsickert. Die Carbonatauswaschung spielt dabei eine besondere Rolle, da sie maßgeblich den pH-Wert des Bodens verändern kann. Bei Wasserentzug oder Erhöhung der Konzentration kann es in tieferen Schichten zur Ausfällung des Carbonates in Form von Konkretionen, Bändern, Adern oder dispers verteilt kommen. Hier bilden sich dann die schon erwähnten Basenbarrieren.

Die *Verbraunung* ist der dominierende Bodenbildungsprozeß in Mitteleuropa. Er ist an gemäßigtes Klima gebunden und vollzieht sich unter Laub- und Mischwäldern. Verbraunung setzt die Entkalkung (Entbasung) des Ausgangsgesteines voraus oder erfolgt parallel zu ihr. Die Braunfärbung entsteht durch oxidiertes Eisen, das bei der Verwitterung freigesetzt wird. Die Eisenfreisetzung bedeutet einen Verwitterungsgrad, bei dem die Produkte für eine sekundäre Tonmineralbildung entstehen. Verbraunung heißt also auch häufig Erhöhung des Tongehaltes und damit der Kationenspeicherkapazität.

Tondurchschlämmung, auch Lessivierung oder Illimerisierung genannt, ist eine Dispergierung, im wesentlichen abwärts gerichtete Verlagerung und Anreicherung von Tonkolloiden, insbesondere von Feinton. Bei einem pH-Wert unter 5.5 kommt die Tonverlagerung infolge der flockenden Wirkung der Aluminiumionen zum Stillstand.

Unter *Podsolierung* wird die Lösung, abwärtsgerichtete Verlagerung und Wiederausfällung der Sesquioxide des Eisens, Aluminiums und Mangans verstanden. Die Lösung der Sesquioxide erfolgt durch Reduktion in wasserlöslichen niedermolekularen organischen Verbindungen. Die Reduktion von Eisen- und Manganverbindungen in luftarmen Bodenwasserbereichen und ihre Oxidation und Ausfällung an der Luft-Wasser-Kontaktzone wird als Vergleyung bezeichnet (vgl. SCHEFFER & SCHACHTSCHABEL 1992).

Die großen Schwankungen der natürlichen Metallkonzentration im Boden sind bedingt durch die mineralisch-geochemischen Verschiedenartigkeiten der Oberflächengesteinsschichten und der ungleichmäßigen Verteilung der Mikroelemente in den einzelnen Gesteinsteilchen der Mineralien auf der einen Seite und den bodenspezifischen Stoffen auf der anderen. Die mineralisch-geochemische Verschiedenartigkeit der im Boden vorhandenen Mineralien spiegelt sich in der Konzentration der Mikroelemente in den verschiedenen granulometrischen Fraktionen wider.

Besonders ausschlaggebend ist die Anwesenheit von verwittertem Quarz oder von Tonmineralien. Nimmt der Quarzanteil in den bodenbildenden Gesteinen zu, so sinkt die Metallkonzentration, steigt der Anteil an Tonmineralien, ist auch eine

Zunahme der Mikroelemente zu verzeichnen. Deshalb sind, bei ansonsten völlig gleichen Umweltbedingungen, tonhaltige Böden reicher an Mikroelementen als quarzhaltige Böden. Als grobe Faustregel kann also gelten: Je größer der Anteil an kleinen Teilchen im Boden, um so größer auch sein Gehalt an Mikroelementen. Ganz einfach deshalb, weil eine stärkere Verwitterung mehr Mikroelemente freisetzt. Außerdem ist zu beachten, daß Tonminerale Kationen binden können und somit mehr oder weniger fest im festen Bodensubstrat binden.

Tonminerale kommen als Primär- (Zerfallsprodukte, Verwitterungsprodukte) und Sekundärminerale vor. Sekundärminerale sind Neubildungen, Minerale, die durch die Bodenbildungsprozesse entstehen. Sie sind am stärksten in der Kornfraktion unter 2 Mikrometer angereichert, kommen in geringfügigen Mengen aber auch in der Schlufffraktion vor. Bodentonminerale entstehen durch Umwandlung von Glimmer und durch Synthese aus Zerfallsprodukten der Silikatverwitterung. Ein besonderes Merkmal ist ihre aus dem blättchenförmigen Aufbau ableitbare Fähigkeit zur Adsorption, d.h. zum Austausch, also Speicherung und Abgabe von Wasser und anderen Stoffen. Chemisch setzen sich Tonminerale aus Kationen, insbesondere des Siliziums (Si^{4+}), des Aluminiums (Al^{3+}), des Eisens (Fe^{3+}) und Magnesium (Mg^{2+}) und aus Anionen, dem Sauerstoff und dem Hydroxidion (OH^-) zusammen. Diese bilden in Form bestimmter räumlicher Anordnung die Grundbausteine des Kristallgitters der Tonminerale. Entweder wird ein Zentralkation von 4 Anionen umgeben, dann bildet sich ein Tetraeder, oder es wird von sechs Anionen umgeben, dann wird ein Oktaeder gebildet.

Durch flächenhafte Vernetzung der Tetra- und Oktaeder jeweils untereinander entstehen Tetraeder- oder Oktaederschichten. Der Zusammenhalt innerhalb der Schichten, also zwischen den einzelnen Tetraedern oder Oktaedern, wird dadurch erreicht, daß bestimmte Anionen gleichzeitig mehreren benachbarten Tetraedern bzw. Oktaedern angehören. Die so gebildeten Tetraederschichten, in denen meist Silizium das Zentralion bildet, können nun mit Oktaederschichten, in denen das Zentralion oft Aluminium ist, gekoppelt sein, ebenfalls durch eine Mehrfachnutzung der Anionen.

Es werden zwei Arten unterschieden, die Zweischicht- und die Dreischichtkombination. Die Zweischichtkombination ist eine Kopplung zwischen einer Tetraeder- und einer Oktaederschicht, die Dreischichtkombination besteht aus einer Oktaederschicht, die von zwei Tetraederschichten eingeschlossen wird. Mehrere solcher Schichtpakete ergeben einen Schichtpaketstoß, der das eigentliche Kristallblättchen ausmacht. Es gibt also im wesentlichen 2 Hauptgruppen von Tonmineralen, die Zweischicht- und die Dreischichtminerale. Bei den Zweischichtmineralen ist der Abstand der Schichtpakete gering und fast unveränderlich. Kationen können deshalb nicht in den Zwischenräumen sorbiert werden, sondern nur an den Außen- und Bruchflächen. Zweischichtminerale zeichnen sich also nur durch ein geringes Sorptionsvermögen aus. Bei den Dreischichtmineralen ist der Abstand der Schichtpakete größer und zum Teil auch veränderlich. Daher können Dreischichtmineralen auch Kationen in den Schichtpaketzwischenräumen speichern, ihr Sorptionsvermögen ist also in der Regel recht hoch.

Im folgenden sollen die wichtigsten sekundären kristallinen Tonminerale, die in den Böden vorkommen, kurz betrachtet werden. Das weißliche Zweischicht-Mineral Kaolinit zeichnet sich durch einen starken Zusammenhalt der Schichtpakete aus und hat keine Zwischenschichtpaket-Kationen. Der Basisabstand ist sehr gering, kleiner als 7 Ångström und nicht aufweitbar, Kaolinit hat deshalb kein Quellvermögen. Seine Oberfläche pro Gramm beträgt zwischen 7 und 30 Quadratmetern, seine Kationenaustauschkapazität zwischen 3 und 22 mg-Äquivalent pro 100 Gramm.

Montmorillonit ist ein Dreischicht-Mineral und nur sehr geringem Schichtzusammenhalt, der Basisabstand ist mit 18 Ångström sehr groß und veränderlich. Infolge der sehr großen inneren Oberfläche, der allgemeine Platz der Oberfläche beträgt 700 - 800 Quadratmeter pro Gramm, hat Montmorillonit eine hohe Ionenaustauschkapazität, die zwischen 69 und 150 mg-Äquivalent pro 100 Gramm Boden beträgt.

Das am häufigsten in den Böden Deutschlands vorkommende Tonmineral ist das Dreischicht-Mineral Illit. Illit hat einen starken Schichtzusammenhalt, der Basisabstand ist für ein Dreischicht-Mineral recht gering und wenig veränderlich, die Oberfläche beträgt auch nur 65 - 100 Quadratmeter auf ein Gramm. Sorption findet nur statt an der äußeren Oberfläche und an den Randzonen der Schichtpaketzwischenräume, die Kationenaustauschkapazität beträgt nur zwischen 10 und 40 mg-Äquivalent je 100 Gramm.

Das gräuliche Dreischicht-Mineral Chlorit zeichnet sich durch eine vierte, zwischen zwei Schichtpaketen vielfach inselförmig eingelagerte Magnesium-, Aluminium- oder Eisenhydroxidschicht aus, die wie andere Zwischenschichtpaket-Kationen wirkt. Schon ein geringer Aluminiumanteil in dieser Schicht fixiert den Basisabstand auf 14 Ångström, die Oberfläche beträgt deshalb nur 25 - 40 Quadratmeter pro Gramm und die Austauschkapazität nur 10 - 40 mg-Äquivalent pro 100 Gramm Boden (SCHEFFER & SCHACHTSCHABEL 1992: 26 ff).

Außer den Tonmineralen spielen im Boden auch die Humusstoffe eine große Rolle als Sorbenten und Austauscher von Kationen. Wie auch bei den Tonmineralen ist diese Austauschkapazität an negative Ladungen gebunden. Die pH-Wert-abhängige negative Ladung ist auf die Fähigkeit der Huminstoffe, schwache Säuren zu bilden und damit die ja positiv geladenen Wasserstoffionen abzugeben, zurückführbar. Da mit steigendem pH-Wert die Wasserstoffionenkonzentration abnimmt, werden an ihrer Stelle zum Ladungsausgleich andere Kationen sorbiert. Auf diese Weise ist auch die hohe Mobilität von Metallionen im sauren Milieu und ihre Fixierung im basischen Milieu erklärbar. Die organischen Stoffe des Bodens bilden mit den Metallen metallorganische Verbindungen.

Zur Untersuchung des Phänomens der Metallbindung durch organische Stoffe wurden von RAM & VERLOO (1985) einige Experimente durchgeführt. Dabei wurden sandigem Substrat verschiedene organische Stoffe zugeführt, wie natürlicher Dünger, also Mist, Torf und Huminsäure. Danach wurde eine Lösung mit bekannter Metallkonzentration an Zink, Kupfer, Blei und Cadmium zugegeben. Die durch das Gefäß mit der Bodenprobe fließende Lösung wurde aufgefangen und der in ihr verbliebene Metallgehalt bestimmt. Auf diese Weise ist die Fixierung oder ihr Gegenteil, die Mobilität der Metalle, bestimmbar. RAM und VERLOO geben die Mobilität in Prozent an (Abb. 2.24).

Beim Durchfluß des Bleis durch das reine Sandsubstrat blieben noch etwa 30 Prozent des Bleies in der Lösung, also mobil, 70 Prozent wurden adsorbiert. Bei Cadmium, Zink und Kupfer sind das etwa 50 Prozent. Durch die Zugabe organischen Düngers nimmt die Mobilität bei allen Metallen deutlich, meist über die Hälfte, ab. Der Zusatz von Torf oder Huminsäure bringt nur für Blei ein klares Ergebnis, die Mobilität sinkt deutlich. Beim Kupfer ist ebenfalls noch eine Verminderung der Mobilität zu verzeichnen, auf die Mobilität des Cadmiums und des Zinks scheint die Anwesenheit von Torf oder Huminsäure jedoch nur einen geringen Einfluß zu haben. Hierbei muß jedoch bedacht werden, daß durch die Zugabe von Torf und Huminsäure ja der pH-Wert gesenkt wird, was die Mobilität von Kationen erhöht. Das kleinere und dadurch schnellere Wasserstoffion scheint bei der Besetzung von Kationenleerstellen einen deutlichen Konkurrenzvorteil gegenüber anderen Kationen zu haben.

Mit der Frage der Konkurrenz der Schwermetalle überhaupt bei der Besetzung von Austausch- bzw. Sorptionskapazitäten beschäftigte sich CHRISTIANSEN (1987). Er stellte die Frage so: Wirkt auf die Akkumulation eines bestimmten Elementes, eines Kations, die Anwesenheit eines anderen Kations, eines anderen Elementes? Im Experiment untersuchte Christiansen die Abhängigkeit der Cadmiumakkumulation von der Anwesenheit anderer Kationen bei verschiedenen pH-Werten. Die Ergebnisse des Experimentes lassen folgende Schlußfolgerungen zu: Schwermetalle treten untereinander als Konkurrenten in bezug auf die Adsorptionsfähigkeit von

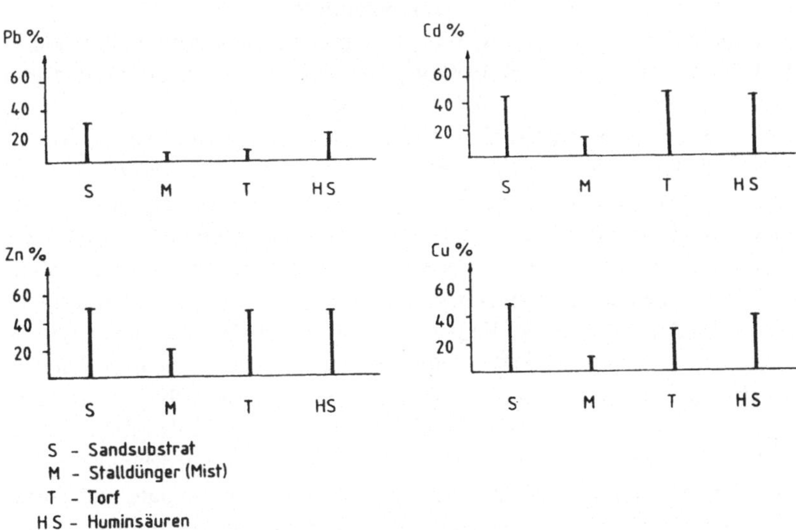

Abb. 2.24. Änderung des Mobilitätsverhaltens von Blei, Zink, Cadmium und Kupfer in Abhängigkeit organischer Substanzen (nach RAM & VERLOO 1985)

Böden auf. Konkret auf die Adsorption von Cadmium wirken die Ionengemische Nickel, Kobalt und Zink sowie Chrom, Kupfer und Blei. Die Anwesenheit anderer Elemente vermindert die Cadmiumadsorption von 2- bis zu 14mal. Zu untersuchen bliebe, inwieweit andere Schwermetalle durch Konkurrenz in ihrer Förderung beeinflußt werden. Das Konkurrenzverhalten scheint im schwachsauren Bereich pH-Wert-unabhängig zu sein.

Die Mikroelemente gelangen auf verschiedenen Wegen in die Bodenschichten, direkt aus der Atmosphäre, bei der Entbasung der oberen Bodenschichten, bei der Mineralisierung organischer Substanzen, bei der Düngung und Pestizidbehandlung, bei der Verwitterung des Ausgangsgesteines, durch Überschwemmungen und Niederschläge in Form von Regen und Schnee. Die Zustands- bzw. Bindungsformen der Schwermetalle im Boden hängt ab von der Ausgangsbindungsform, in der sie in den Bodenkörper gelangen, und von den Bodenprozessen, die diese Bindungsformen ändern, also von den eigentlichen bodenchemischen Prozessen. Mikroelemente, die über die Luft eingetragen werden, meist in Form von Staubpartikeln, befinden sich für gewöhnlich in mineralischer Form, in der Form von Oxiden, Silikaten, Carbonaten, Sulfaten und Sulfiden.

Wenn sie aus Kohlefeuerungsanlagen emittiert werden, überwiegen glasartige Teilchen. Wesentlich vielfältiger sind die Bindungsformen, die die Metalle in anderen Matrizes wie Wasser oder Ausgangsgestein erreichen. Boden ist ja ein heterogenes Gemisch verschiedenster organischer, organomineralischer und mineralischer Substanzen, Tonmineralien, Eisen-, Aluminium- und Manganoxiden sowie anderen festen Komponenten wie auch gelösten Stoffen. Aus diesem Grunde sind auch die Bindungsformen der Schwermetalle in Böden sehr unterschiedlich und variabel in Abhängigkeit von den Bodenbestandteilen, ihrer Reaktionsfähigkeit, ihres pH-Wertes und natürlich auch ihres Redoxpotentiales.

Die Schwermetallionen können also verschiedene Bindungsformen eingehen in Abhängigkeit davon, mit welchen Bodenkomponenten sie verbunden werden und welche Reaktionsoberfläche oder Reaktionskapazität diese Phasen haben, davon, welche innere oder äußere Position in der Kristall- oder Schichtstruktur die Metalle einnehmen und durch welche Bindungsenergie sie gebunden werden. Um zu bewerten, in welchen Bindungsformen die Schwermetalle in der festen Bodenkomponente vorliegen, wurden verschiedene analytische Methoden ausgearbeitet, die im wesentlichen auf der stufenweisen Extraktion beruhen. Alle existierenden Methodiken beruhen auf der Annahme, daß in Böden im wesentlichen folgende Schwermetallbindungsformen vorliegen. Die wasserlöslichen, die im wesentlichen den Chemismus des Bodenwassers ausmachen, die austauschbaren Schwermetalle, die also an Tonminerale oder organische Kolloide adsorbiert vorliegen, die in organische Verbindungen eingebrachte, also fest in Zellstrukturen von Pflanzen und Tieren verankerte, Metallionen, die von Eisen- oder Manganoxiden gebunden wurden, die eigentlichen Minerale wie Carbonate, Phosphate und Sulfate/Sulfide von Schwermetallen und letztendlich die in Silikatstrukturen gebundenen Schwermetalle.

Die wasserlösliche und die austauschbare Bindungsform können durch Prozesse und Zustände mobilisiert werden, die durch Bodenreaktionen erreichbar sind, sie werden deshalb als bewegliche Bindungsformen bezeichnet. Wasserlösliche Formen werden schon durch ein erhöhtes Wasserdargebot mobilisiert, also zum Beispiel nach einem Regen oder im Verlauf der Schneeschmelze. Die Austauschformen können leicht durch eine Änderung des pH-Wertes in der entsprechenden Bodenschicht oder durch Änderung des Redoxpotentiales gelöst oder gebunden werden. Diese Änderungen sind auch unter natürlichen Bedingungen möglich.

Die in organische Stoffe gut eingebundenen Metalle, die an Eisen- und Manganoxide gebunden und die in Mineralform auftretenden Schwermetalle können nur durch Säuren gelöst werden, die in der Natur nicht mehr vorkommen, sie werden als säurelöslich bezeichnet und bilden zusammen mit den in Silikatverbänden gebundenen Metallen die unbeweglichen Verbindungen. Beweglich und unbeweglich sind hier nicht als absolute Begriffe aufzufassen, sondern als relativ zu den im Boden möglichen Zuständen. Genauer müßte es heißen: durch natürliche Prozesse und Zustände mobilisierbare Schwermetallverbindungen und durch natürliche Prozesse und Zustände nicht mobilisierbare Schwermetallverbindungen.

Die Verteilung der Schwermetalle im Bodenprofil zeigt deutlich, daß die bodenbildenden und Migrationsprozesse einen großen Einfluß auf die Verteilung der Schwermetalle ausüben. Mit anderen Worten, die pedogenen Einflüsse sind deutlich zu beobachten. Zum Vergleich sollen zwei Bodenprofile vorgestellt werden (Abb. 2.25), die sich in der Struktur völlig unterscheiden.

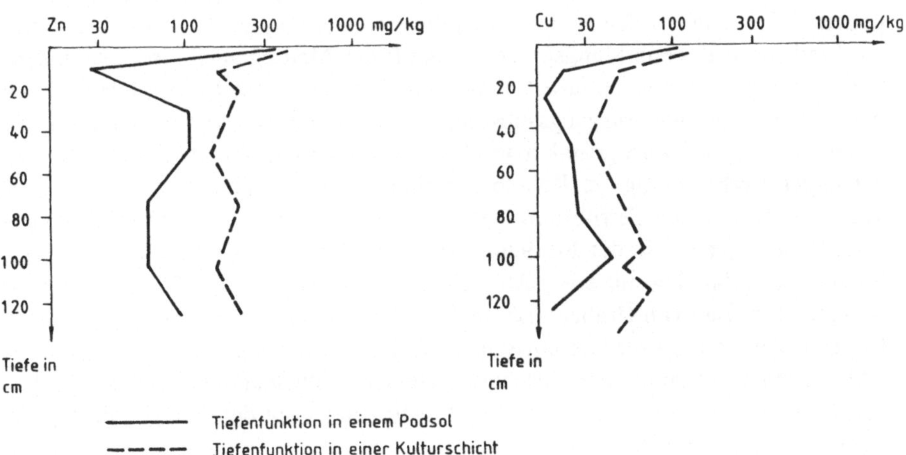

Abb. 2.25. Tiefenfunktionen von Zink und Kupfer in einem Podsol und einem anthropogen entstandenen „Industrieboden" (Quelle: GRIGORJAN 1982).

Das erste Profil ist ein Podsolboden in der Einwirkungszone eines Buntmetallurgiewerkes, das zweite ein anthropogen derart in der Horizontfolge gestörtes Profil, daß der Bodentyp nicht mehr bestimmbar ist. Es befindet sich in einer Industrieagglomeration. Gemeinsam ist beiden Bodenprofilen, daß die größte Konzentration in den ersten fünf Zentimetern der Bodendecke zu finden ist und die weiteren Konzentrationen einem starken Einfluß der pedogenen Prozesse und Charakteristika des entsprechenden Horizontes unterliegen. Untersuchungen von Blei in verschiedenen Böden haben gezeigt, daß die Konzentrationserhöhung des Bleies an belasteten Standorten sowohl in Einwaschungs- wie auch Auswaschungshorizonten zu beobachten ist. Die Maximalkonzentration ist in den Auflage- und Humushorizonten zu messen. Die Gesetzmäßigkeiten der Verteilung des anthropogenen Blei im Bodenprofil sind jedoch dieselben wie die Bleiverteilung der unbelasteten Vergleichsprofile. Um also den pedogenen Einfluß so weit wie möglich auszuschließen, also die Indikatoreigenschaften eines Bodens zu verbessern, sollte die Probe aus dem Oberbodenbereich, aus den ersten fünf Zentimetern Bodendecke, entnommen werden.

2.3.2 Anthropogene Änderungen der Indikatoreigenschaften des Bodens

Die wichtigsten Faktoren, die der Mensch entweder modifiziert oder ändert, sind das Ausgangsgestein, die Quantität und Fließcharakteristika der Oberflächen- und Grundwässer, die Pflanzendecke und das Klima (Mikroklima). Außer der anthropogenen Wirkung auf den Boden durch die Veränderung der Bodenbildungsfaktoren (und somit Bodenbildungsprozesse) greift der Mensch auch direkt verändernd in die Bodendecke ein, verändert direkt den Chemismus der Böden. Die Gesteinshülle, also Relief und Ausgangssubstrat, wird in seinen beiden Charakteristika geändert. Das Relief wird geändert infolge von Planierungsarbeiten, Bebauung, sogenannter Verbesserung der Reliefeigenschaften und der Gewinnung von Bodenschätzen. Im urbanen Territorium läuft dabei der Prozeß der Reliefveränderung in zwei Richtungen ab, in der Erhöhung und Vertiefung von Oberflächen. Der erste Prozeß ist verbunden mit einer Abtragung des Grundes, einer Terrassierung von Hängen, dem Bau von Gräben und Becken, dem Einsinken oder Nachrutschen der Bodendecke oder ganzer Gesteinsschichten. Relieferhöhung ist verbunden mit der Ablagerung von Grund, dem Zuschütten kleiner Schluchten und Rinnen oder kleiner Tümpel und ehemaliger Teiche, und nicht zuletzt mit der Anlage von Deponien für Industrie- und Hausmüll.

Die Reliefenergie spielt eine große Rolle bei der lateralen Stoffverlagerung im Boden. Da in urbanen Gebieten die Reliefenergie zumeist abnimmt, führt das zu einer weniger intensiven lateralen Bewegung der Oberflächenwässer und somit zu einer weniger intensiven mechanischen Migration der wasserlöslichen und wasserunlöslichen Schadstoffe. Diese Erscheinung ist für die Pedoindikation natürlich sehr günstig, bleiben die Schadstoffe doch an einem „Eintrittsort" besser fixiert, die Selbstreinigungsfähigkeit der Böden wird jedoch herabgesetzt. Mit anderen Worten, das primäre Bild der Bodenkontamination, das hauptsächlich durch den Lufteintrag bestimmt wird, wird durch sekundäre Neuverteilungs- bzw. Verlagerungsprozesse in der Stadt weniger verändert als im Stadtumland bzw. in der vorstädtischen Landschaft.

Mit den Prozessen der Veränderung der Reliefenergie wird nicht nur die geometrische Form der Oberfläche verändert, sondern auch ihr chemischer Inhalt. Oft wird die Bodendecke oder auch gleich die Verwitterungsschicht entfernt oder eine neue Schicht aufgebracht, die geologisch fremd in diesem Territorium ist und über andere chemische Parameter verfügt. Außerdem bildet sich im Prozeß oder Verlauf der Nutzung des urbanen Territoriums eine sogenannte Kulturschicht. Die Kulturschicht ist ein Teil der menschlichen Lebenstätigkeit und besteht aus Produkten menschlicher Lebenstätigkeit. Die in der Soziosphäre genutzten Stoffe unterscheiden sich in ihrer Struktur, in ihrer elementaren Zusammensetzung aber wie bekannt von den Stoffen, die die Lithosphäre bilden, also der Sphäre, die die chemische Grundlage natürlicher Böden ist!

Die Kulturschicht ist eine zufällige Bildung, sie wird, im Unterschied zur Mülldeponie, nicht extra oder bewußt angelegt. Nichtsdestoweniger besteht die Kulturschicht jedoch ebenfalls aus Industrie- und Hausmüllabfällen. Der chemische Zustand, die chemische Zusammensetzung dieser Kulturschicht ist heterogen als Funktion der funktionalen Bedeutung oder Nutzung des urbanen Territoriums insgesamt oder seiner Teile und heterogen als Funktion der Zeit und damit Technik und Technologie. In der Kulturschicht finden sich viele Elemente, die sich durch eine hohe Technophilität auszeichnen.

Im Verlaufe der Entwicklung der Stadt oder des urbanen Territoriums wird ein und derselbe Ort oder Platz in den verschiedensten Funktionen genutzt. So entwikkelten sich anstelle der mittelalterlichen Stadtbefestigungen oft Boulevards oder Gärten, nicht selten entwickelte sich aus dem ursprünglichen Siedlungskern, meist ja einem Dorfe, der spätere Stadtpark. Natürlich spiegelt sich die chemische Zusammensetzung der Kulturschicht in den Böden wider, die sich auf ihr entwickeln. Weil nun die Kulturschicht ebenfalls eine höhere Konzentration an technophilen Elementen aufweist, also chemisch den rezenten Umweltbelastungen ähnlich ist, fällt es anhand von Bodenproben oft schwer, die Quellen und Ursachen der jeweiligen Kontamination zu bestimmen. Natürlich kann man Proben des Substrates entnehmen, was aber die Arbeit sehr erschwert und vor allem auch verteuert. Ein Grund der Nutzung von Naturindikatoren war ja aber gerade die Kostenersparnis gegenüber anderen Verfahren.

Mit der Modifizierung des Klimas und dem Bau von städtischen technischen Anlagen wie Häusern, Straßen, Wegen, Gräben, Mauern usw. ist eine Veränderung des Wasserhaushaltes verbunden. Die Dynamik und thermische Konvektion, verbunden mit der Erhöhung der Anzahl der Kondensationskerne, vor allem durch anthropogene bzw. soziogene Aerosole, führt zu einer Erhöhung der Bewölkung zwischen 3 und 27 %. Es zeigt sich, daß die Zunahme der Niederschläge in der Stadt proportional mit der Größe der Stadt und nicht mit ihrem Industriepotential steigt. In der Stadt können bis zu 10 % mehr Niederschläge als im Stadtumland fallen. Die Erhöhung der Niederschläge führt natürlich zu einer besseren Migration der Schadstoffe, besonders der wasserlöslichen. Parallel zu diesen durch die Luftkontamination bedingten Änderungen des Wasserhaushaltes gibt es auch noch technische oder mechanische Änderungen vor allem des Oberflächenwasserregimes, ebenfalls herbeigeführt durch die soziogenen Objekte. Dazu gehören Straßen, Häuser, Mauern, kurz, alle Objekte, deren Fundament oder Körper tiefer in den Boden reicht als die Bodenschicht, aus der die Bodenprobe entnommen wird. Diese Objekte führen zu einer Unterbrechung des lateralen oder horizontalen Wasserflusses in der Bodendecke.

Die Bodendecke der Stadt ist in viele kleine Stücke oder Teile zergliedert, die über einen lateralen Stoffaustausch nicht miteinander verbunden sind, auch wenn sie sich in unmittelbarer Nachbarschaft zueinander befinden. Im Stadtzentrum sind diese Bodenparzellen etwas kleiner, zur Peripherie hin werden sie größer. Das bedeutet, daß man die verschiedenen Reliefpositionen nur noch sehr bedingt als autonome, transitive oder akkumulative elementare Landschaften im geochemischen Sinne klassifizieren kann, denn diese Beziehungen haben nur dann einen Sinn, wenn der laterale Stofftransport innerhalb einer geochemischen Landschaft oder geochemischen Catena nicht unterbrochen ist. Das führt dazu, daß der Sekundärverteilung der Schadstoffe im Boden an der Oberfläche ganz konkrete, auch sichtbare Grenzen gesetzt sind. Die durch die Luft eingetragenen Schadstoffe verbleiben also mehr oder weniger gut fixiert auf den Bodenstücken, auf die sie primär gelangt sind.

Eine weitere Besonderheit stellt die Pflanzendecke in der Stadt dar. Hierbei interessiert weniger die direkte Wirkung der Pflanzen auf den Boden, also nicht der durch die Pflanzen initiierte Stoffkreislauf zwischen Boden und Pflanze und umgekehrt, es interessiert die physikalische Wirkung verschiedener qualitativer und quantitativer Parameter der Pflanzendecke. Wie bekannt, filtern ja Pflanzen allgemein und Bäume im besonderen den Staub aus der Luft. Die Filterwirkung beruht hauptsächlich darin, daß die Windgeschwindigkeit durch die Pflanzen herabgesetzt wird. Staub und Aerosole sedimentieren auf die Blätter und Zweige.

So ist die Konzentration an Staub in der Luft innerhalb eines Stadtparks um etwa das 5fache kleiner als die Staubkonzentration im Zentrum der Stadt. Wichtig ist bei diesem Prozeß die Fläche, die den Wind abbremst und auf der sich die Staubteilchen sammeln können. Diese Oberfläche ist bei verschiedenen Pflanzengesellschaften unterschiedlich. So ist zum Beispiel eine 30jährige Kastanie in der Lage, im Verlaufe eines Jahres 120 kg Trockenstaub aus der Luft zu filtern und 80 kg Aerosole, die mit Niederschlägen verbunden sind. Die effektive Oberfläche von Bäumen liegt bei etwa 1000 Quadratmeter pro Quadratmeter Boden, die von Büschen nur bei 100, die der Wiese bei 10 und die von Obst- und Gemüsegärten nicht höher als 5 Quadratmeter Blattfläche je Quadratmeter Boden (BARTH 1987).

Nun sind diese Vegetationsstrukturtypen ja oft an bestimmte Nutzungstypen des Stadtgebietes gebunden, Gärten sind entweder als Kleingartenanlagen im gesamten Territorium verteilt oder an ehemalige ländliche Siedlungskerne gebunden, Wiese ist häufig in Neubaugebieten und auf Ruderalflächen zu finden, Büsche sind oft als Spontanvegetation in fast allen Stadtgebieten zu finden, besonders häufig jedoch als Grundstücksbegrenzung, in gründerzeitlichen Villenvierteln; Bäume stehen in Parks und recht häufig auch in der Altstadt, weniger hingegen in Neubauvierteln. Da nun ein Baum einen 200mal größeren Luftkörper ausfüllt als etwa ein Gartenstück oder 100mal größer als eine entsprechende Wiese, wird der Baum zum Schadstoffkollektor und gibt die Schadstoffe, entweder durch Regen abgewaschen oder durch den Laubabwurf, an den Boden weiter.

So sind besonders im Stammbereich von Bäumen oft sehr hohe Schadstoffkonzentrationen zu messen, obwohl die Luft eigentlich recht sauber scheint. Die Emission in diesem Gebiet kann sogar geringer sein als in Gebieten mit weniger belasteten Böden. Das liegt einfach daran, das die aus der Luft gefilterten schadstoffbelasteten Staupartikel durch den Regen von den Blättern in den Boden gespült werden. Auf diese Weise wirken verschiedene Vegetationsstrukturtypen im städtischen Milieu, die gebunden sind an bestimmte Nutzungstypen oder Nutzungsfunktionen, gerade durch ihre unterschiedlichen physikalischen Eigenschaften auf den chemischen Zustand der oberen Bodenschichten, aus denen ja die Proben entnommen werden.

Nun wirkt der Mensch ja nicht nur durch die Modifizierung der Landschaftskomponenten auf den Chemismus des Bodens, sondern auch direkt, als sechste Komponente. Er ändert entweder die chemische Zusammensetzung oder, im einfachsten Falle, entfernt die Oberbodenschicht und legt eine neue an. Baumaterialien haben oft einen hohen pH-Wert, da sie zu großen Teilen aus Kalk bestehen, Farben an den Hauswänden enthalten Schwermetalle, all das wird in den Boden eingewaschen, eine Immission ohne den Transmitter Luft und unbeeinflußt durch Turbulenzen und Strömungen. In Gartensiedlungen wird oft als Kompost auch ein Teil verrotteter Hausmüll genommen. Der Kompost weist nach ONISHTSHENKOW (1981) einen Konzentrationskoeffizienten für Zink von 50, für Cadmium von 85, für Kupfer von 28 und für Blei von 24 auf. Eine zweimalige Kompostierung pro Jahr kann die Metallkonzentration im Oberboden um eine Zehnerpotenz erhöhen.

Ein häufiges Phänomen ist auch, daß sehr strapazierte Böden, etwa in Grünanlagen oder auf Grünstreifen an Straßen, durch Torf oder gebietsfremde Oberbodenstrukturen aufgebessert werden. Solche Böden indikatieren dann eine besonders geringe Belastung, obwohl das Gebiet unter starker Emissionswirkung stehen kann. So wirken auf Stadtböden eine Vielzahl von Faktoren, die die natürlichen Bodenbildungsprozesse modifizieren oder unabhängig von ihnen sind. Ein Stadtboden entwickelt sich anders als ein Boden unter natürlichen Verhältnissen, gerade auch chemisch.

Der Boden ist nach GLASOWSKAJA (1988) einer der informativsten Blöcke der landschaftsgeochemischen Systeme, ihr zentraler Kern, in dem sich die Stoffe und Energien treffen und in Wechselwirkung treten, die die Landschaft zu einer Ganzheit formieren. So auch in der Stadt, im stark urban überprägten Raum, wo im Unterschied zu natürlichen Geosystemen ein räumlich wie zeitlich stark heterogenes Gefüge herrscht von miteinander in Beziehung stehenden Stoff- und Energieströmen.

Die chemische Untersuchung von Böden hat sich parallel mit der Bodenkunde selbst entwickelt und auch jede heutige bodenchemische Untersuchung ist von bodenkundlichen Fragestellungen nicht zu trennen. Wenn bei der Flechtenindikation oder der Nutzung der Baumborke als Indikator lediglich die Indikatoraussage von Interesse ist, so wird der Boden zumeist im Hinblick als landwirtschaftliches Produktionsmittel untersucht, weniger als Indikator für den Zustand des Geosystems insgesamt, sondern um seiner selbst Willen. Gerade wegen seiner spezifischen Reaktion, wegen der hohen Dynamik seiner Eigenschaften, fallen beim Boden Emissionsfeld und Immissionsfeld wohl am wenigsten zusammen, gerade deshalb aber ist der Boden der Anzeiger des chemischen Zustandes einer Landschaft schlechthin. Im Boden begegnen sich die Belastung einerseits und die Selbstreinigungsfähigkeit andererseits, im Boden ist die natürliche Belastung, natürliche Anomalien am deutlichsten sichtbar und zeigt an, wieviel Schadstoff noch vertragen werden kann. Schon diese Tatsache führt zu dem Gedanken, daß Emissionsgrenzwerte für die Natur insofern ohne Bedeutung sind, als sie eine hinreichend geringe Immission nicht a priori garantieren können.

Boden zeigt eine dreifache chemische Gestalt. Da wäre als erstes die geogene chemische Grundlast zu nennen, die herrührt aus der Verwitterungsschicht, auf der sich der Boden gebildet hat. Diese geogene Grundlast wird verändert durch die Bodenbildungsprozesse selbst, durch Teilchen- und Lösungstransport, durch die Schaffung bestimmter Migrationsbedingungen und Barrieretypen. Die geogene Grundlast wird modifiziert zur pedogenen Grundlast. Diese Modifizierung beschreibt die Selbstreinigungsfähigkeit nicht nur der Böden, sondern der Landschaft überhaupt. In anthropogen genutzten Gebieten kommt die anthropogene Belastung hinzu. Anomalie kann, muß aber nicht anthropogene Ursachen haben. Trotz dieser sehr großen Kompliziertheit wird Boden häufig als Indikator für Luftverschmutzung genommen. So schreibt SOROKINA (1984: 9): „Als Indikator für Luftverunreinigungen werden Anomalie chemischer Elemente in der Bodendecke, die als Deponiemilieu für Schadstoffe fungiert, angenommen.“ Das ist primär natürlich insofern richtig, als die Masse der technogen oder anthropogen in die Umwelt gelangenden Metalle an den Luftstaub gebunden ist, die sekundär gefundenen tatsächlichen Anomalien sind aber ein Produkt der Wirkung der Landschaft in all ihren Kompartimenten.

2.3.3 Passive akkumulative Pedoindikation

Beispiel: Der Einfluß der Ofenheizung auf die Bodenkontamination mit PAK in der Stadt. Eine wichtige Stellung der Luftbelastung der Stadt mit polycyclischen aromatischen Kohlenwasserstoffen nimmt der Hausbrand, also die Ofenheizung mit fossilen Brennstoffen, ein. Ein großer Teil der Untersuchungen ist den Besonderheiten des Verhaltens von 3,4-Benzpyren in Ökosystemen gewidmet. Nach SUESS (1976) stellt Benzpyren eines der stärksten und am weitesten verbreiteten Kanzerogene dar. Häufig wird deshalb Benzpyren auch als Indikatorverbindung für PAKs überhaupt angesehen, obwohl sein Anteil unter den emittierten Aromaten nur zwischen 1 und 20 % liegt. 70 % der Luftbelastung mit Benzpyren sind das Resultat der Verbrennung fossiler Brennstoffe in privaten Haushalten (UVF 1983). Neben diesem Schadstoff ist unter anderem auch Pyren in den Emissionen des Hausbrandes enthalten (FAORO & MAURING 1981) Für Emissionen von Kraftfahrzeugen sind hauptsächlich 1,12-Benzpirilen und Koronen spezifisch (GORDAN 1976, MOLLER ET AL. 1982). Dieses Faktum ermöglicht eine Identifizierung der Emissionsquellen und läßt einen stoffspezifischen Nachweis respektiv keine Trennung unterschiedlicher Emittenten zu.

Die polycyclischen Aromaten bilden bei Eintritt in die Atmosphäre eine Assoziation mit Aerosolen (SILINA ET AL. 1980) unterschiedlicher Arten und Größen. Bei Koagulation der PAK mit größeren Teilchen wird ein Teil von ihnen unweit der Quellen abgelagert, kleinere Partikel migrieren in größere Entfernungen. Da neben PAK aus der gleichen Emissionsquelle auch Ruß und Aschepartikel emittiert werden, an die sich die Aromaten anlagern können, ist mit einer engen räumlichen Korrelation von Emissions- und Immissionsfeld der Kohlenwasserstoffe auszugehen. Zu berücksichtigen sind dabei mehrere Faktoren, die zu einer Verringerung der PAK-Konzentration im Boden führen (SABAD 1973):

- Auswaschung in tiefere Schichten
- Aufnahme von PAK gemeinsam mit Nährstoffen durch Pflanzen
- Zersetzung von PAK unter Einwirkung von ultravioletter Strahlung
- Zerlegung (Abbau) durch Mikroorganismen.

Dabei nehmen auch die anthropogen eingebrachten polycyclischen Aromate an den pedologischen Prozessen teil und gehorchen den bodentypischen Tiefenfunktionen, wie Abbildung 2.26 zeigt.

Das vierringige Pyren wird deutlich besser verlagert als Benz(a)-pyren, beide Aromate gehorchen im wesentlichen der Tiefenfunktion der Huminstoffe. Die maximale und primäre Konzentration der Schadstoffe ist also nur in der oberen Bodenschicht, beschränkt auf den A-Horizont zu finden, wo auch die Probenahme zu erfolgen hat.

Die Proben wurden als Mischprobe der obersten 10 cm mit einem Volumen von etwa 10 cm^3 in Hausgärten oder Grünstreifen unter einer gut entwickelten Grasnarbe entnommen. In allen Fällen fand in den letzten drei Jahren keine Bodenbearbeitung statt. Außerdem ergab eine Befragung der Grundstücksbewohner, daß an den in Frage kommenden Stellen der Schnee nicht beräumt wird, was zu einer „Verarmung“ an Schadstoff geführt hätte. Der Einfluß von Kraftfahrzeugen konnte durch eine Wahl der Probenahmestandorte hinter dem Haus minimiert werden.

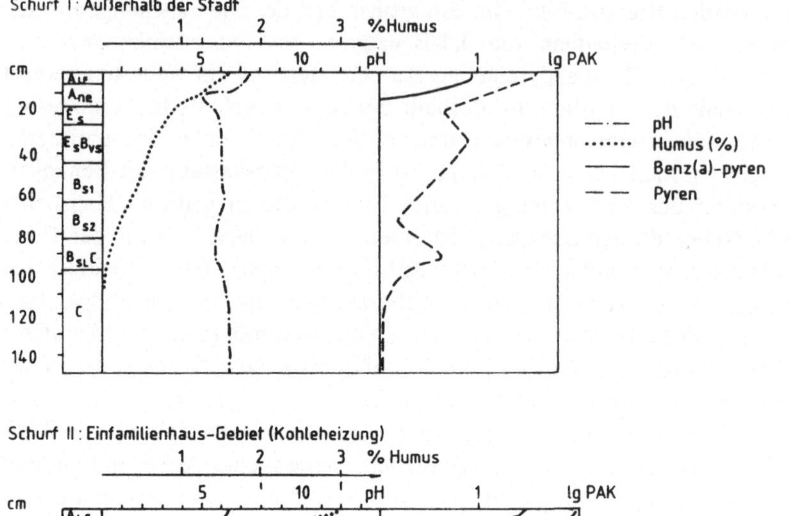

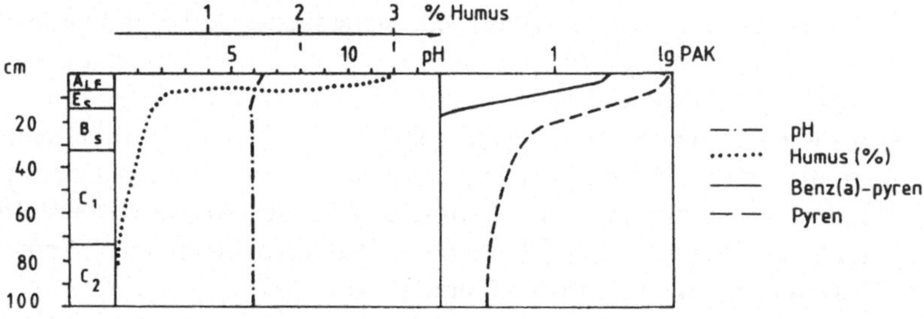

Abb. 2.26. Verteilung von Benz(a)-pyren und Pyren in den genetischen Horizonten von Podsolen

Für die Bewertung der Bodenkontamination machte es sich günstig, die Meßwerte mit der Anzahl der Häuser mit Ofenheizung je 2 m^2 in Beziehung zu setzen. Diese Angaben stellte freundlicherweise die Stadt Tallinn zur Verfügung. Die Ergebnisse sind in Abbildung 2.27 dargestellt.

Ungeachtet der verschiedensten physikalisch-chemischen Eigenschaften der Stadtböden zeigt das erhaltende Bild einen deutlichen Zusammenhang zwischen der Anzahl der Häuser mit Ofenheizung und der Konzentration von Benz(a)-pyren und Pyren im Boden. Dabei ist zu bemerken, daß die ausgewiesenen geochemischen Anomalien flächenmäßig im wesentlichen mit den Wohngebieten übereinstimmen. Das bedeutet, daß sich vor dem regionalen Hintergrund der Belastung der Stadt mit PAK, welche die Folge der Emissionen aus Industrie, Verkehr und zentraler Heizkraftwerke ist, die spezifischen Areale der Bodenkontamination durch die Ofenheizung abzeichnet. Dies ergibt sich aus der relativ niedrigen Quellhöhe der Emission (ein- bis zweistöckige Häuser), der relativ niedrigen Abgastemperatur und der hohen Emittentendichte der Wohngebiete.

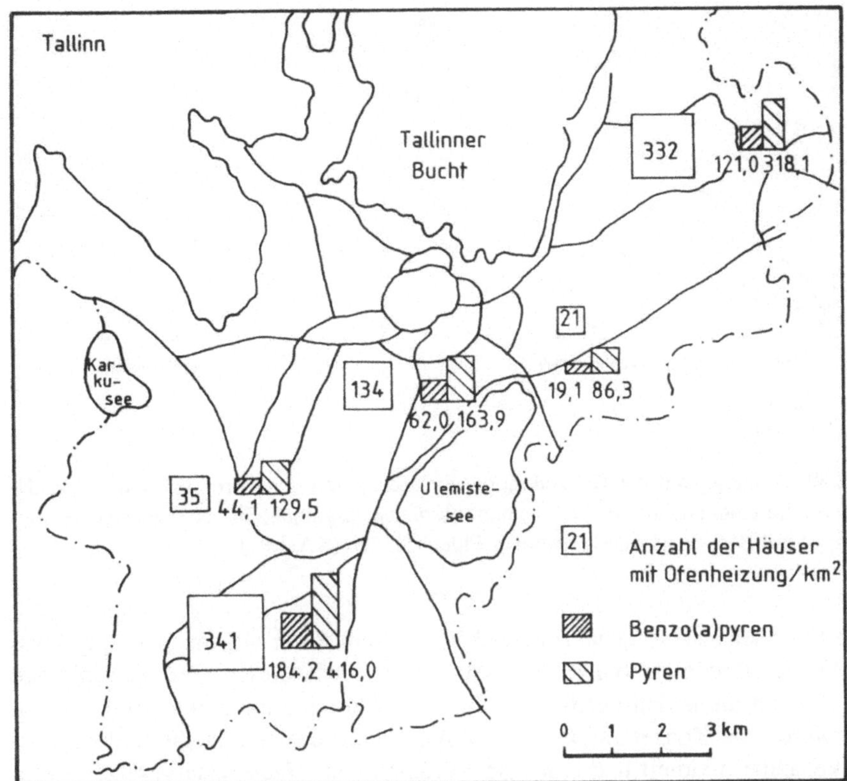

Abb. 2.27. Anzahl der Häuser mit Ofenheizung je km^2 und mittlere Gehalte an Benz(a)-pyren und Pyren in den oberen 10 cm von Böden

Um die Grenzen der Akkumulation der Kohlenwasserstoffe im Boden festzustellen, werden korrelative Abhängigkeiten zwischen den Konzentrationen der untersuchten Stoffe und der Dichte der Häuser mit Ofenheizung für die in Frage kommenden Wohngebiete berechnet. Dabei ergab sich ein funktioneller Zusammenhang der Art $y = e^a * x^b$ (Abb. 2.28a) mit einem Korrelationskoeffizienten von 0.92 für Benz(a)-pyren und 0.93 für Pyren. Das bedeutet eine statistische Sicherheit für die Abhängigkeit der Schadstoffkonzentration im Boden und der Ofendichte von 99 %. Das Resultat zeigt, daß mit Erhöhung der Anzahl der Häuser mit Ofenheizung pro Fläche und dementsprechend der Zunahme der Belastung der Boden seine Aufnahmefähigkeit verliert, der Indikator also nicht mehr im „linearen Bereich" arbeitet. Die Grenze der Linearität liegt bei etwa 70 Häusern mit Ofenheizung je km^2.

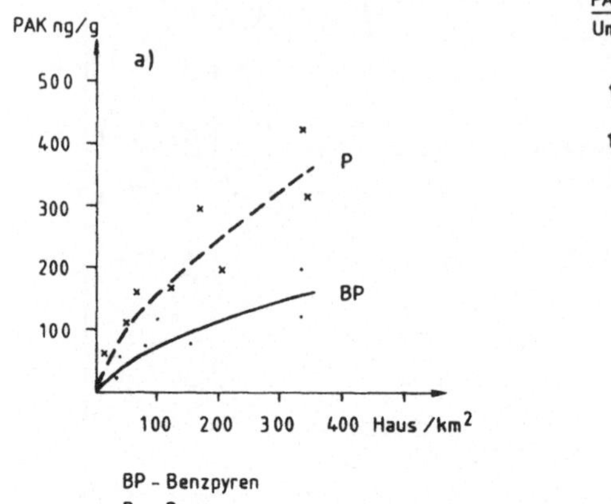

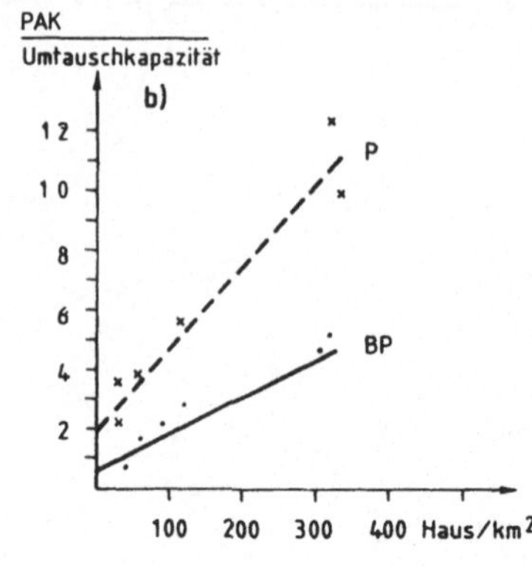

Abb. 2.28. Abhängigkeit der Konzentration von Benzpyren und Pyren im Boden von der Ofendichte im Untersuchungsgebiet: **a)** ohne Berücksichtigung sorbtiver Eigenschaften des Bodens; **b)** mit Berücksichtigung sorbtiver Eigenschaften (KAKpot)

Da die Kationenaustauschkapazität auch ein Ausdruck der allgemeinen Sorptionsfähigkeit der Boden ist (GLASOWSKAJA 1981) wurde dieser Wert gewählt, um durch Divison die bodenspezifischen Eigenschaften zu eliminieren (Abb. 2.28b). Dabei wurde die Konzentration der Aromate durch die potentielle Kationenaustauschkapazität dividiert und erneut in Beziehung zur Hausdichte gesetzt. Dieser Zusammenhang ist linear und genügt der Funktion $y = ax + b$. Somit kann eine höhere Vergleichbarkeit der Bodenkontamination in unterschiedlichen Gebieten (und damit unterschiedlichen Böden) erreicht werden, auch die statistische Sicherheit wird größer. Der Korrelationskoeffizient der Abhängigkeit der Bodenbelastung mit Benz(a)-pyren unter Berücksichtigung der Sorptionskapazität beträgt 0.99, der für Pyren noch 0.97.

Bezüglich der Indikation von Benz(a)pyren und Pyren im Boden, emittiert durch Hausbrand, können folgende Schlußfolgerungen gezogen werden:

- Die vier- und fünfringigen PAK-Moleküle 3,4 Benz(a)pyren und Pyren können als Teilstoffe für die Bodenkontamination durch Produkte der unvollständigen Verbrennung im Resultat der Ofenheizung verwendet werden.
- Die Bearbeitung und Interpretation der Werte der Konzentration von PAK in Böden der Stadt empfiehlt sich unter Berücksichtigung der Austauschkapazität der Böden durchzuführen, da somit eine Erhöhung der Vergleichbarkeit der Intensität der Belastung und der sie auslösenden Quellendichte ermöglicht wird.

Beispiel: Zusammenhang zwischen unterschiedlichen Nutzungstypen in der Stadt und der Bodenbelastung mit Schwermetallen. Die für die folgenden Darlegungen verwendeten Daten und statistischen Berechnungen sind im wesentlichen einer Diplomarbeit von HÖKE (1994) entnommen. Um eine statistische Auswertung des Zusammenhanges zwischen Nutzungstyp und Schwermetallbelastung durchführen zu können, war die Anzahl von 72 Proben bei einer Nutzungstypenzahl von 11 zu gering. Um dennoch eine statistische Auswertung durchführen zu können, wurden drei Nutzungstypen aufgelöst, sie sind in den Abbildungen 2.29 und 2.30 jedoch erhalten geblieben, um einen Vergleich mit anderen Aussagen in der vorliegenden Arbeit treffen zu können. Bei der Diskussion sollen weniger absolute Schwermetallgehalte in Betracht gezogen werden als vielmehr Musterverteilungen der Metalle innerhalb der einzelnen Strukturen. Die neue Zuordnung der Standorte ist in Tabelle 2.10 aufgezeigt.

Tabelle 2.10. Stadtstrukturtypen der Probenstandorte

Stadtstruktur	Anzahl der Proben nach TAUBALD & ZIERDT (1991)	Anzahl der Proben nach der Zusammenfassung durch HÖKE 1994
Altbaugebiet	13	17
Altneubaugebiet	7	
Neubaugebiet	9	12
Einzelhäuser	7	12
Eingemeindetes Dorf	8	8
Industriegebiet	2	
Acker- und Freiflächen	13	Ruderalfächen 18
Wald, Park, Friedhof	6	Wald 5
Gartensiedlungen	7	
Gesamt	72	72

Für die statistische Auswertung ergeben sich demnach die Strukturen Neubaugebiete, Einzelhaussiedlungen, eingemeindete Dörfer, Ruderalflächen, Wald und Altbaugebiete.

Die Neubaugebiete sind flächendeckend an das Fernwassernetz angeschlossen, eine direkte Zufuhr von Schwermetallen über den Hausbrand findet nicht statt. Die Straßenführung ist im wesentlichen für den Anliegerverkehr eingerichtet und da der Kraftfahrzeugverkehr vor 1989 vergleichsweise gering war, ist auch ein intensiver Eintrag von Blei und Cadmium nicht zu erwarten. Die mittleren Gehalte an Cu, Zn Pb und Cd sind deshalb gering und weisen nur eine kleine Streuung auf. Zwischen den vier in die Untersuchung einbezogenen Neubaugebieten sind ebenfalls keine bedeutsamen Unterschiede zu verzeichnen. Das Bild der eher extensiven anthropogenen Nutzung, begrenzt in erster Linie auf die „Schlaffunktion" mit geringer gewerblicher Durchmischung mit Handels- und Gastronomieeinrichtungen, finden sich in seiner Intensität und Homogenität auch in den Schwermetallgehalten des Oberbodens wieder.

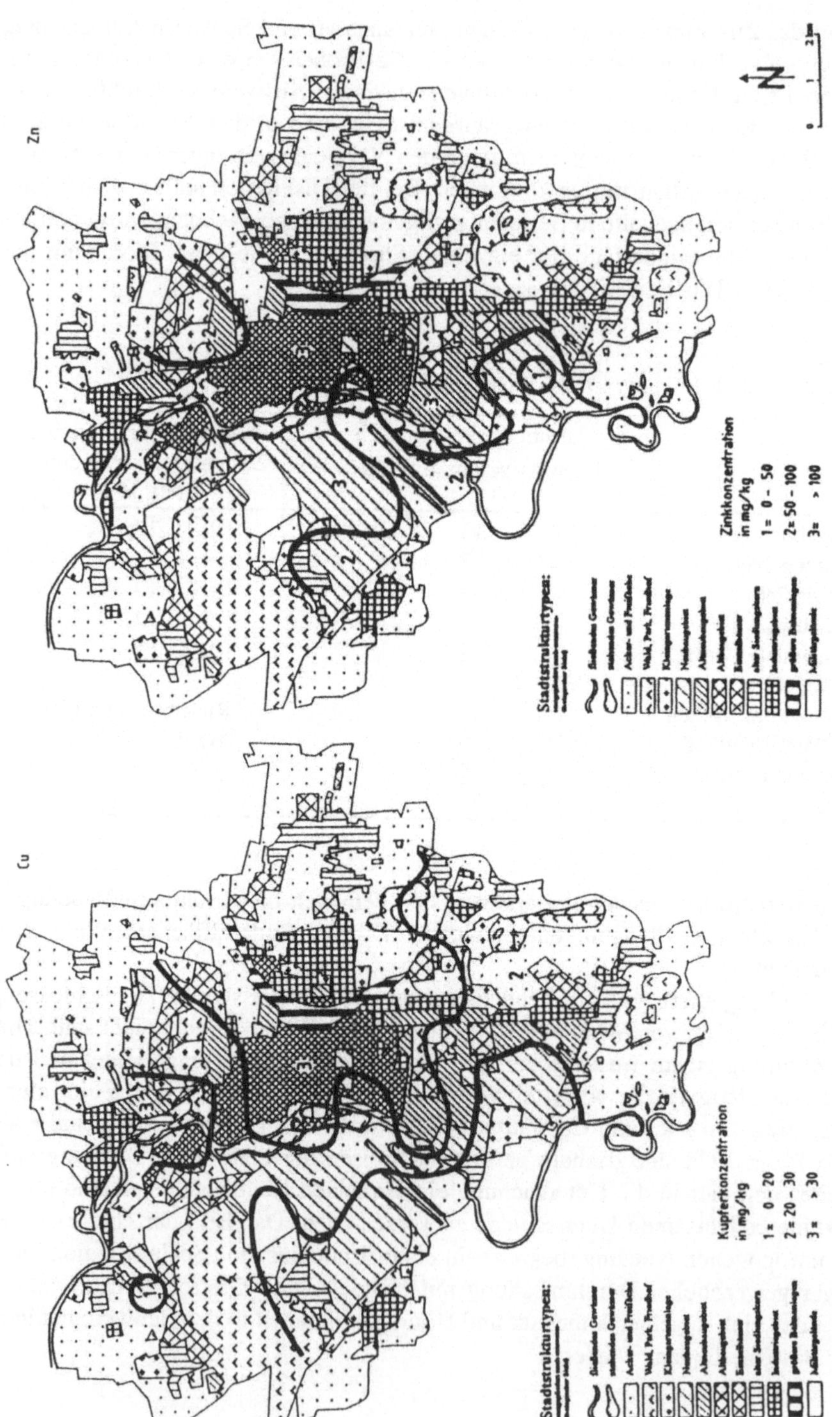

Abb. 2.29. Kupfer- und Zinkkonzentration im Oberboden (Grasnarbe) in städtischen Böden von Halle (Darstellung des Autors)

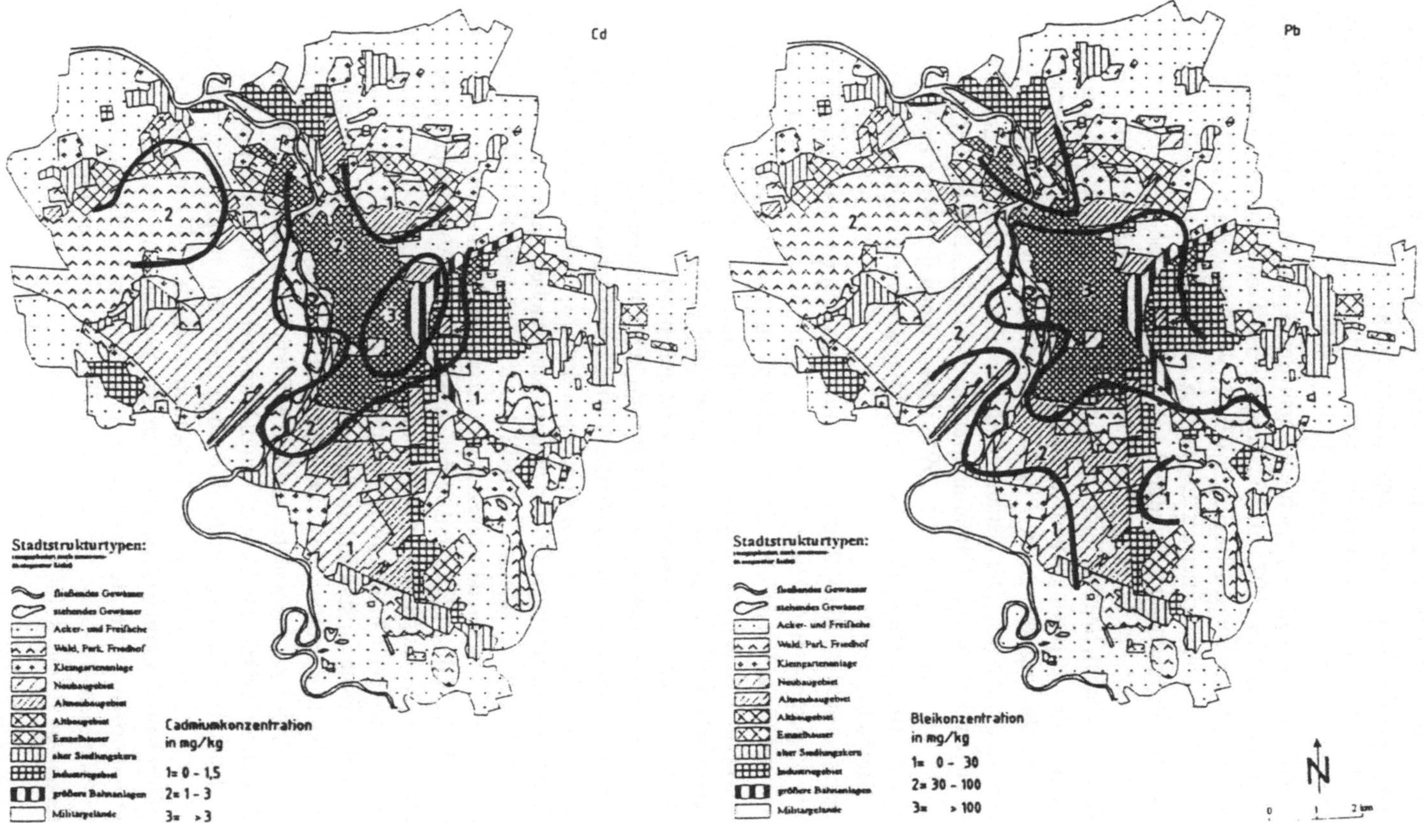

Abb. 2.30. Cadmium- und Bleikonzentration im Oberboden (Grasnarbe) in städtischen Böden von Halle (Darstellung des Autors)

In den Einzelhausgebieten liegen die mittleren Gehalte an Blei, Zink, Kupfer und Cadmium etwas höher und weisen eine größere Streuung auf. Auch zwischen den einzelnen in die Untersuchung einbezogenen Gebiete sind Unterschiede in den Schwermetallgehalten zu verzeichnen. Die Elemente Zink, Blei und Cadmium weisen außerdem leichte Überschreitungen der Grenzwerte nach der Klärschlammverordnung von 1992 auf. Die Nutzung der Areale, die mit Einzelhäusern bestanden sind, begann in der Regel vor dem 2. Weltkrieg, die Expositionszeit der Böden gegenüber strukturinternen Emittenten beträgt also zwischen 60 und 80 Jahren (vergleiche hierzu auch Tabelle 2.14). Außerdem sind die Einzelhausgebiete bis Ende der 80er Jahre durchweg durch Hausbrand mit Braunkohle, vereinzelt Koks, gekennzeichnet, hierdurch ist der Eintrag von Zink, Kupfer und Blei zurückführen. Bei diesen Elementen wird auch der Grenzwert vereinzelt überschritten. Ob diese Erhöhung auch auf den direkten Ascheeintrag zurückgeführt werden kann, ist nur zu vermuten. Die Gehalte je kg Asche der in Frage kommenden Elemente betragen 3.56 mg bei Cadmium, 38.8 mg bei Blei, 243 mg bei Zink, 33.9 mg im Falle von Kupfer (SCHWABE 1995). Das Streuen der Wege im Winter mit Asche und deren Verteilung durch eine nachfolgende Räumung des Schnees muß jedoch in Betracht gezogen werden.

Nur geringe mittlere Blei-, Zink-, Cadmium- und Kupfergehalte im Oberboden zeigen die eingemeindeten Dörfer. Eine relativ große Streuung weisen die Gehalte an Kupfer und Cadmium auf, die Gehalte an Zink streuen stark und sind im Mittel deutlich erhöht. Die eingemeindeten Dörfer existieren im allgemeinen als Siedlungsflächen schon sehr lange, ihr Nutzungswandel erfolgte in den 20er bis 60er Jahren. Die recht hohe Bebauungsdichte weist außerdem eine Durchmischung von Boden- und Gewebeparzellen auf. In Abhängigkeit von dieser Zusammensetzung der Parzellen und ihrer Anbindung an das Verkehrsnetz schwanken die Schwermetallgehalte entsprechend stark von Probenstandort zu Probenstandort. Außerdem befinden sich die ehemaligen Dörfer in unterschiedlichen Lagen im Stadtmosaik der Strukturtypen, haben also unterschiedlich stark emittierende Nachbarschaften.

Die höchsten Schwermetallgehalte konnten in den Altbaugebieten nachgewiesen werden. Dabei gilt für Blei und Cadmium eine höhere Variabilität als für Zink und Kupfer. Die Altbaugebiete (Altstadt und Gründerzeitliche Gebiete) sind seit Jahrhunderten gewerblich und ab Ende des 19., Anfang des 20. Jhs. auch industriell genutzte Areale im städtischen Strukturmosaik. Die Luftzirkulation ist durch die dichte Bebauung deutlich eingeschränkt, so daß Emissionen häufig im Entstehungsraum verbleiben. Neben der größten Ofendichte weisen die Altbaugebiete auch die höchste Verkehrsdichte auf. Hinzu kommt der historische Aspekt der Bildung der Kulturschicht und der damit verbundenen Einbringung von gewerblich und im Haushalt genutzten Metallen. Hierdurch ist die hohe Variabilität vor allem der Kupfergehalte zu erklären, wurde doch das Wasser, mit dem Kupfergeschirr gereinigt wurde, oft mit Hilfe von Scheuersand, einfach auf die Straße gegossen. Besonders deutlich als Gebiet erhöhten Schwermetalleintrages zeichnet sich auch das Gelände von Eisenbahnlinien ab.

Die Zusammenfassung von Ackerflächen und Sonderstandorten zu Ruderalflächen (im Sinne urbaner Flächenklassifizierung) ließ von vornherein ein sehr diffuses Bild bezüglich der Schwermetallbelastung erwarten. Entsprechend ihrer Verteilung im Stadtgebiet und mannigfaltiger Kombination von strukturellen Nachbarschaften ist die Schwermetallkonzentration höher als in Neubaugebieten, jedoch geringer als in der Altstadt. Je nach Lage bzw. Entfernung zu stark genutzten Transportwegen oder zu Gebieten mit hoher Ofendichte schwanken vor allem die Blei- und Zinkwerte. Hinzu kommt das Faktum, daß einige der beprobten Flächen auf Arealen ehemaliger Müllkippen liegen, etwa am Nordufer des im Osten der Stadt gelegenen Hufeisensee. Hier sind besonders hohe Blei und Zinkkonzentration zu verzeichnen.

Obwohl der Stadtwald von Halle, die Dölauer Heide (der Name stammt aus der Zeit, in der das Areal als Stadtweide genutzt wurde), die geringste direkte anthropogene Nutzungseinwirkung aufweist, sind die Cadmium- und Bleigehalte relativ hoch, sie folgen gleich nach den Werten, die in der Altstadt gemessen wurde. Die Kupfer- und Zinkgehalte sind hingegen eher von mittelbarer Höhe. Eine Ursache für diese hohen Gehalte dürfte die Vegetation des Gebietes und die damit verbundene größere adsorbierende Oberfläche sein. Der die Schadstoffe transportierende Wind wird außerdem durch die Bäume gebremst und verliert an Transportkraft, was zu einem verstärkten fall out der Schadstoffe führt. Die Musterverteilung der Schwermetallkonzentration läßt den Schluß zu, das zur Kontamination der Böden im Waldgebiet weniger lokale städtische Emittenten führen als vielmehr Belastungen, die regionalen Ursprung tragen. Andererseits zeigt das Bild im Wald deutlich, daß die hohen Zink- und vor allem Kupferkonzentrationen in der Altstadt weniger rezenten als vielmehr historischen Quellen zuzuordnen sind. Dies unterstreicht noch einmal die hohe Bedeutung der Expositionszeit von Bodenflächen in belasteten Räumen auf die in ihnen enthaltenen Schadstoffkonzentrationen.

In einem Vergleich der Cadmium-, Kupfer-, Blei- und Zinkgehalte in Abhängigkeit von den Stadtstrukturen (Tab. 2.11) kommt Höke entsprechend zu folgenden Schlußfolgerungen:

Tabelle 2.11. Rangfolge der mittleren Schwermetallgehalte der Stadtstrukturtypen (von oben nach unten Zunahme der mittleren Schwermetallgehalte) (HÖKE 1994)

Pb	Cd	Cu	Zn
Neubaugebiet	Neubaugebiet	Neubaugebiet	Neubaugebiet
Einzelhaussiedlung	Einzelhaussiedlung	Einzelhaussiedlung	Einzelhaussiedlung
eingem. Dörfer	Ruderalflächen	Wald	Wald
Ruderalflächen	eingem. Dörfer	eingem. Dörfer	Ruderalflächen
Wald	Wald	Ruderalflächen	eingem. Dörfer
Altbaugeb.	Altbaugeb.	Altbaugeb.	Altbaugeb.

„Die Parameter Ofenheizung, Kraftfahrzeugverkehr und industrielle Emittenten sind mit den Stadtstrukturtypen verkoppelt und finden sich in diesen wieder. [Die Wahrscheinlichkeit des Zusammenhanges der Metallkonzentration zu den besprochenen Nutzungstypen beträgt 99.9 %.] Daraus resultiert, daß z.B. eine Varianzanalyse zwischen den Ofenheizungsgebieten und den Schwermetallgehalten automatisch auch unterschiedliche Stadtstrukturtypen widerspiegelt. Dadurch ist die Aussagekraft der Einzelanalysen eingeschränkt. Die Stadtstrukturen mit Ofenheizung weisen z.B. auch eine lange Besiedlungszeit auf und unterliegen häufig einem höheren Kraftverkehrseinfluß, einer starken Gewerbedurchmischung, zeigen eine dichtere Bebauung etc." (HÖKE 1994: 78).

Ein Zusammenhang der Gesamtbelastung der Schwermetalle im Oberboden zu den Stadtstrukturtypen läßt sich nur nach einer Relativierung der Einzelwerte berechnen. Hierzu wurden alle Einzelwerte, gemessen an den entsprechenden Standorten, zu ihrem Mittelwert in Beziehung gesetzt und entsprechend ihrer Zugehörigkeit zu den Stadtstrukturtypen zusammengefaßt (Tab. 2.12).

Tabelle 2.12. Zusammenhang zwischen den rel. Cd- + Cu- + Pb- + Zn-Gehalten / 4 in den Oberböden und den Stadtstrukturen

Cd+Cu+Pb+Zn rel. bezüglich des System- x eigenen Mittelwertes (Hintergrundes) / 4	
a Neubaugebiete	0.69
b Einzelhaussiedlung	0.84
c eingem. Dörfer	1.83
d Ruderalflächen	1.59
e Wald	1.24
f Altbaugebiete	2.31

Der Wert „1" bedeutet demnach eine mittlere Belastung (städtischer Hintergrundwert), Werte kleiner „1" zeichnen Areale mit geringer Kontamination und Werte größer „1" solche mit höheren Belastungen. Ein Versuch der kartographischen Darstellung ist in Abbildung 2.31 gegeben.

Schadensklasse 1 umfaßt alle Areale, die in ihrer Belastung unter dem städtischen Mittelwert liegen, Schadensklasse 2 Gebiete mit Werten zwischen 1 und 2 und Schadensfalles 3 diejenigen Stadtstrukturtypen, die eine doppelt so hohe Belastung wie das gesamte Territorium aufweisen. Das allgemeine Bild ergibt eine im wesentlichen erwartete und interpretierbare Belastungssituation. Die am intensivsten genutzten Stadtstrukturtypen weisen auch die höchsten Schwermetallkonzentrationen auf. Je multifunktionaler das Areal genutzt wird, um so höher wird auch dessen allgemeine Belastung. Eine wenn auch durch die Vegetation erwartete Ausnahme bildet lediglich das Waldgebiet, dessen Immissionsfeld nicht mit dem Emissionsfeld korreliert.

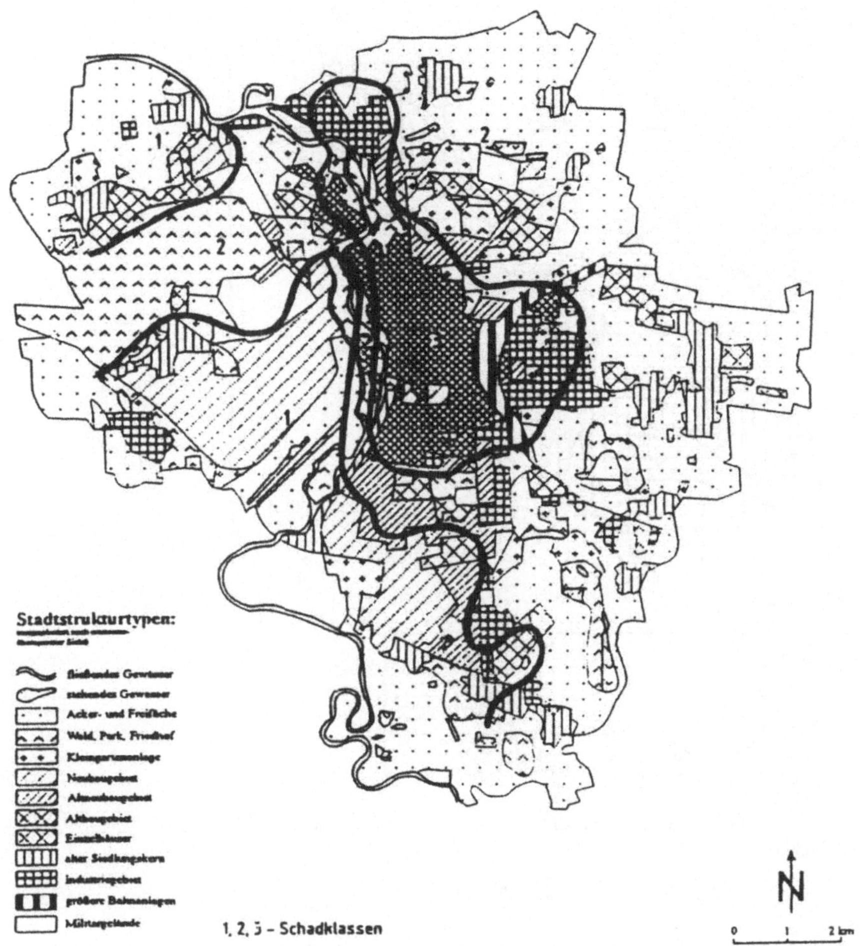

Abb. 2.31. Bodenbelastung mit Schwermetallen, ausgedrückt in Schadklassen bezüglich des summaren Koeffizienten der Metallkonzentration

Beispiel: Differenzierung der Belastungssituation durch Oberbodenproben in unterschiedlich großen Städten. Eine wichtige Belastungsart ist die Kontamination von Geosystemen mit Säurebildnern, es sei nur an das Waldsterben oder die Smogsituation, hervorgerufen durch den Hausbrand, erinnert. In urbanen Geosystemen fallen bei der Belastung mit dem Schadgas SO_2 Emissionfeld und Immissionsfeld augenscheinlich und meßtechnisch nachweisbar eng zusammen (vgl. auch 2.1.2., 2.1.3. und 2.2.2.). Wie Abbildung 2.32 zeigt, wird ein derartiges Zusammenfallen durch Oberbodenproben nicht indikatiert, im Gegenteil, sowohl für Tallinn wie für Pärnu ist eine Erhöhung der pH-Werte im inneren Stadtgebiet zu verzeichnen.

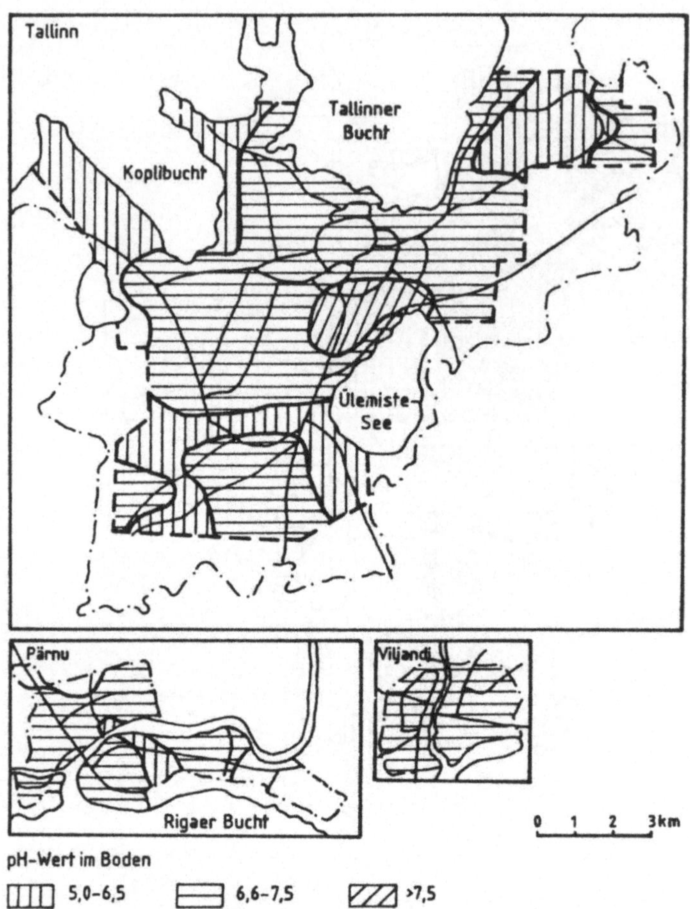

Abb. 2.32. pH-Werte im Oberboden in Städten unterschiedlicher Größe (Tallinn 500.000 Ew., Pärnu 34.000 und Viljandi 14.000 Ew.)

Zur Erklärung dieses Phänomens soll noch einmal kurz auf die Puffereigenschaften von Böden eingegangen werden.

Die anthropogene Veränderung des pH-Wertes von Böden hat im wesentlichen zwei Ursachen. Einmal sind es die sauren Luftbelastungen, die den pH-Wert auch der Böden senken, und zum anderen die bewußte oder unbewußte Einbringung von Kalkstäuben aller Art, ob als Staub von Betonwerken, als Staub von Straßenschotter oder als Düngemittel in der Landwirtschaft. Die Säurebildner wirken auf den pH-Wert, wobei er durch ein kompliziertes Puffersystem hindurchgeht. Solange noch Carbonate vorhanden sind, also $CaCO_3$, wird der pH-Wert auf 6.2 bis 8.6 gehalten. Das Calciumcarbonat wird als Hydrogencarbonat $Ca(HCO_3)_2$ gelöst, das Wasserstoffion also gebunden, der pH-Wert wird konstant gehalten. Nachdem der Kalk aufgebraucht ist, puffern die Primärsilikate das System weiter ab bis hin zum pH-Wert 5.0. Dabei bilden sich Tonmineralien, wodurch sich die Ionenaustauschkapazität erhöht, wieder wird Wasserstoff gebunden.. Diese Tonmineralien sind die letzte Puffersubstanz. Die bei einem pH-Wert von unter 5 freigesetzten Aluminiumionen flocken nämlich die Tonminerale aus, die Ionenaustauschkapazität sinkt und die Wasserstoffionen können nicht mehr gebunden werden. Ist die Zugabe von Calciumcarbonat so groß, daß immer ungelöstes Calciumcarbonat vorliegt, wird der pH-Wert auf einem Wert zwischen 6.2 und 8.6 gehalten.

Dieser Eintrag von Kalk oder anderen Basenbildnern ist in Städten bezüglich des pH-Wertes des Bodens der dominante Prozeß. Eine Quelle der Basenbildner, im wesentlichen Calcium, Magnesium, Natrium und Kalium, ist der Hausbrand. Kleine Aschepartikel gelangen mit der heißen Abluft in die Atmosphäre und fallen in relativer Nähe zum Schornstein aus. Sie gelangen in den Boden und können, im Bodenwasser in Lösung gegangen, die Säurebildner neutralisieren. Eine zweite wichtige Kalkquelle sind, zumindest in mitteleuropäischen Städten, die Gebäude und andere Bauwerke selbst. Oft sind sie aus Kalkstein, kalkhaltigem Sandstein oder Beton errichtet. Andere Bauten aus Ziegeln oder Fachwerkhäuser sind mit kalkhaltigen Materialien verputzt. Bei der Verwitterung gelangen diese Stoffe in den Boden und erhöhen somit den pH-Wert.

Besonders deutlich ist diese Tatsache für die Stadt *Tallinn* auszumachen. der zentrale und am längsten besiedelten Teil zeigt pH-Werte im neutralen Bereich. Da für Tallinn mit seinen nadelwaldbestückten sandigen Substraten Podsole den vorherrschenden Bodentyp darstellen, zeigt ein pH-Wert um 6.6 - 7.5 eine deutliche anthropogene Erhöhung an. Das durch Baustoffindustrie geprägte Gebiet nördlich des Ülemistesees weist sogar pH-Werte von über 7.5 auf. Nur in den randlichen Gebieten oder Waldstücken bzw. -gürteln zwischen einzelnen Stadtteilen sind naturnahe Boden pH-Werte anzutreffen.

Ähnliches ist für die Stadt *Pärnu* festzustellen, auch hier sind natürliche pH-Werte der Böden nur im Stadtrandgebiet festzustellen, im nördlichen Teil der Stadt und ganz im Osten, wo lockere Wohnbebauung in einem Waldstück, Kiefer auf Sand, dominiert. Schwieriger zu interpretieren ist das Areal niedriger pH-Werte in der Innenstadt. Es wäre möglich, daß die spezielle Nutzung als Parkanlage oder städtische Grünfläche durch meliorative Maßnahmen auf den pH-Wert senkend wirken, etwa durch Zugabe von Torf oder durch Auswaschung des Kalkes bei Bewässerungsmaßnahmen.

In der Kleinstadt *Viljandi* ist eine differenzierte Aussage zur Belastungssituation nicht mehr möglich. Entsprechend des kalkhaltigen Ausgangssubstrates der Bodenbildung liegen die pH-Werte im mehr oder weniger natürlichen Bereich und lassen keine Rückschlüsse auf anthropogene Aktivitäten zu. Über den pH-Wert des Bodens wird also eher die unmittelbare Einwirkung auf das Kompartiment selbst als der tatsächliche Zustand des Gesamtsystems widergespiegelt. Aussagen über Säurebildner lassen sich in urbanen Systemen infolge des dominierenden Kalkeintrages nicht machen. Kleinere Untersuchungsgebiete sind schwer differenzierter, die aufgegliederten Areale von pH-Wert-Verschiebungen lassen sich nicht sicher interpretieren.

Für eine Betrachtung des Zusammenhangs zwischen der Differenzierbarkeit eines Geosystems über den Indikator Boden hinsichtlich seiner Schwermetallbelastung und der flächenhaften Größe des Territoriums wurden die Schwermetalle als Summenparameter dargestellt (vgl. 1.4.3) und zwar bezüglich des geosystemaren Mittelwertes (Clarke). In die Bildung des Summenparameters sind die Elemente Blei, Zink, Kupfer und Cadmium einbezogen. Der Wert 1 bedeutet also, daß alle Elemente im Durchschnitt am konkreten Meßpunkt mit der Größe des Mittelwertes für die betreffende Stadt auftreten. Werte über 1 zeigen demnach eine höhere Belastung, Werte weniger als 1 weisen auf ein wenig belastetes Areal im Territorium hin. Wie die Extrem- und Durchschnittswerte für die untersuchten Städte zeigen, ist ein Vergleich der Differenzierung der Bodenbelastung unter den Geosystemen nur auf diese Weise möglich (Tab. 2.13).

Tabelle 2.13. Maxima, Minima und Duchschnittswerte der Elemente Blei, Zink, Kupfer und Cadmium in Oberbodenproben der Städte Tallinn, Pärnu und Viljandi

	Zn			Cu			Cd			Pb		
	max	min	Ø	max	min	Ø	max	min	Ø	max	min	Ø
Tallinn	421	2.0	55	367	1.0	17.2	0.71	0.02	0.2	272	3.1	30
Pärnu	1081	13.8	158	81	5.5	20.7	1.06	0.02	0.22	364	6.5	56
Viljan.	204	20.7	72	61	12.6	25	0.49	0.02	0.13	85	7.5	27

Anzahl der Standorte: Tallinn 112, Pärnu 65, Viljandi 27

Auffällig ist die im Vergleich mit Tallinn hohe Bodenbelastung in Pärnu, die nicht die Nutzungsintensität und Industrialisierung adäquat widerspiegelt. Lediglich die Varianz ist für Tallinn am größten, gefolgt von Pärnu und dann Viljandi. Dieses Faktum deutet darauf hin, daß die Bodenbelastung in Tallinn eher lokale Ursachen hat, also in der Stadt selbst zu suchen sind, in Pärnu jedoch auf einen hohen Anteil an „Fremdbelastung" geschlossen werden muß (Südwestwinde aus Mitteleuropa über den offenen Ostseeraum ?).

Um einen Zusammenhang zwischen natürlicher Ausstattung und anthropogener Nutzung einerseits und Bodenbelastung andererseits quantifizieren zu können, werden für die Stadt Tallinn alle Probenahmepunkte hinsichtlich der in Tab. 2.14 angeführten Parameter charakterisiert.

Zwischen dem Summenparameter der Bodenbelastung und der Ausprägung der stadtspezifischen Faktoren ergeben sich folgende Korrelationsbeziehungen: Bodensubstrat 0.113, Höhe über NN -0.105, Entfernung zum Meer (Frischluftzufuhr) 0.047, Grünflächen -0.19, Heizungstyp -0.067, Stockwerkzahl -0.048, Industrie 0.143, Transportdichte 0.015 und Nutzungsdauer 0.096. Zu einer Erhöhung des Belastungsgrades im Boden tragen also besonders Industriedichte und die Fähigkeit des Bodens, Kationen zu speichern, bei, ebenso die Länge der Nutzungsdauer. Mit Erhöhung des Grünflächenanteils und der Exposition einer autonomen Landschaftseinheit (positive Lage im Relief) nimmt die Belastung im Oberboden ab.

Tabelle 2.14. Einstufung (Bonitierung) natürlicher und anthropogener Faktoren, die Einfluß auf die Situation der Luftverschmutzung in der Stadt haben) (JEWSEJEW, TIKUNOW & ZIERDT 1990)

		Einstufung (Bonitierung)		
Nr.	Faktor	1	2	3
1	Bodensubstrat	Meeresablagerungen	fluvio-glaziale Ablagerungen	kalkhaltige Ablagerungen
2	Höhe über Null	0 - 10 m	10 - 20 m	20 - 30 m
3	Entfernung z. Meer	0 - 1 km	1 - 3 km	> 3 km
4	Grünflächenanteil	0 - 15 %	15 - 40 %	> 40 %
5	Stockwerkzahl	1 - 2	3 - 5	> 5
6	Heizungstyp	Zentralheizung	Mischtyp	Ofenheizung
7	Intensität des Transportes	gering	mittel	hoch
8	Entfernung von Industriebetrieben	> 1000 m	1000 - 500 m	< 500 m
9	Nutzungsdauer des Territoriums	< 40 Jahre	40 - 100 Jahre	> 100 Jahre

Ein Vergleich der Situation in den drei unterschiedlich großen Städten (Abb. 2.33) zeigt, daß eine Differenzierung in drei Schadensklassen nur für die Großstadt Tallinn möglich ist.

Da der summare Koeffizient bezüglich der Stadt (Geosystem) eigenen Mittelwerte gebildet wird, ist diese Tatsache nicht auf ein „Verschieben" durch unterschiedliche Hintergründe, sondern auf eine geringe Varianz der Schwermetallgehalte in den Böden von Pärnu und Viljandi zurückzuführen.

Hinsichtlich der Interpretierbarkeit der ausgewiesenen Areale kann für Pärnu festgestellt werden, daß sie den Erwartungen entsprechend angeordnet sind. Das westliche Gebiet höherer Belastung wird von einer kleinen Reparaturwerft und einem Fischverarbeitungsbetrieb eingenommen. Die übrige Kleinindustrie und die Sanatoriumsanlagen mit der eigentlichen Altstadt bilden das zweite Areal höherer Belastung der Oberböden. Für das kleine Gebiet im Osten Pärnus konnten hinsichtlich seines chemischen Zustandes aus der Stadtstruktur her keine Bedingungen gefunden werden, die eine erhöhte Belastung erklären.

Anders stellt sich die Situation in der Kleinstadt Viljandi dar. Hier wird nur das südwestliche Areal der geochemischen Anomalie durch ein kleines Gewerbegebiet eingenommen. Zwar wird auch das intensiver genutzte Stadtzentrum ausgewiesen, das belastete Areal erstreckt sich aber weiter in den Stadtpark hinein bis zum See hin. Auch das im Osten gelegene Gebiet höherer Belastung wird durch die Nutzungsstruktur nicht determiniert. Für Viljandi hat die Belastungssituation im Oberboden also weniger eine Indikatorfunktion für die Struktur des Geosystems, sondern zeigt vielmehr die eigenen Charakteristika der Bodendecke selbst an.

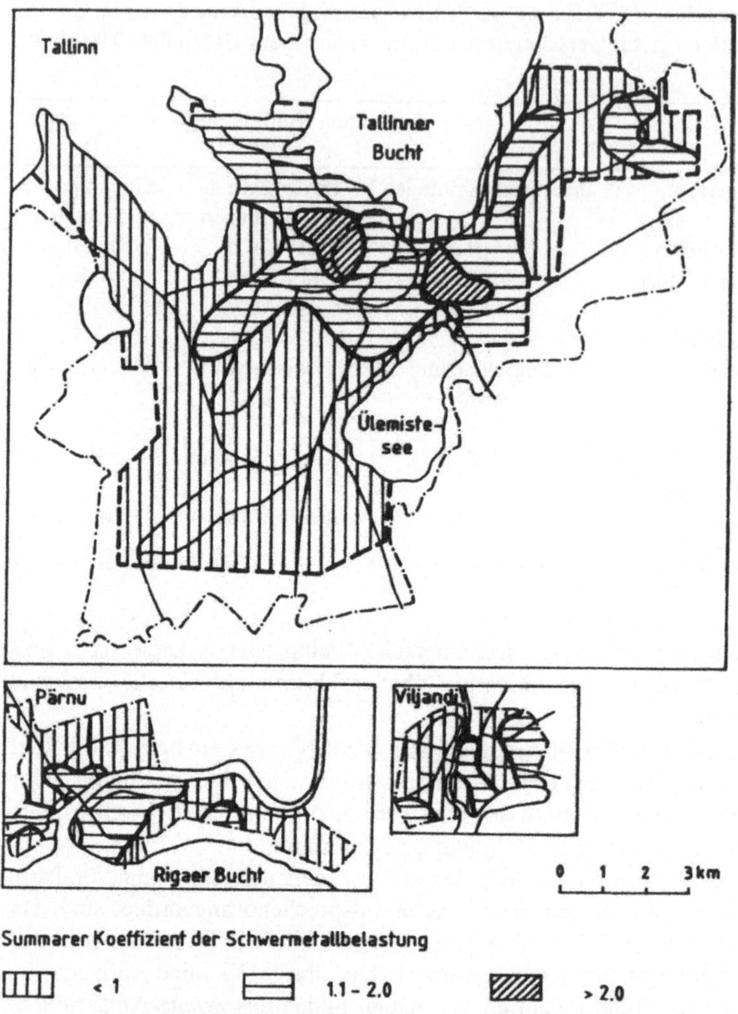

Abb. 2.33. Bodenbelastung mit Schwermetallen, ausgedrückt als summarer Koeffizient der Schwermetalle in den Städten Tallinn, Pärnu und Viljandi

Die Indikatorfunktion des gewachsenen Bodens (passive akkumulative Indikation) unterliegt also sowohl räumlichen wie auch zeitlichen Grenzen. Die zeitlichen Grenzen spiegeln sich in dem engen Zusammenhang zwischen der Nutzungsdauer und dem Belastungszustand wider. Das ist sicher auch bedingt durch die beschränkte Selbstreinigungsfähigkeit des Bodens, der so über Jahrzehnte (Jahrtausende) hinweg Spuren von Belastung mit Schwermetallen speichern kann. Die räumliche Grenze ergibt sich aus der hohen Variabilität von Metallkonzentrationen in gleichen oder ähnlichen Böden, räumlich kleinere Anomalien, anthropogen hervorgerufen, gehen im Rauschwert des gesamten Geosystems unter. Das bedeutet andererseits eine Schwierigkeit bei der Zuweisung bestimmter Immissionssituationen zu bestimmenden Emissionsfeldern, der Maßstab der Zusammenhänge zwischen beiden Feldern ist relativ klein respektive auf große Strukturen beschränkt.

2.3.4 Aktive akkumulative Pedoindikation

Wie die oben geschilderten Beispiele zeigen, spielt bei der Aussage des Indikators Boden die Expositionszeit eine große Rolle. Dieses Faktum findet seinen Ausdruck auch darin, daß für archäologische und siedlungskundliche Arbeiten häufig Schwermetallmuster und -areale im Boden bzw. der Kulturschicht herangezogen werden (SAUERWEIN 1996). Der Faktor Zeit läßt sich bei Verwendung von Indikatoren ausblenden bzw. vereinheitlichen, wenn alle Exponate den gleichen Zeitraum der Einwirkung der Umwelteinflüsse ausgesetzt werden. Auch Böden lassen sich für eine aktive akkumulative Indikation nutzen. Diese Methode erlaubt zu beurteilen, inwieweit der rezente geochemische Zustand des untersuchten Ökosystems sich im Boden widerspiegelt.

Beispiel: Exponierung eemzeitlicher Schwarzerde im Stadtgebiet von Halle. Das Ziel der Exposition von Bodenproben besteht grundsätzlich darin zu bestimmen, in welcher chemischen Qualität und Quantität die Umwelt rezent (gegenwärtig) auf den Boden wirkt, d.h. im Boden widergespiegelt wird. Da wie in 2.3.1 dargelegt, die Eigenschaften des Bodens selbst bei der Schadstoffakkumulation eine große Rolle spielen, ist die Bodendecke im wesentlichen nur durch pedogene Substrate zu simulieren. Mit anderen Worten, es muß Boden als solcher exponiert werden. Da die Expositionszeit, für pedogenetische Prozesse gesehen, relativ kurz ist, genügt eine Simulation des A-Horizontes. Hier werden erstens die Schadstoffe am meisten akkumuliert und zweitens am wenigsten durch pedologische Prozesse beeinflußt, unterliegen am wenigsten den vom Bodentyp abhängigen Tiefenfunktionen.

Für ein aktives Bodenmonitoring in Halle wurde ein A_h-Horizont einer fossilen, spät-eemzeitlichen Wiesenschwarzerde verwendet. Über diesem Paläoboden lagert weichselzeitlicher nicht entkalkter Löß, so daß ein Eindringen von Schadstoffen von der Erdoberfläche also bedingt durch Textur und chemisches Milieu ausgeschlossen werden kann. Daß keine anthropogene Belastung mit Schwermetallen vorliegt, zeigen auch die Konzentrationen der gemessenen Elemente, sie liegen mit 16.0 mg/kg für Zink, 11.7 für Kupfer, 7.6 für Blei und kleiner 0.002 für Cadmium in natürlich vorkommenden Größenordnungen vor (Abb. 2.34).

Vor allem die Tiefenfunktion mit einer Anreicherung der Elemente im C-Horizont, bedingt durch einen Anstieg des Kalkgehaltes und damit des pH-Wertes, zeigt den natürlich bedingten Gehalt dieser Stoffe an. Damit ist der Hintergrundwert respektive die Rauschebene gering (niedrig) genug, um anthropogene Geosysteme zu untersuchen hinsichtlich ihrer Schwermetallemissionen.

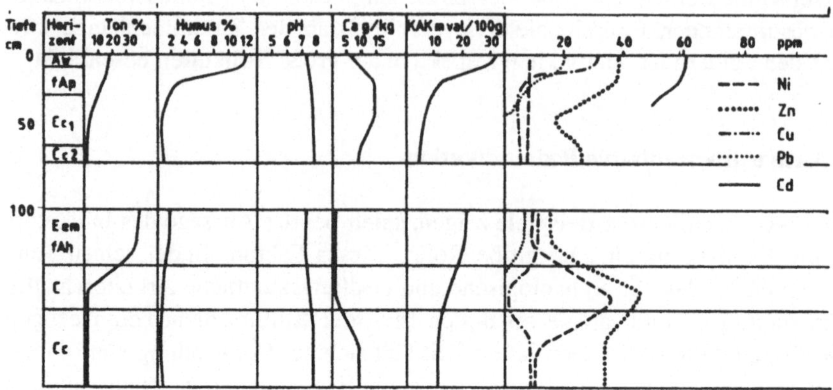

Abb. 2.34. Tiefenfunktionen pedologischer Kenngrößen und ausgewählter Schwermetalle in einem holozänen Schichtenprofil mit einer fossilen eemzeitlichen Wiesenschwarzerde (ZIERDT, K. 1991)

Aus einer Profilwand konnte eine entsprechend große Menge an Substrat gewonnen werden, zur Substratverbesserung wurde eine entsprechende Menge Torf zugesetzt. Diese Mischung kam in 500 cm^3 fassende Plastebecher abgefüllt zur Exposition. Die Becher waren mit Löchern im Boden versehen, um ein normales hydrisches System zu gewährleisten und wurden bis an den Rand im am Standort befindlichen Substrat eingelassen. Die Expositionszeit betrug zehn Wochen. Die Ergebnisse sind in den Abbildungen 2.35 und 2.36 dargestellt. Cadmium zeigte eine so geringe Anreicherung, daß eine Differenzierung der Ergebnisse im Rauschwert des Exponates unterging, sinnvolle (und analytisch gesicherte) Ergebnisse brachten nur Kupfer, Zink und Blei.

Entsprechend der Ausgangsgehalte in den Bodenexponaten und der spezifischen Vorkommensmerkmale der unterschiedlichen Elemente gelten für die ausgegliederten Areale unterschiedliche Konzentrationen. Es ist ebenso möglich, Quotienten zu bilden und somit einen Anreicherungsfaktor zu berechnen, für Kupfer zum Beispiel bedeutet die Stufe 2 eine Anreicherung um das zwei- bis dreifache, Schadstufe 3 eine Anreicherung um mehr als den Faktor 3. Für Zink mit seiner weitaus größeren Varianz bzw. Streuung der Werte wurde Stufe 3 erst ab einer Anreicherung von mehr als dem Sechsfachen ausgegliedert. Bei der Darstellung der Ergebnisse kommt also sowohl der subjektive Charakter des Exponates mit seinen Ausgangskonzentrationen wie auch der subjektive Charakter der untersuchten Stoffe zum tragen.

Die rezente Belastung der Stadtböden mit Kupfer (Abb. 2.35) beschränkt sich auf Teile der Altstadt und das Gewerbegebiet im Osten von Halle. Eingeschlossen hierin ist das Areal der Bahnanlagen. Ähnliches gilt für das Element Zink (Abb. 2.35), hier ist das Areal der anthropogenen Anomalie jedoch deutlich größer. Das Gebiet der Zinkanreicherung in den Bodenexponaten umfaßt die gesamte Altstadt,

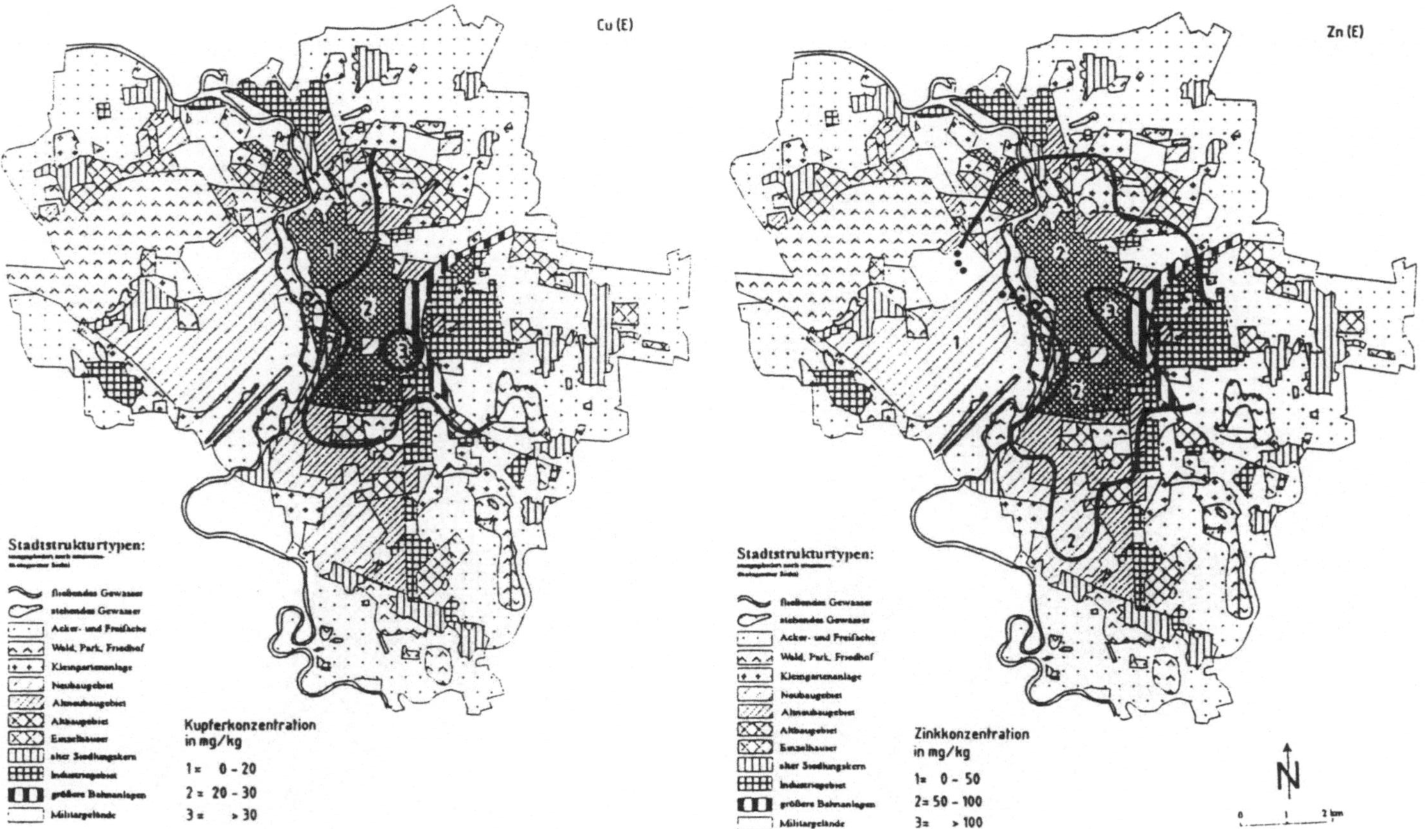

Abb. 2.35. Areale der Zink- und Kupferanreicherung in exponierten Bodenproben

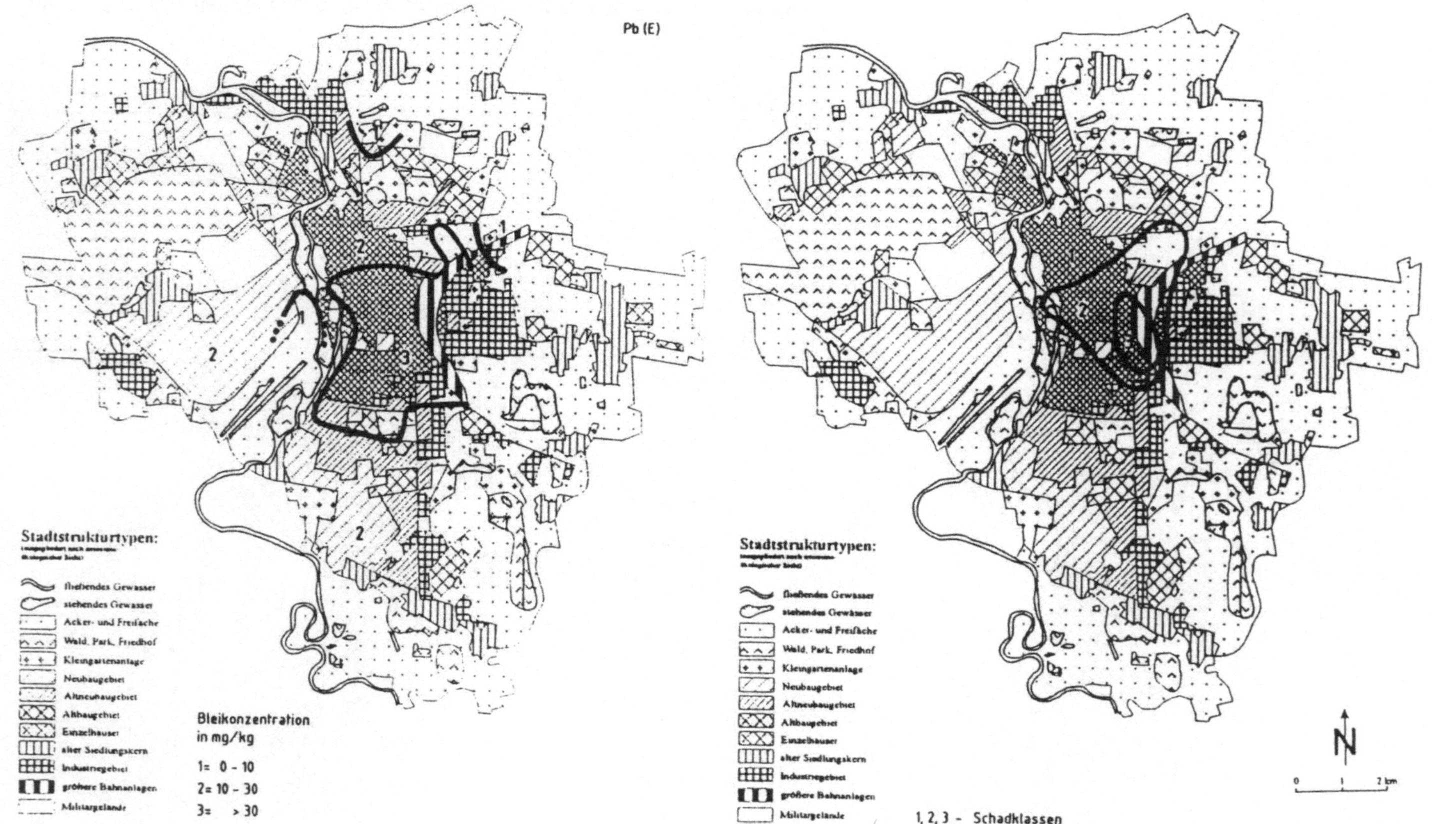

Abb. 2.36. Areale der Bleianreicherung und summare Anreicherung der Schwermetalle Zink, Kupfer, Blei und Cadmium in exponierten Bodenproben

Altneubaugebiete und sogar einen Teil des Neubaugebietes „Silberhöhe" im Süden der Stadt. Zink als Begleiter (Indikatorelement) für Kalkstäube (SOROKINA 1981) tritt vor allem also in jenen Gebieten auf, in denen eine rege Bautätigkeit zu verzeichnen ist. Gerade in den zu DDR-Zeiten kaum sanierten oder rekonstruierten Gebäuden der attraktiven Wohnlagen in den gründerzeitlichen Vierteln hat nach der Vereinigung eine intensive Bautätigkeit mit entsprechender Staubbelastung eingesetzt. Das Areal der höchsten Anreicherung im Boden ist auch für Zink im Bereich des Bahngeländes und des sich anschließenden auch gewerblich genutzten Teiles der Altstadt zu finden.

Haben die Elemente Kupfer und Zink eher mit baulichen Strukturen als emissionsbestimmende Größe zu tun, ist Blei an den Verkehr gebunden. Dieses Faktum spiegelt sich deutlich in den Gehalten dieses Elementes in den exponierten Böden wider (Abb. 2.36). Fast im gesamten Stadtgebiet hat eine Anreicherung stattgefunden, am stärksten im Zentrum der Stadt, einschließlich der Bahngelände und Gewerbegebiete. Stadtstrukturtypen mit reiner Wohnfunktion weisen eine geringe Belastung auf, ist hier der Automobilverkehr doch im wesentlichen auf die Morgen- und Abendstunden beschränkt. Nur die Exponate am Stadtrand weisen keine Anreicherung von Blei auf. Von besonderer Bedeutung ist das ausgegliederte, ebenfalls nicht mit Blei belastete Areal in der Saaleaue im Südwesten der Stadt. Hier macht sich offensichtlich die Frischluftzufuhr von außerhalb der Stadt bemerkbar. Wie Abbildung 2.36 zeigt, ist eine Zusammenfassung der im „Eemboden" angereicherten Schwermetalle in einem summaren Koeffizienten nicht sinnvoll. Die Unterschiedlichkeit der Stadtstrukturtypen in qualitativer Hinsicht geht fast vollständig verloren. Als hoch belastet wird das Bahngelände mit anschließenden Gewerbearbeiten ausgegliedert. Ihm schließt sich der zentrale Teil der Altstadt (Mischfunktion, hohes Verkehrsaufkommen) an. Insofern stellen die Ergebnisse keine neuen Resultate dar und ermöglichen auch keinen „Gesamtüberblick".

2.3.5 Sensitive passive Pedoindikation

Wie schon weiter oben ausgeführt, ist der Boden in seiner Ausprägung als Kombination unterschiedlicher diagnostischer Horizonte a priori ein sensitiver Indikator der landschaftlichen Zustände. Ein wichtiger Parameter der Bodenbildung ist das Klima. Klimabestimmende Größen wie Temperatur, Niederschlag und Verdunstung bestimmen im wesentlichen auch den Verlauf und die Art physikalisch-chemischer Verwitterung im Boden sowie das hydrische Regime, also die Richtung der Tiefenfunktionen. Die Wechselwirkung von Lithosphäre und Atmosphäre (Klima) führt jedoch lediglich zur Ausprägung einer Verwitterungsschicht, Bodenbildung setzt immer außerdem die Wechselwirkung mit der Biosphäre voraus. Erst diese Wechselwirkung führt zur Entstehung primärer Qualitäten organischer Substanz wie Humus, Mull, Fulvo- oder Huminsäuren (A-Horizont), der sekundären Wirkung dieser Substanzen auf das Ausgangssubstrat, den lithogenen Teil des Bodens (B-Horizont), und die von dieser Wirkung nicht mehr beeinflußten Teile der Verwitterungsschicht (C-Horizont). Insofern spielt die Vegetation in ihrer Qualität und Quantität eine wichtige, wenn nicht die wichtigste Rolle bei der Ausprägung von Bodentypen.

An einem Beispiel von der Halbinsel Kola soll gezeigt werden, inwieweit die diagnostischen Horizonte von Podsolböden, also deren visuell wahrnehmbare Charakteristika, den allgemeinen Zustand der Landschaft, geschädigt durch die Einwirkung von H_2SO_4 und Buntmetallen, widerspiegeln. Bei dieser Betrachtung macht es sich nötig, außer auf das Schadensbild der Podsolböden näher auf die Schädigung der Vegetation einzugehen, um deren Zusammenhang darstellen zu können.

Beispiel: Zusammenhang zwischen der Ausprägung bodendiagnostischer Horizonte und dem Schadensbild der Vegetation, dargestellt an einem Beispiel auf der Halbinsel Kola (nach ZIERDT & CYFFKA 1995). Da im weiteren die diagnostischen Horizonte des Podsols eine wichtige Rolle spielen, soll hier näher auf ihre Bildung eingegangen werden. Um das später zu skizzierende Bild nicht durch eigene Eindrücke subjektiv vorzuprägen, soll die Charakterisierung des Podsols wörtlich von MÜLLER-HOHENSTEIN (1981) übernommen werden (Abb. 2.37): „Die typischen Entwicklungsstadien eines Podsolbodens sollen an einem Profilschema von Mückenhausen 1962 etwas näher verfolgt werden. Als Ausgangsstadium wird dort ein roher Sand gewählt, *doch spielt das Ausgangsgestein keine sehr große Rolle. Podsole bilden sich auf Sandsteinen ebenso, und selbst auf stark kalkhaltigen Ausgangssubstraten ist Podsolbildung beobachtet worden.* Schon bei der ersten Entwicklungsstufe, dem Rankerpodsol, ist ein A_e-Horizont festzustellen, allerdings noch keine deutliche Anreicherung im Unterboden. Aber schon der schwache Podsol weist dann *alle charakteristischen Horizonte auf, die in ihrer Abfolge diesen Bodentyp kennzeichnen.* Diese Abfolge beginnt mit einem O-Horizont, der Nadelstreuauflage, die einen stark sauren Humus liefert, dem A_h-Horizont (Rohhumus, wenig mineralisiert) und dem A_e-Horizont, dem Bleichhorizont. Im Untergrund folgen dann B_i-Horizonte, die noch weiter differenziert werden können“ (MÜLLER-HOHENSTEIN 1981: 179 ff, Hervorhebungen von den Verfassern). An dieser Stelle sei noch auf den bereits beim schwachen Podsol ausgegliederten A_i-Horizont, den humosen Sand, hingewiesen.

Aufgrund der Klimadaten, der Pflanzengesellschaften und des bodenbildenden Substrats kann davon ausgegangen werden, daß sich die auf der Halbinsel Kola natürlich entwickelnden Podsole grundsätzlich nicht von den bei MÜLLER-HOHENSTEIN (1981) beschriebenen unterscheiden. Die Böden auf der Halbinsel Kola weisen jedoch grundsätzlich ein gedrängtes Profil auf, die einzelnen Horizonte sind stark verkürzt und der Boden ist oft nicht mehr als 30 cm mächtig. Eine Ortsteinbildung im Sinne der Bildung fester Aggregate aus Eisen, Aluminium und mineralischen (silikatischen) Bodenpartikeln konnte nicht festgestellt werden. Die mineralischen Bodenhorizonte sind durchweg sandig und locker. Die hohe Rate der physikalischen Verwitterung hat das ohnehin schon angegriffene und zerriebene Moränenmaterial bis auf einen geringen Skelettanteil zu Feinboden zerkleinert.

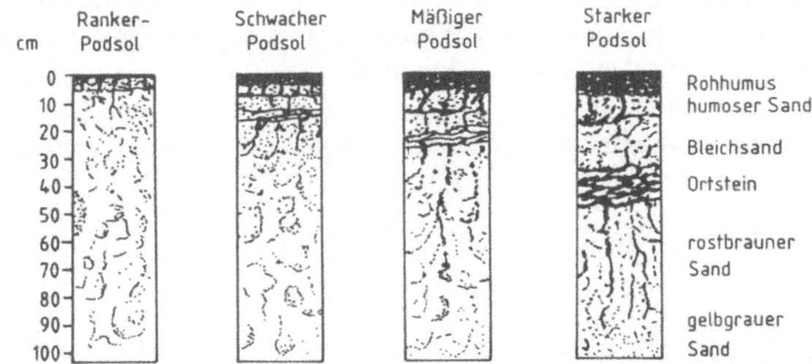

Abb. 2.37. Schematische Darstellung der Entwicklungsstadien eines Podsols auf Sand unter gleichbleibenden Bedingungen als Funktion der Zeit (nach MÜCKENHAUSEN 1962) (Quelle: MÜLLER-HOHENSTEIN 1981)

Durch die Bewertung der Vegetationsschäden kann die von den Emissionen betroffene Landschaft in drei Zonen oder Schadgebiete eingeteilt werden (Abb. 2.38. Entsprechend den orographischen Gegebenheiten wurden an nordexponierten Hängen in 300 m über NN sieben Standorte beprobt und bewertet. Die Standorte lassen sich wie folgt beschreiben:

1. Standorte I und II liegen am nächsten zur Emissionsquelle. Die Baumvegetation ist fast vollständig vernichtet. Nur vereinzelt treten kümmerliche Reste von Birken *(Betula tortuosa, Betula pubescens und Betula nana)* auf. Die wenigen Fichten weisen nur die Nadeln des Vorjahres auf. Letztere sind zum Teil schon vergilbt. Die Krautschicht aus Heidelbeere, Krähenbeere und Preiselbeere läßt keine Schadspuren erkennen, Moose oder gar Flechten fehlen allerdings vollständig. Teilweise ist der Boden von Vegetation völlig entblößt und starker Erosion unterworfen. Allenthalben sind Spuren von Bränden zu sehen, denen die vertrockneten Bäume zum Opfer gefallen sind.
2. Wenn sie auch deutliche quantitative Unterschiede aufweisen, so lassen sich die Standorte III bis V dennoch in einer Schadstufe zusammenfassen. Die Kiefer tritt auf, wenn auch auf dem Standort III mit Vergilbungen schon in den Nadeln des Vorjahres. Birke und Fichte sind ebenfalls vorhanden. In der Krautschicht sind Heidelbeere, Krähenbeere und Preiselbeere anzutreffen, in vermoorten Senken auch die Moltebeere *(Rubus chamaemorus).* Als deutlicher Indikator des besseren lufthygienischen Zustandes ist das Vorhandensein von Flechten zu werten. Am Standort III finden sich Krustenflechten, an Standort V auch Blattflechten (bodensiedelnd). Epiphytische Flechten fehlen jedoch vollständig.
3. Die Standorte VI und VII unterscheiden sich visuell nicht von unbelasteten Gebieten der Halbinsel Kola mit gleicher physisch-geographischer Ausstattung. Bei Fichten konnten bis zu elf Nadeljahrgänge gezählt werden, die Kiefern weisen bis zu fünf auf (nach Untersuchungen in unbelasteten Gebieten wahr-

scheinlich das natürliche Maximum bei Kiefern auf Kola). Der Bewuchs in der Krautschicht mit Heidel-, Preisel- und Wasserbeere ist ebenso üppig wie der mit Flechten. Hervorzuheben sind die Rentierflechte *(Cladonia rangiferina)* und das Isländische Moos *(Cetraria islandica)*. Auch epiphytische Flechten treten auf, wenn auch wegen der Baumartenarmut nur in stark eingeschränkter Vielfalt.

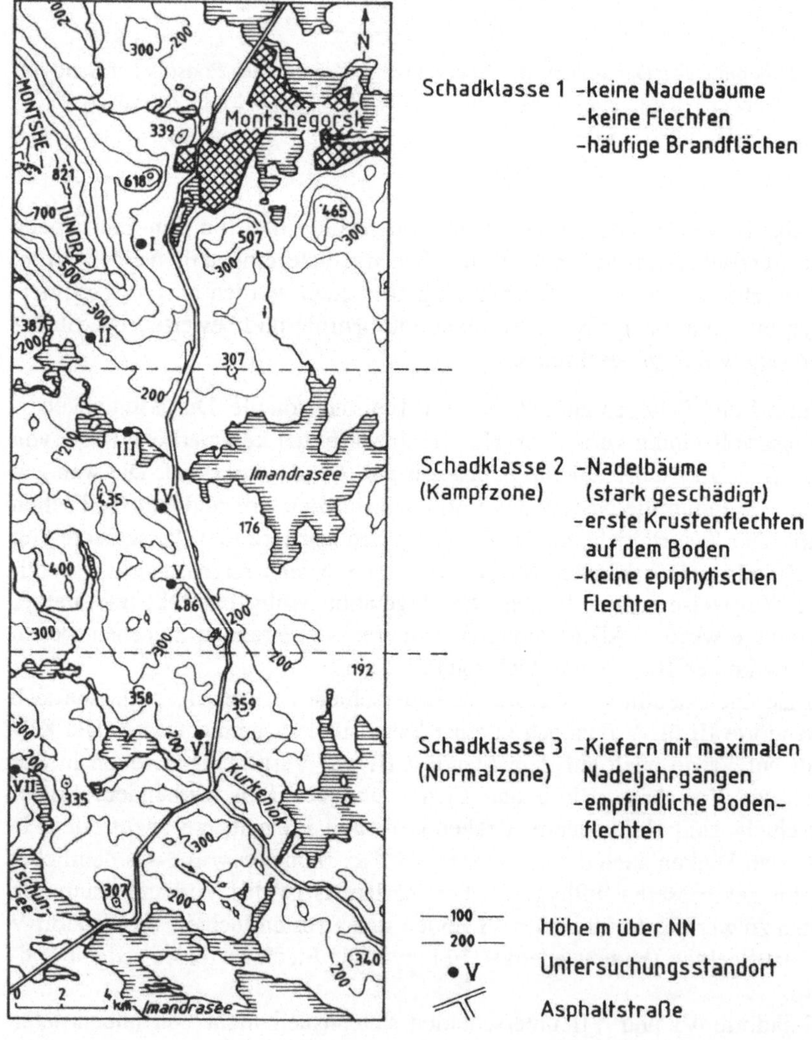

Abb. 2.38. Lage der Untersuchungsstandorte und landschaftlich (Vegetationszustand) ausgliederbare Schadensklassen

An jedem Standort wurden drei Profilgruben ausgehoben und angesprochen. In Abbildung 2.39 sind jeweils charakteristische Merkmale der drei Profile schematisch zusammengefaßt. Um einen Vergleich mit dem von Mückenhausen gegebenen „Idealpodsol" durchführen zu können, wurden die Horizontbezeichnungen, O-Horizont, A_h-Horizont, A_e-Horizont und B_i-Horizont beibehalten.

An Standort I ist die Horizontfolge der Profile durchweg gestört. Nach einer Auflage O von bis zu 10 cm, gebildet aus Material von Heidelbeere (*Vaccinium myrtillus*) und Preiselbeere (*Vaccinium vitis idea*) folgt direkt der Eluvialhorizont, der außerdem gestört, nur mehr fleckenhaft, vorliegt. An diesen Stellen folgt der Illuvialhorizont (B_i-Horizont) direkt auf den O-Horizont. Es fehlen also im Vergleich zum „Idealpodsol" nach Mückenhausen partiell zwei, wenigstens jedoch immer ein Horizont, der eigentliche A_h-Horizont. Am Standort II ist eine vergleichbare Situation anzutreffen.

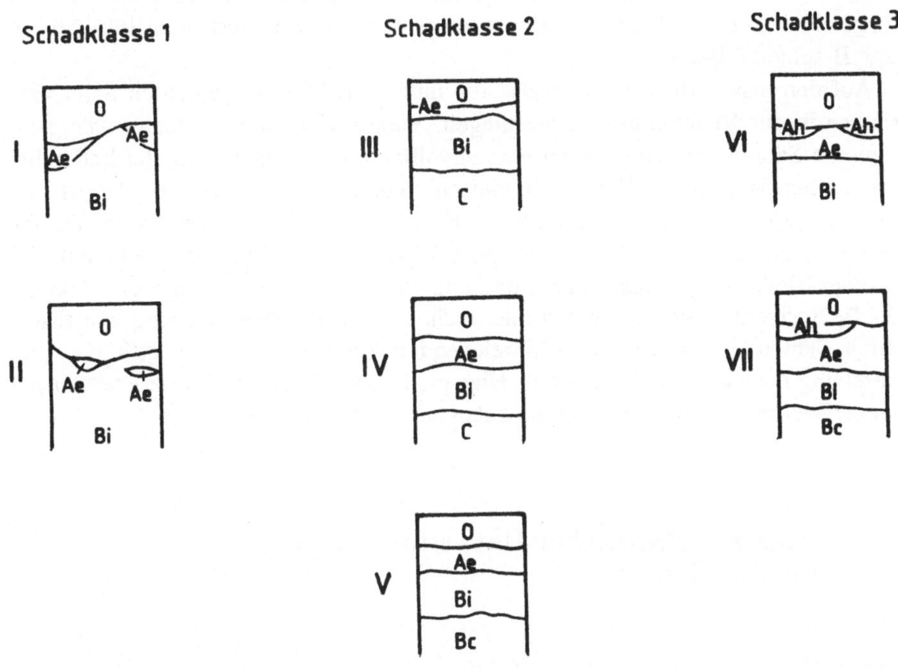

O Rohhumusauflage, wenig fermentierte organische Substanz, durch Wurzelgeflecht kompakt zusammengehalten und dem mineralischen Horizont nur locker aufliegend

A_h Rohhumushorizont und humoser Sand

A_e Eluvial- (Auswaschungs-) Horizont

B_i Illuvial- (Einwaschungs-) Horizont

C Substrat (hier Moränenmaterial)

Abb. 2.39. Diagnostische Horizonte der Bodenprofile (schematisch) an den unterschiedlich geschädigten Standorten

Auch die Bodenprofile im Gebiet (Areal) der Schadensklasse 2 weisen eine einheitliche Horizontabfolge auf. Dem locker auf dem Substrat aufliegenden O-Horizont folgt durchgängig der Eluvialhorizont, ein Angreifen der Fulvosäuren des lithogenen Materials (A_h-Horizont, bei Mückenhausen „humoser Sand") ist nicht zu erkennen. Die Mächtigkeit und Ausprägung der Horizonte nimmt mit größerer Entfernung zum Emittenten in Montshegorsk zu.

Erst in Schadensklasse 3, in der auch die Vegetation vollständig ausgebildet ist, treten alle für Podsolböden typischen Horizonte in den Profilen auf. Auf den O-Horizont folgt, wenn auch nur partiell und lückenhaft ausgebildet, der eigentliche A_h-Horizont, der humose Sand. Er ist durch seine graue Färbung deutlich vom fast weißen A_e-Horizont zu trennen. Mit den Standorten VI und VII wird die Bildung des Podsols erst logisch erklärbar. Organische Säuren, gebildet in der Auflage O, greifen die mineralischen Bestandteile an, visuell wahrnehmbar als graue Einfärbung des lithogenen Substrates. Durch Lösung vor allem auch des Eisens verliert der „Sand" seine Farbe („Bleichsand" nach Mückenhausen), der A_e-Horizont wird ausgebildet. Die aus dem A_e-Horizont ausgelösten Stoffe geben dem Illuvialhorizont B_i seine Färbung.

Auf den ersten Blick werden also die unterschiedlich ausgeprägten Schadensklassen in der Vegetation widergespiegelt. Wenig Vegetation bedeutet wenig organische Säuren und daraus folgt eine unvollkommene Ausprägung der bodendiagnostischen Horizonte. Weniger organische Säuren bedeutet weniger Angriff auf das lithogene Substrat, es fehlt der A_h-Horizont, der A_e-Horizont ist in den am meisten geschädigten Gebieten nur partiell ausgebildet. Fraglich bleibt auf den zweiten Blick die an allen Standorten deutliche und relativ mächtige Entwicklung des B_i-Horizontes. Bei nur mäßig oder nicht ablaufender Auswaschung von Eisen, durch Fehlen der A-Horizonte hinreichend dokumentiert, dürfte auch die Einwaschung entsprechend stattfinden. Hier muß von reliktischen Horizonten ausgegangen werden, die den rezenten Prozeßablauf nicht darstellen.

2.4 Indikation chemischer Umweltparameter mit höheren Pflanzen

Höhere Pflanzen sind, ähnlich wie der Boden, durch ihre Anpassung an bestimmte ökologische Situationen respektive Nischen gleichzeitig Anzeiger (Indikatoren) dieser Umweltzustände. Eine natürliche Pflanzengesellschaft sagt immer auch etwas aus über die Umweltbedingungen, unter denen sie existiert. Diese Zeigerpflanzen oder Zeigerpflanzengesellschaften sind bis in den Alltag hinein bekannt. So signalisieren Queller Standorte mit einer hohen Salzlast, das Wollgras weist auf vernäßte Standorte hin und die Trockenrasengesellschaften tragen ihren Hinweis (Anzeige, Indikation) schon im Namen. Indikatoren für Metalle, besonders für

Kupfer und Zink, ist die sogenannte Galmei-Flora, Galmei ist ein alter Ausdruck für Messing, das eine Legierung dieser beiden Metalle darstellt.

Gerade das letzte Faktum zeigt die Problematik der Verwendung höherer Pflanzen als Indikatoren für den chemischen Zustand von Geosystemen. Höhere Pflanzen haben, im Gegensatz zu den Flechten (siehe auch 2.1.), Stoffwechsel zu zwei Umweltmedien, zum Boden oder anderem Substrat und zur Luft. Der Kontakt zu beiden Medien beeinflußt den Chemismus der Pflanzen, offen bleibt die Frage, welches Medium dominierend auftritt. Da für jede Pflanzenart und auch für unterschiedliche Teile ein und derselben Art diese Frage unterschiedlich zu beantworten ist, soll auf eine allgemeine Darstellung der Verwendung von höheren Pflanzen als Biomonitoren nicht näher eingegangen werden, sondern nur an entsprechenden Beispielen Beachtung erfahren.

2.4.1 Passives Biomonitoring mit höheren Pflanzen

Bei passivem Monitoring wird auf Pflanzen bzw. Pflanzenteile zurückgegriffen, die natürlicherweise oder durch den Menschen angesiedelt im Untersuchungsgebiet wachsen. Daraus ergibt sich bei der Auswahl der Indikatoren die Notwendigkeit, solche Pflanzen zu verwenden, die Geosystem invariant sind, d.h. jene, die in allen Subsystemen des zu untersuchenden Geosystems gleichermaßen vorkommen. Gerade auch im urbanen System wurden und werden viele Pflanzen bewußt in bestimmten Teilsystemen angepflanzt oder ausgebracht.

Eng mit dem Nutzungstyp des Stadtteils verbunden treten die Pflanzen nicht im gesamten Untersuchungsgebiet auf und sind somit zur Indikation ungeeignet. Aber auch spontan wachsende Vegetation (Ruderalvegetation etc.) ist aus dem gleichen Grund ungeeignet, wird sie doch in einem gepflegten Villenstadtteil kaum zu finden sein. Zierpflanzen im engeren Sinne, Nutzpflanzen und ähnliches schließen sich demnach aus.

Als gut geeignet haben sich Bäume erwiesen, die auch in naturnahen Ökosystemen vorkommen, etwa Ahorn (*Acer platanoides*), die Winterlinde (*Tilia cordata*) und die Roßkastanie (*Aesculus hipocastanum*). Um ein ganzjähriges Monitoring durchführen zu können, mußte auf die Borke zurückgegriffen werden. Ein kumulativer Effekt ist in den Nadeln von Nadelbäumen zu verzeichnen, die sich deshalb ebenso gut für bioindikatorische Zwecke eignen.

Beispiel: Passives akkumulatives Monitoring mit Baumborke. Die Morphologie und Physiologie des Baumstammes ist recht kompliziert, was sich aus den vielen Funktionen ergibt, die der Stamm und besonders die Baumrinde zu erfüllen haben. Für jede der Funktionen ist ein spezielles Organ verantwortlich, und außerdem gibt es Organe, die die ersteren ständig neu bilden. Wie bei allen Organismen sind diese Funktionen zur Vermehrung, zum Wachstum oder zum Stoffwechsel notwendig. Das Wachstum des Stammes in die Breite wird durch sogenannte meristematische Zellen gewährleistet, d.h. durch undifferenzierte teilungsfähige Zellen, welche die eigentlichen differenzierten Gewebetypen des Stammes bilden. Die Wichtigsten dieser Zellen bilden das Kambium, das wie ein Zylinder eine der vielen Rindenschichten des Baumes bildet. Dieses Kambium bildet nach innen hin das Holz aus, das Xylem und die Rindenorgane, die aus Phloem, Bast und der eigentlichen Rinde bestehen (Abb. 2.40).

Diese Rinde bildet das Rindenkambium, das seinerseits wieder die Baumborke bildet, die äußerste Schicht des Baumes, wenn von der Kutikula der Blätter einmal abgesehen wird. Dieser Stammaufbau ist bei Laubbäumen und Nadelbäumen im wesentlichen gleich.

Wie bekannt, existieren bei allen autotrophen Systemen zwei grundlegende Systeme zur Nährstoffversorgung. Das ist zum ersten die Aufnahme anorganischer Stoffe - Ionen und Verbindungen mit Hilfe der Wurzeln aus einem bestimmten Substrat - und zum zweiten die Synthese von Zucker $C_6H_{12}0_6$ aus Kohlendioxid und Wasser mit Hilfe des Lichtes.

Die Photosynthese findet in den grünen Teilen der Pflanze statt, insbesondere in den Blättern. Die dem Substrat entnommenen Stoffe und das Wasser werden im Xylem, also in der jüngsten Holzschicht, von unten nach oben transportiert, die Assimilate werden hingegen im Phloem von oben nach unten bewegt. Mit anderen Worten, der Stoffstrom aus dem Substrat, also meist Boden, zu den Blättern verläuft mehr im Inneren des Stammes (weiter weg von der Borke), der Assimilatestrom von den Blättern zur Wurzel näher hin zur Borke. So ist einerseits die Borke selbst direkt luftexponiert und hat andererseits einen engeren Kontakt zu den Stoffen, die durch die ebenfalls luftexponierten Blätter aufgenommen werden als zu den Stoffen, die über den Boden in die Pflanze gelangen.

Schon eine rein mechanische Betrachtung zeigt also die hohe Abhängigkeit des chemischen Zustandes der Baumborke vom chemischen Zustand der Luft. Aber auch die Migration der Elemente im Stamm, also die Bewegung der Stoffe, die aus

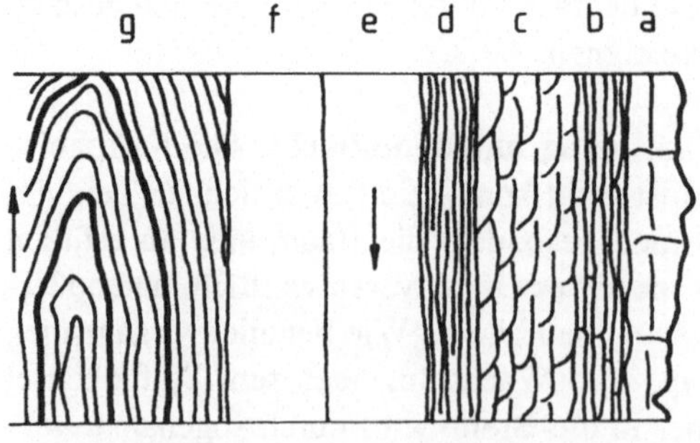

Abb. 2.40. Bau der Baumrinde und Borke (Quelle: STRASBURGER 1991: 144 ff)

dem Boden aufgenommen werden, ist ein wichtiger Prozeß, der die oben genannte Luftabhängigkeit deutlich unterstreicht. Die Metalle werden im Xylem transportiert in Richtung von den Wurzeln zu den Blättern. Im Phloem herrscht ein anderes chemisches Milieu, das einige Ionen fixiert, für sie eine physiologische Barriere darstellt. So kann ein Teil der Ionen aus dem Xylem in das Phloem übergehen und sich auf diese Weise wie ein Assimilat in der Pflanze ausbreiten. Andere Ionen sind schwer und eine dritte Gruppe überhaupt nicht mobil im Phloem.

Die Ionen der ersten Gruppe können von der Pflanze je nach Bedürfnissen verteilt werden, also von den Wurzeln zu den Blättern transportiert werden oder umgekehrt, von den Blättern zur Wurzel. Im Phloem nun migrieren die Nährstoffe Stickstoff und Schwefel als organische Verbindungen, das Chloridion und Phosphation jedoch als freie Ionen. Die vergleichsweise hohen Phosphatkonzentrationen im Phloem führen dazu, daß diejenigen Kationen, die schwerlösliche Phosphate bilden, im Phloem ausfallen, praktisch nicht beweglich sind. Beweglich im Phloem sind Kalium, Rubidium, Cäsium, Natrium und Magnesium; wenig mobil sind Eisen, Mangan, Zink, Kupfer und Molybdän; fixiert bzw. nicht beweglich sind Lithium, Strontium, Bor, Polonium, Blei und Calcium (STRASBURGER 1991: 345).

D.h. solche Elemente wie Blei, Eisen, Mangan, Zink, Kupfer usw. können nur schwierig direkt aus dem Xylem in die Borke gelangen, da sich das Phloem als Sorptionsbarriere erweist, auch der Weg über die Blätter in den Transportfluß der Assimilate und so ins Phloem ist nicht leicht, da die genannten Elemente eben im Phloem nicht mobil sind. Sowohl physikalisch wie auch chemisch ist die Baumborke also ein pflanzliches Organ, das weitaus mehr Kontakt zum Chemismus der Luft als zu dem des Bodens hat. Die Baumrinde ist demnach ein idealer Bioindikator zur Überwachung der Luftverschmutzung, also zur Überwachung des chemischen Zustandes des Haupttransmitterfeldes. Kurz, die Baumrinde zeigt an, welche Schadstoffe in welchen Konzentrationen aus der Luft in die Lebewelt abgegeben werden oder von der Lebewelt aus der Luft aufgenommen werden. Der Indikator Baumborke zeichnet sich durch folgende Eigenschaften aus:

Erstens befindet sich ein und dieselbe Baumart oft in verschiedensten Geosystemen. So finden sich zum Beispiel Kastanien, Linden und Ahorn in Städten und im Dorf, in Parks und Wäldern, in Industrievierteln und Villengegenden. Gerade in Städten, in denen ja das Emissionsfeld und Immissionsfeld besonders heterogen sind, ist auch oft eine beträchtliche Anzahl an Bäumen anzutreffen, verglichen mit den chemisch homogenen Agrarlandschaften. Zum zweiten kann ein und derselbe Baum viele Jahre als Indikator dienen und befindet sich zu dieser Zeit immer am gleichen Ort, im Gegensatz zu den mobileren einjährigen Pflanzen. Ein einmal angelegtes Baumkataster kann also jahrelang die Grundlage für ein Monitoringsystem sein, Langzeitbeobachtungen sind möglich. Drittens hat die Baumborke den Vorteil, das ganze Jahr über verfügbar zu sein, was bei der Nutzung von grünen Pflanzenteilen nur bei Immergrünen der Fall ist. Zunächst soll die Reaktion der Borke auf Stoffe, die den pH-Wert verändern, also im wesentlichen saure Gase und alkalische Stäube, betrachtet werden.

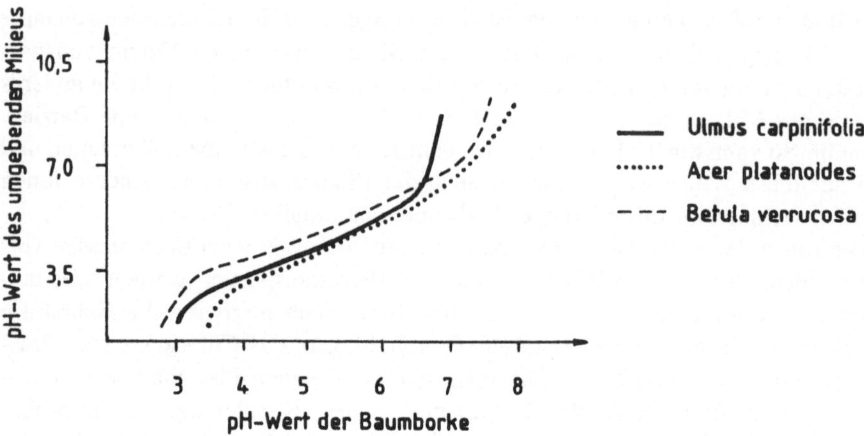

Abb. 2.41. pH-Pufferkurve der Baumborke einiger Laubbäume (nach STAXÄNG 1969)

Die Eigenschaft der Baumborke, auf den pH-Wert oder den pH-Wert ändernde Stoffe zu reagieren, wurde das erste Mal von GRODINSKA (1977) genutzt, die die Borke als Indikator der Versauerung des Umweltmilieus nutzte. LÖTSCHERT (1979) greift diesen Gedanken auf und weist darauf hin, daß auf der Grundlage der Bestimmung des pH-Wertes der Baumborke eine weitere Differenzierung der durch die sensitive Flechtenindikation ausgegliederten Gebiete möglich ist. Als Grundlage dieser Methode dient der Fakt, daß der pH-Wert der Baumborke in gewissen Grenzen proportional abhängig ist von der Konzentration bestimmter Schadstoffe in der Luft (Abb. 2.41).

Bei der Betrachtung des Verlaufes der Pufferkurven des pH-Wertes der Rinde verschiedener Bäume können zwei Schlußfolgerungen gezogen werden.

Die erste Schlußfolgerung besteht darin, daß sich der pH-Wert der Borke linear proportional - in gewissen Grenzen natürlich - in Abhängigkeit vom pH-Wert bestimmenden Zustand der Umwelt ändert und somit als Indikatorgröße für den Umweltzustand dienen kann. Zum zweiten kann geschlußfolgert werden, daß in den Intervallen, in denen die Pufferkurven parallel verlaufen, ein Koeffizient zu finden ist, der die Umrechnung von dem pH-Wert der Borke eines Baumes auf die Borke eines anderen Baumes erlaubt. Bei einer derartigen Umrechnung von der Abweichungsbeziehung ausgegangen, und es ergibt sich

$y' = (y-Y) + Y'$ bzw.
$Y = (Ys-y) + y'$.

Die zweite Schlußfolgerung ist besonders wichtig gerade für den Fall, daß mehrere Baumarten als Indikator verwendet werden müssen. Experimente, die KREINER (1986) mit der Rinde von Laubbäumen und Nadelbäumen durchführte, lassen ihn zu dem Schluß kommen, daß sowohl die Laub- wie auch die Nadelbaumborke gut

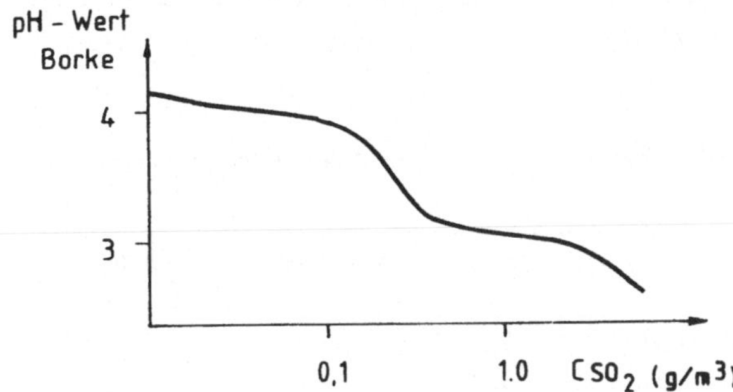

Abb. 2.42. Änderung des pH-Wertes der Borke in Abhängigkeit von der Änderung der SO_2-Konzentration im ungebundenen Milieu (HÄRTEL 1982)

geeignet ist, die Konzentration von Schwefeldioxid oder Kalkstaub in der Luft anzuzeigen. Zu analogen Schlußfolgerungen kommt HÄRTEL (1982), der die Änderung des pH-Wertes der Borke der gemeinen Kiefer (*Pinus silvestris*) nach Begasung mit Schwefeldioxid in verschieden hohen Konzentrationen untersuchte (Abb. 2.42) Deutlich nimmt der pH-Wert mit Zunahme der Schwefeldioxidkonzentration ab.

Die „gewellte" Linie ergibt sich aus der Tatsache, daß der pH-Wert eine logarithmische Größe ist, die Schwefeldioxidkonzentration jedoch in normalen Zehnerabständen aufgetragen ist. Wie die Zeichnung zeigt, bewirkt der Anstieg der Schwefeldioxidkonzentration um das Dreifache einen Abfall des pH-Wertes um einen halben Punkt oder Wert, führt also zu einer Verdreifachung der Wasserstoffionenkonzentration. Aber auch genau eine Verdreifachung der Schwefeldioxidkonzentration in der Luft von 40 mg/m^3 auf 120 mg Schwefeldioxid pro Kubikmeter Luft markiert das Ende der Normalentwicklung von Flechten und auf Seiten der höheren Konzentration den Beginn der Flechtenwüste. Eine Verdreifachung der Schwefeldioxidkonzentration in der Luft bewirkt also einen qualitativ neuen Zustand in der Biosphäre.

Es erscheint deshalb als berechtigt, alle Gebiete, in denen der pH-Wert der Baumborke um einen halben Wert von der Norm abweicht, als Gebiete mit saurer Luftbelastung zu bezeichnen. Bei der Festlegung der Grenzen für eine alkalische Luftbelastung wird analog vorgegangen, der Anstieg des pH-Wertes um einen halben Punkt über Norm wird als alkalische Luftbelastung aufgefaßt. Diese Gradationen ergaben auch vergleichbare Bilder von Indikatorenkarten der sauren und basischen Luftbelastung, die einerseits auf der Basis der Flechtenindikation und andererseits mit Hilfe der pH-Werte der Baumborke erstellt wurden.

An 112 Standorten in Tallinn, 65 Standorten in Pärnu und 24 Standorten in Viljandi wurden Proben der Borke von *Acer platanoides* und *Pinus silvestris* entnommen und ihr pH-Wert bestimmt. In Viljandi konnte sich auf die Art Acer platanoides beschränkt werden. An vier Standorten in Tallinn gelang es, jeweils drei

Exemplare jeder Art zu beproben und so die Differenz der pH-Werte zu berechnen (Tab. 2.15). Sie beträgt 1.5 pH-Punkte.

Tabelle 2.15. pH-Werte von jeweils 3 Exemplaren von *Acer platanoides* und *Pinus silvestris*

	Waldstandort		wenig bebaute Waldsiedlung	
	1	2	3	4
Borke von *Pinus silvestris*	4.00	3.90	3.90	4.00
	4.05	3.90	3.92	4.10
	4.00	3.95	3.90	4.00
Borke von *Acer platanoides*	5.60	5.50	5.50	5.60
	5.65	5.45	5.60	5.60
	5.60	5.49	5.50	5.67

Da die Kiefer in Gebieten mit hoher Schadstoffbelastung nicht gedeiht, muß bei der Umrechnung auf die Parallelität im nicht puffernden Bereich hingewiesen werden, um eine Formel *pH Acer platanoides = pH Pinus silvestris + 1.6* zu rechtfertigen. Es sei hier nochmals darauf hingewiesen, daß sich die pH-Werte als logarithmische Größen in einem bestimmten Bereich der Umwelteinwirkung um gleiche Beträge verändern, wie schon in Abbildung 2.42 gezeigt. Dies bedeutet jedoch nicht, daß die beiden Indikatoren gleich intensiv reagieren sondern im Gegenteil, *Pinus silvestris* deutlich mehr Säure (Protonen) aufnimmt als *Acer platanoides*.

Die Bewertung der pH-Werte ergibt sich für den Spitzahorn: kleiner 5.0 bedeutet saure Belastung, zwischen 5 und 6 bedeutet einen relativ normalen Bereich der Belastung mit Säuren- oder Basenbildnern und ein pH-Wert von größer 6.0 weist auf eine basische Luftverunreinigung hin. Nach diesen Kriterien ergibt sich für die untersuchten Städte folgendes Bild (Abb. 2.43).

In Tallinn weisen vier Gebiete im Stadtzentrum eine saure Luftbelastung auf. Diese Stadtviertel zeichnen sich durch kohlebeheizte Altbauten aus, das Areal nördlich des Ülemistesee wird durch eine Zellulosefabrik kontaminiert. Belastungszonen alkalischer Stäube finden sich entlang der wichtigsten Verkehrsadern, in im Bau befindlichen Neubaugebieten und im Einflußbereich von Kalk-, Zement- und Betonfabriken. Auch in Pärnu sind die alkalisch belasteten Arealen durch Neubaugebiete mit wenig Vegetation und verkehrsreiche Standorte gekennzeichnet. Die Kontamination mit Säurebildnern, hauptsächlich durch Rauchgase der Ofenheizung hervorgerufen, ist im nördlichsten Teil der Stadt zu kartieren. Das Immissionsfeld ist gegenüber dem Emissionsfeld in Hauptwindrichtung verschoben. Die Kleinstadt Viljandi zeigt, obwohl hauptsächlich kohlebeheizt, überhaupt keine Gebiete saurer Belastung, etwa die Hälfte des Territoriums ist hingegen durch alkalische Stäube kontaminiert. Diese Kontamination ist auf die mit Kalkschotter befestigten Straßen zurückzuführen.

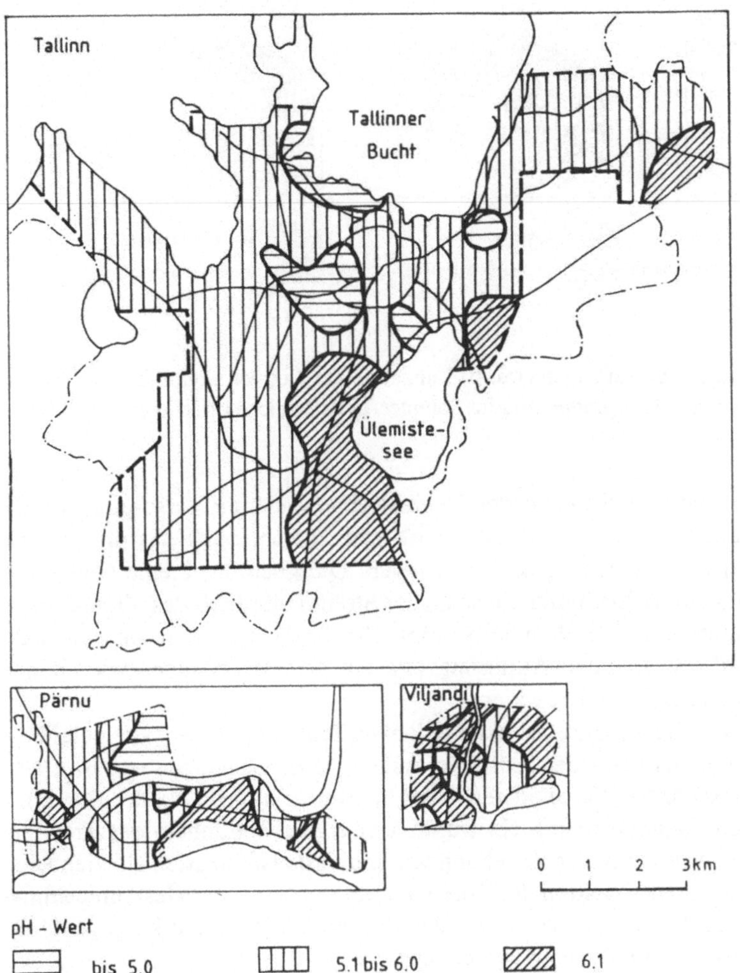

Abb. 2.43. pH-Wert der Borke, bezogen auf *Acer platanoides* in den Städten Tallinn, Pärnu und Viljandi

Hier erhebt sich für Viljandi die Frage, ob das „Sommerbild" der Borke auch dem „Winterbild" entspricht. Im Sommerhalbjahr wird deutlich weniger geheizt und die Straßendecke (Kalkschotter) liegt offen da. Im Winterhalbjahr hingegen liegt die Heizperiode und die Straßen sind durch die Schneedecke versiegelt. Die „Sommerbelastung" müßte also alkalisch, die „Winterbelastung" hingegen sauer sein. Wie ein Vergleich der beiden Situationen zeigt (Abb. 2.44), wird diese Situation durch den pH-Wert der Borke auch tatsächlich widergespiegelt.

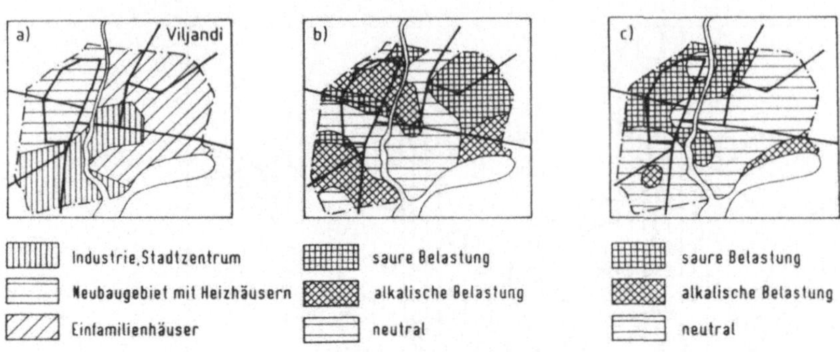

Abb. 2.44. a) Nutzung des Stadtgebietes, **b)** Indikation der Luftverunreinigung nach dem pH-Wert der Borke von *Acer platanoides* im Sommer, **c)** das gleiche im Winter

Im Stadtzentrum und im kohlebeheizten Neubaugebiet (zentrale Versorgung von 2 bis 4 Wohnblocks durch eine Heizstation) ist eine Verschiebung des pH-Wertes der Borke um mehr als einen Punkt festzustellen. Lediglich das kleine Gewerbegebiet im Südwesten der Stadt und ein schmaler Streifen nördlich des Viljandisees werden noch durch alkalische Stäube belastet. Die Borke hat demnach eine wenigstens halbjährliche zeitliche Auflösung und spiegelt die Winter- bzw. Sommersituation jeweils differenziert wider.

Die Nutzung der Baumborke als akkumulativen Indikator für Schwermetallbelastungen begann in der Mitte der 70er Jahre mit den Untersuchungen von BARNES (1976) und LAASKOVIRTA (1976), in denen der Schwermetallgehalt in der Borke in Abhängigkeit vom Standort untersucht wurde. Der eigentliche Inhalt, das Ziel der Arbeiten, bestand weniger in der Erstellung von Immissionsfeldkarten als vielmehr in der Untersuchung der Reaktion der Borke auf ein sich veränderndes Umweltmilieu. Eine wichtige Frage war dabei, welche Vorteile die Baumborke gegenüber anderen akkumulativen Indikatoren auszeichnet.

Hier soll etwas näher auf die Arbeit LAASKOVIRTAS (1976) eingegangen werden. Es wurden Proben der Blattflechte *Hypogymnia physodes* und Proben der Baumborke des gleichen Baumes, *Pinus silvestris*, entnommen. Die Auswahl der Standorte erfolgte so, daß sich die Bäume entweder in verschiedener Entfernung zu einer Straße befanden oder aber in gleicher Entfernung zu Straßen mit unterschiedlichem Verkehrsaufkommen. Die chemische Analyse auf Blei führt zu folgenden Resultaten: Bei den Flechten ist eine deutliche Korrelation zwischen Zunahme der Entfernung zur Straße und Abnahme der Bleikonzentration im Entfernungsintervall von 20 bis 100 Metern festzustellen, die Konzentrationsabnahme beträgt 59 %. Zwischen Standorten, die sich 100 m und 200 m weit von der Straße befinden, ist in den untersuchten Flechten keine Abnahme der Bleikonzentration mehr zu verzeichnen.

Die Änderung der Intensität des Verkehrsaufkommens schlägt sich ebenfalls nicht in unterschiedlichen Bleikonzentrationen in den Flechten nieder. Anders bei der Baumborke. Mit Zunahme der Entfernung zur Straße zwischen 20 und 100 m ist ebenfalls eine signifikante Abnahme der Bleikonzentration festzustellen, sie beträgt 58 %. Bis zum Abstand von 200 m verringert sich die Bleikonzentration gegenüber 100 m Entfernung zur Straße noch einmal um 33 %. Die Bleikonzentration in der Borke ist ebenfalls signifikant abhängig vom Verkehrsaufkommen der jeweiligen Straße.

Auf der Grundlage dieser Ergebnisse kann der Schluß gezogen werden, daß die Baumborke sowohl räumlich wie auch quantitativ, also die Immissionsfeldstärke anzeigend, besser reagiert als epiphytische Flechten, mithin ein besserer Indikator ist. Die Nutzung der Baumborke erlaubt eine detailliertere Darstellung des Immissionsfeldes als die Nutzung von Flechten als akkumulative Indikatoren. Auf der Grundlage der Arbeiten von Barnes und Laaskovirta setzten TANAKA & ICHIKUNI (1981) die Erforschung der Baumborke als Indikator der Umweltbelastung fort. Es gelang ihnen nachzuweisen, daß die Konzentration bzw. Akkumulation von Schwermetallen durch die Baumborke weniger ein chemischer als viel mehr ein physikalischer Prozeß ist. Diese Erscheinung wurde mit der großen Porösität der Borke erklärt. Wie bekannt treten Metalle ja weniger in Lösungen oder als Gase auf, sondern vielmehr an Staubpartikel gebunden, als sogenannte Aerosole.

Tanaka und Ichikuni untersuchten den Schwermetallgehalt in den Schwebstäuben und in der Baumborke der japanischen Zeder und fanden eine große Übereinstimmung (Abb. 2.45).

Der Korrelationskoeffizient beträgt 0.994, das bedeutet eine Wahrscheinlichkeit des Zusammenhanges bei einer Probenzahl von 9 Elementen von 99.9 %. Dabei ist

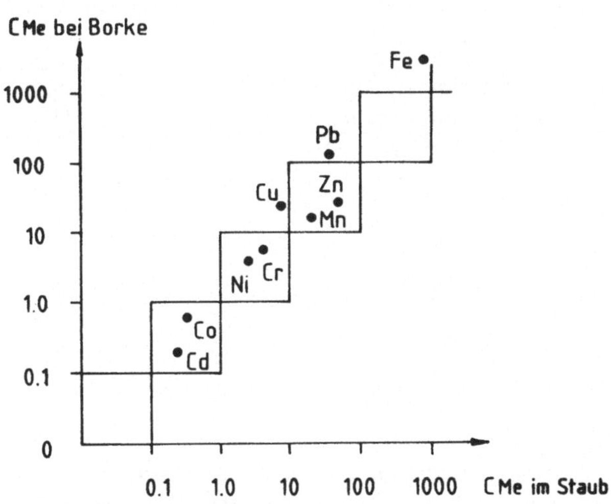

Abb. 2.45. Schwermetallkonzentration in Baumborke und im Staub von Hausdächern (nach TANAKA & ICHIKUNI 1981, Darstellung vom Autor)

jedoch nicht nur schlechthin ein deutlicher linearer Zusammenhang zwischen der Metallkonzentration im Schwebstaub und in der Baumborke am gleichen Standort festzustellen, sondern auch die Tatsache, daß die Konzentrationen in der gleichen Größenordnung zu finden sind. Von den untersuchten 9 Elementen ist die Konzentration von Cadmium, Kobalt, Nickel, Chrom, Mangan und Zink in den Aerosolen und in der Baumborke in der Größenordnung gleich, bei Kupfer, Eisen und Blei in der Baumborke jedoch um eine Größenordnung höher. Das mag einerseits damit zusammenhängen, daß die Stäube auf Hausdächern gesammelt wurden, die Probennahme der Borke jedoch in nur 150 cm Höhe über dem Boden erfolgte. Natürlich ist die Bleikonzentration im inneren und unteren Teil der Straßenschluchten höher als auf dem Niveau der Hausdächer. Auf der anderen Seite muß berücksichtigt werden, daß auf die Borke immer die drei Bestandteile von Luftmassen einwirken, die gasförmige, die flüssige und die feste Komponente, also Gase, Regen und Nebel sowie die Stäube.

Um die Aufnahmefähigkeit der Borke für Metalle zu untersuchen, wurde ein sogenannter Batch-Versuch durchgeführt. Das Experiment war folgendermaßen aufgebaut. Zu 8 Proben von Baumborke von *Pinus silvestris* wurden Lösungen mit bekannter Kupferionenkonzentration gegeben und zwar in den Konzentrationen 0 mg/l, 0.1 mg/l, 0.5 mg/l, 1.0 mg/l, 5 mg/l, 25 mg/l, 124 mg/l und 635 mg/l. Die Rauschkonzentration in der Baumrinde betrug 7.3 mg/kg Kupfer auf lufttrockene Baumborke. Die Lösung wurde in einem Becherglas mit der Baumborke gemischt. Nach 30 Minuten Einwirkzeit wurde die Lösung abgesaugt und die Borke an der Luft getrocknet. Die Bestimmung der Kupferkonzentration erfolgte nach einem Naßaufschluß mittels AAS (Tab. 2.16).

Tabelle 2.16. Schwermetallkonzentration in Baumborke nach Dotation mit verschiedenen konzentrierten Lösungen

Konzentration des Kupfers in der Lösung in mg/kg oder mg/l	Konzentration des Kupfers in der Borke in mg/kg	Konzentration des Kupfers in der Borke in mg/dm^3
0.0	7.30	0.91
0.1	8.00	1.00
0.5	3.10	1.64
1.0	8.76	1.09
25.0	49.80	6.23
125.0	219.00	27.40
136.0	683.00	85.37
635.0	3768.00	471.00

Vor der Diskussion sei noch eine Betrachtung angestellt. Bei der Lösung in Wasser ist das Volumenprozent des gelösten Stoffes, also die Angabe mg/l, zahlenmäßig gleich dem Masseprozent mg/kg, da ja ein Liter Wasser die Masse von einem Kilogramm hat. Bei der Baumrinde ist das anders, ihre Dichte ist je nach Baumart oder auch Alter des Baumes und Probenahmeort verschieden und etwa 6 bis 10mal so klein wie die Dichte des Wassers. Das heißt also, daß einer Massenkonzentrationsangabe von 7.3 mg Kupfer auf ein Kilogramm Borke eine Volumenkonzentrationsangabe von 0.91 mg Kupfer auf einen Kubikdezimeter entspricht. D.h. also, daß einer Massenkonzentration von 1 mg pro Kilogramm Kupfer in Wasser eine Massenkonzentration von 8 mg Kupfer pro Kilogramm Baumborke von der Volumenkonzentration her gesehen entspricht.

Ein normales, also nicht durch andere Felder beeinflußtes Verteilungsgleichgewicht stellt sich immer nach Volumenkonzentrationen ein. Deshalb passiert auch bis zur Konzentration von 1.0 mg Kupfer pro Kilogramm oder Kubikdezimeter Wasser nichts, die Konzentration des Kupfers in der Baumborke bleibt unverändert, entspricht doch 1 mg Kupfer pro Kilogramm Wasser etwa 8 mg Kupfer in einem Kilogramm Baumborke von der Volumenkonzentration her. Von der Probe an, in der die Volumenkonzentration in der Lösung größer wird als die Volumenrauschkonzentration, diffundieren Kupferionen aus der Lösung in die Baumborke. Solange die Volumenkonzentration in der Lösung niedriger ist als die Rauschkonzentration, kann ja auch keine Ionenkonzentrationsanreicherung in Richtung Baumborke stattfinden, höchstens in umgekehrter Richtung, also ein Auswaschungsprozeß! Da auch eine Auswaschung nicht zu beobachten ist, kann angenommen werden, daß eine Konzentration von 7.3 mg Kupfer auf ein Kilogramm Borke der Rauschkonzentration entspricht und das Kupfer fest in die organischen Verbindungen eingebaut ist und nicht lose zwischen die Zellen in Poren eingewaschen wurde.

Die prozentuale Abnahme der Aufnahme von 124 % bis auf 74 % hat sicherlich verschiedene Ursachen. Zum ersten war die Oberfläche der angebotenen Borkenproben nicht einheitlich, bot also einmal mehr und einmal weniger Diffusionsfläche. Zum anderen braucht ein mengenmäßig größerer Teilchenübergang auch mehr Zeit, vor allem innerhalb des Borkenteilchens. Es ist also durchaus zu vermuten, daß die halbe Stunde, in der die Borke mit der Lösung in Kontakt war, nicht hinreichte, um den maximal möglichen Teilchenübertritt zu gewährleisten. Trotz dieser Unzulänglichkeit des Experimentes ergibt sich ein Korrelationskoeffizient von 0.999 für eine lineare Abhängigkeit, das entspricht bei der Paarmenge von 8 Paaren einer Richtigkeitswahrscheinlichkeit von 99.9 %. Die Schlußfolgerung aus dem Experiment lautet, daß die Baumborke in ihrem Chemismus den Chemismus der sie umgebenden Umwelt im wesentlichen linear-proportional widerspiegelt, und zwar bis in Konzentrationen hinein, die in der Natur nicht mehr angetroffen werden. Die Baumrinde kann somit zumindest als praktisch unbegrenzt aufnahmefähiger Indikator bezeichnet werden.

Ein zweites Experiment diente der Untersuchung der Frage, ob und wie schnell einmal eingetragene Schadstoffe aus der Rinde wieder ausgewaschen werden. Diese Untersuchung sollte soweit als möglich unter natürlichen Bedingungen durchgeführt werden. Die Beantwortung dieser Frage ist von großer Bedeutung für die Bewertung der Indikatoraussage erstens in der Hinsicht, wie weit die Schadstoffkonzentration in der Luft und im Indikator größenmäßig zusammenstehen und zweitens, welchen zeitlichen Rahmen die Indikatoraussage umfaßt. Zunächst wurden vier Bäume ausgewählt, die alle etwa das gleiche Alter hatten, gerade gewachsen waren, und nicht weit voneinander unter gleichen Standortbedingungen wuchsen. Nach der Entnahme einer Nullprobe wurden diese Bäume auf einer bekannten Fläche mit 200 ml einer Lösung besprüht, in der leichtlösliche Salze von Zink, Kupfer und Cadmium gelöst waren. Nachdem die besprühte Fläche wieder eingetrocknet war, erfolgte die Probennahme, die anzeigen sollte, welche eingewaschene Ausgangskonzentration vom Indikator gespeichert worden war. Nach weiteren vier Wochen wurde die dritte und letzte Probe entnommen, die die Veränderungen, die Selbstreinigungsfähigkeit, demonstrieren sollte.

Zunächst sollen die Unzulänglichkeiten des Experimentes diskutiert werden. Die verwendeten Bäume standen nicht absolut senkrecht, der Stammablauf war also unregelmäßig verteilt. Da als Hauptkriterium der Auswahl der Probenahmestelle der kleinste Winkel zur Horizontalen gewählt wurde, hatten alle Entnahmestellen eine andere Exposition, wurden also vom auffallenden Regen unterschiedlich stark ausgewaschen. Das verwendete Gerät zum Aufsprühen der Lösung auf die Rinde erlaubte keinen völlig gleichmäßigen Auftrag der Lösung auf die Borke, so daß einige Stellen dichter und andere weniger dicht besprüht wurden. Außerdem wurde die dritte Probe im unteren Teil des Sprühfeldes genommen, in dem ja Metallionen aus dem oberen Teil auch durch die Niederschläge eingewaschen wurden, also nicht nur ein Stoffaustrag stattfand. Trotz dieser großen Zahl von Unzulänglichkeiten brachte das Experiment eindeutige Aussagen an allen vier verwendeten Bäumen.

Die Hintergrundkonzentrationen lagen bei Zink zwischen 50 und 60, bei Kupfer zwischen 23 und 31 und bei Cadmium zwischen 0.51 und 0.91 Milligramm Metall pro Kilogramm Baumborke (Tab. 2.17).

Tabelle 2.17. Schwermetallgrundlast und Auswaschung von Schwermetallen nach künstlicher Belastung mit leichlöslichen Schwermetallsalzen

Moment der Probennahme	Nr. des Baumes	Zn	Cu	Cd
			in mg/kg	
vor der Besprühung (Hintergrund)	1	59	27	0,51
	2	60	23	0,91
	3	59	31	0,75
	4	52	27	0,86
unmittelbar nach dem Besprühen	1	125	106	86
	2	115	118	67
	3	119	100	67
	4	115	109	96
vier Wochen nach dem Besprühen (15.6 mm N)	1	82	83	62
	2	98	88	57
	3	85	86	36
	4	85	90	55

Nach dem Einwaschen der Metalle stieg der Gehalt an Zink auf etwa 120, der von Kupfer auf 110 und der des Cadmiums auf etwa 80 Milligramm Metall an. Obwohl die Niederschläge nur sehr gering waren, lediglich 15.6 mm in den 4 Wochen Expositionszeit, ist bei allen Bäumen und jedem Metall ein deutlicher Auswascheffekt zu verzeichnen. Die Zinkkonzentration fiel auf 85 bis 98, die des Kupfers auf 83 bis 90 und die des Cadmiums auf 36 bis 62 Milligramm pro Kilogramm. Werden die Unzulänglichkeiten des Experimentes mit in Betracht gezogen, so ist festzustellen, daß das Experiment die Vermutung, daß die Metalle in recht kurzer Zeit auch wieder aus der Borke ausgewaschen werden können, zweifelsfrei bestätigt. Außerdem ist zu vermuten, daß der Auswaschungsprozeß in der Natur, also bei natürlichem Eintrag, durch Lösungen und Staubpartikel noch wesentlich deutlicher wird, da der Staub ja nur oberflächlich anhaftet und wesentlich leichter abgespült werden kann als Ionen, die in Lösung in die Borkensubstanz eindringen konnten. Aerosole müßten nicht ausgewaschen, sondern lediglich abgewaschen oder können sogar abgeweht werden.

Es kann also festgestellt werden, daß der Indikationszeitraum der Baumrinde wesentlich kürzer ist als der der Flechten, d.h. das Immissionsfeld, das durch die Indikation mit Baumrinde erhalten wird, ist wesentlich jünger, wesentlich aktueller als das Immissionsfeld, das mit Hilfe epiphytischer Flechten bestimmt wird. Die Baumborke hält einen ständigen Stoffaustausch mit ihrer Umwelt aufrecht. Das ist allein schon aus der Tatsache zu erwarten, daß die Baumborke kein lebendes Organ mehr darstellt, sondern eher mit einem porösen Sampler zu vergleichen ist. Die Baumborke akkumuliert weder aktiv Stoffe, noch baut sie passiv erhaltene in körpereigene Stoffe ein. Die Baumborke spiegelt das Auf und Ab in der Konzentration an Schadstoffen im Transmissionsfeld wider, zeigt also die aktuellen Schadstoffmengen an, die in die Umwelt eingetragen werden.

Eine weitere Frage besteht darin, zu welchem Typ der Indikator Baumborke gehört. Gemeint ist hierbei, inwiefern unterschiedliche Baumarten gleich intensiv oder unterschiedlich intensiv die von der Umwelt angebotenen Schadstoffe akkumulieren. Gehören sie zum Typ Indikatoren, die mit gleicher Intensität und nur unterschiedlichem Hintergrund akkumulieren, kann zum Vergleich der Daten und zu ihrer Umrechnung ineinander die Beziehung „Abweichung" verwendet werden. Gehören sie zum Typ, der mit unterschiedlicher Intensität akkumuliert, so muß zum Vergleich und zur Umrechnung die Beziehung „Verhältnis" herangezogen werden (vgl. 1.4.3).

In einer Arbeit von ADEMORTI (1986) werden verschiedene Baumarten unter jeweils gleichen oder doch ähnlichen Standortbedingungen betrachtet und die Konzentration einiger Metalle in ihrer Borke bestimmt. Die Ergebnisse bringen folgendes Bild (Tab. 2.18). In der Reihenfolge Indian almond, Flamboyant und Mango nehmen die Konzentrationen aller Metalle unter gleichen Standortbedingungen ab. Das zeigt zunächst einmal, daß die Borke nicht selektiv akkumuliert und auf alle Metalle mehr oder weniger gleich reagiert.

Tabelle 2.18. Schwermetallkonzentration in der Baumborke an unterschiedlichen verkehrsbelasteten Standorten (Quelle: ADEMORTI 1986)

	sehr intensiver Verkehr			intensiver Verkehr			geringer Verkehr		
	Pb	Zn	Cu	Pb	Zn	Cu	Pb	Zn	Cu
Indian almond	143	102	22	87	52	13	44	25	18
Flamboyant	133	83	17	79	38	14	41	22	12
Mango	118	78	13	60	30	9	35	20	5

Da das Hauptkriterium der Standortunterschiede die Intensität des Verkehrs ist, soll hauptsächlich zunächst einmal das Blei betrachten werden. Im Falle eines sehr hohen Verkehrsaufkommens ist die Bleikonzentration beim Indian almond 143 mg, beim Flamboyant 133 mg und beim Mango nur 118 mg pro Kilogramm Baumborke. Die Differenzen sind auf 3 bzw. 8 mg Blei bei den entsprechenden Baumarten zurückgegangen. Deutlich wird das in der graphischen Darstellung. Da nicht bekannt ist, an welcher quantitativen Stelle, also mit welcher Emission der Standort mit intensivem Verkehr zwischen dem Standort mit sehr intensivem Verkehr und dem mit eher niedrigem Verkehrsaufkommen einzuordnen ist, sollen in der graphischen Darstellung nur der maximal und der minimal belastende Standort einbezogen werden (Abb. 2.46).

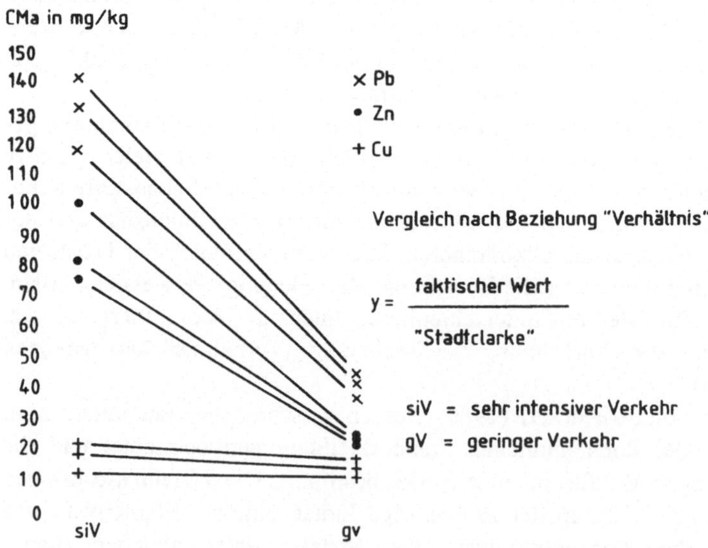

Abb. 2.46. Graphische Herleitung der Aufnahmeweise von Schwermetallen durch die Baumborke und Ableitung der notwendigen Umrechnung für einen Vergleich zwischen unterschiedlichen Baumarten

Bei Blei und Zink als Cadmiumbegleiter ist eine deutliche Abnahme der Konzentration vom stark belasteten zum weniger belasteten Standort hin zu verzeichnen. Kupfer, das als Schadstoff nicht durch den Verkehr emittiert wird, sticht auch deutlich im Verhalten von den beiden anderen Metallen ab und muß zwar in die Rechnung einfließen, bestimmt jedoch keine Tendenzen. Denn auch eine Summierung der Metallkonzentrationen an allen drei Standorten zeigt eine Tendenz wie Blei und Zink einzeln, nämlich eine Abnahme der Differenz der Konzentration zwischen den einzelnen Baumarten mit Abnahme der Emission. So ist die Differenz zwischen der Gesamtkonzentration an Metallen von Indian almond und Mango im Bereich der höchsten Belastung 20 mg, im Bereich der niedrigsten Belastung hingegen nur 9 mg.

Die gleichen Tendenzen sind auch in den beiden anderen Kombinationen zu beobachten. Es muß geschlußfolgert werden, daß Baumborke zu den Indikatoren gehört, die Schadstoffe mit unterschiedlicher Intensität akkumulieren, zumindest Schwermetalle. Zum Vergleich kann also die Beziehung „Verhältnis" herangezogen werden. Es soll außerdem darauf hingewiesen werden, daß der Konzentrationsunterschied sowohl der Einzelmetalle wie auch ihrer Summe innerhalb eines Standortes zwischen verschiedenartigen Bäumen größer ist als der Unterschied verschieden stark akkumulierender Bäume an verschiedenen Standorten. Eine Klassenbildung oder Darstellung eines Immissionsfeldes allein auf den Konzentrationswerten beruhend ist also bisher noch nicht möglich. Dieses Problem soll durch weitere mathematische Bearbeitung gelöst werden.

Es gilt als „Stadtclarke" der geochemische Hintergrund eines jeden Elementes der entsprechenden Baumart. Durch ihn wird der faktisch gemessenen Wert am entsprechenden Standort geteilt (Tab. 2.19).

Tabelle 2.19. Relative Schwermetallkonzentration in Bezug zum städtischen Mittelwert der jeweiligen Konzentration in der Borke

	sehr intensiver Verkehr			intensiver Verkehr			geringer Verkehr		
	Pb	Zn	Cu	Pb	Zn	Cu	Pb	Zn	Cu
Indian almond	1.56	1.71	1.24	95	87	63	48	42	1,0
Flamboyant	1.61	1.74	1.18	88	80	97	49	46	8.3
Mango	1.66	1.82	1.35	85	72	93	49	46	5.6

„Stadtclarke" geochemischer Hintergrund eines jeden Elementes in der entsprechenden Baumart

x_i/y_i x_i = faktischer Wert

y_i = „Stadtclarke" des entsprechenden Elementes

Zahlen über eins zeigen, daß die Konzentration höher ist als im Stadtmittel, Zahlen unter eins deuten auf wenig belastete Gebiete auf dem Territorium der Stadt hin. Hier ist deutlich zu sehen, daß Kupfer nur wenig mit der Intensität des Verkehrsaufkommens im Zusammenhang steht und die höheren Kupferkonzentrationen aus anderen Emissionsquellen stammen, die strukturbedingt in der Nähe von Standorten mit hohem Verkehrsaufkommen liegen. Deutlich lassen sich die einzelnen Standorte jetzt durch jede beliebige Baumart von anderen Standorten, ebenfalls dokumentiert durch eine beliebige Baumart, trennen. Die Differenz innerhalb des Standortes mit sehr hohem Verkehrsaufkommen liegt bei Blei bei 0.1 Einheiten, zwischen den Standorten sehr intensiver Verkehr und intensiver Verkehr ist eine Differenz von 0.61 zu verzeichnen.

Die Berechnung eines summaren Belastungskoeffizienten (Tab. 2.20) macht die Klassifizierung noch deutlicher. Nach einem Vergleich der Angaben in der Tabelle der einfachen Summenkonzentration mit den Angaben in der Tabelle des summaren Koeffizienten, d.h. der Daten, die durch die Verhältnisbildung entstanden, kann festgestellt werden, daß die indikationsspezifischen Unterschiede weitgehend eliminiert wurden, die Standortunterschiede jedoch weit deutlicher hervortreten. Eine Betrachtung der Prozentdifferenzen innerhalb eines Standortes zwischen verschiedenen Indikatorarten ergibt folgendes Bild (Tab. 2.20).

Tabelle 2.20. Summarer relativer Koeffizient (a) und Summenkoeffizient (b) der Schwermetallkonzentration in der Baumborke

	sehr intensiver Verkehr		intensiver Verkehr		geringer Verkehr	
	a	b	a	b	a	b
Indian almond	1.55	89	0.85	50	0.61	29
Flamboyant	1.51	77	0.88	41	0.60	25
Mango	1.60	69	0.84	33	0.51	20
	5.6 %	23 %	4.5 %	34 %	16 %	31 %

Bei der Verwendung der einfachen Summenkonzentration betragen sie am Standort mit sehr hohem Verkehrsaufkommen 23 %, am Standort mit hohem Verkehrsaufkommen 34 % und am Standort mit eher geringem Verkehr 31 %. Bei Verwendung des summaren Koeffizienten verringert sich die prozentuale Differenz auf 5.6 %, 4.5 % und 16 % in den gleichen Standorten. Dieser Fehler bzw. diese Streuung liegt innerhalb der Streuungsbreite der Bearbeitungs- bzw. Meßmethode selbst.

Ein Vergleich der Daten zwischen den Gruppen bringt ein entgegengesetztes Bild. Die Prozentdifferenz zwischen der Minimalkonzentration am Standort mit sehr hoher Belastung und der Maximalkonzentration am Standort mit hoher Belastung beträgt 27 %, die entsprechende Differenz des Standortes mit hoher Belastung und eher niedriger Belastung nur 12 % bei Verwendung der Daten der einfachen Summenkonzentrationen. D.h. die Unterschiede innerhalb eines Standortes sind größer als die Unterschiede zwischen den Gruppen. Bei Verwendung der summaren Koeffizienten betragen die entsprechenden Prozentdifferenzen 41 % und 31 %. Die prozentualen Konzentrationsunterschiede innerhalb gleicher Standorte bei Baumborke verschiedener Baumarten sind also wesentlich kleiner als die prozentualen Konzentrationsunterschiede verschieden stark belasteter Standorte. D.h. erst die mathematische Bearbeitung führt zu Zahlenwerten, die eine sinnvolle Differenzierung des Immissionsfeldes zulassen im Falle, daß mehrere Baumarten als Indikatoren verwendet werden. Die Bearbeitung empfiehlt sich nach der Formel

$$K_{vB} = \frac{1}{n} \sum_{i=1}^{n} \frac{x_{ij}}{\bar{x}_{ij}}$$ i = Laufnummer der SM, j = Laufnummer der Baumarten.

Nach dem oben beschriebenen Verfahren wurden die für Abbildung 2.47 verwendeten Daten aufbereitet. Der Wert „1" bedeutet demnach eine Konzentration von Schwermetallen in der Borke des entsprechenden Standortes, bei der im Mittel alle Schwermetalle im Stadtmittel vorliegen. Die sich für Tallinn ergebenden Extrem- und Mittelwerte der Schwermetallkonzentrationen sind in Tabelle 2.21 dargestellt.

Tabelle 2.21. Extrem- und Mittelwerte der Schwermetallkonzentration in der Borke von Ahorn und Kiefer / Tallinn

	Maximum		Minimum		Mittelwert	
	Ahorn	Kiefer	Ahorn	Kiefer	Ahorn	Kiefer
Cu	370	84	6.4	3.4	27.0	7.0
Zn	235	274	22.5	10.0	44.0	23.0
Pb	173	50	9.5	5.2	24.0	7.8
Cd	1.7	1.4	0.09	0.001	0.21	0.13

Bis auf Zink wird immer in der Ahornborke mehr akkumuliert als in der Borke der Kiefer. Außer mit der höheren Sorptionskapazität liegt diese Tatsache darin begründet, daß die Kiefer gehäuft am Stadtrand vorkommt, der Ahorn jedoch im intensiver genutzten Stadtzentrum vorkommt. Da Zink ein Begleiter des Kalk ist, die Baustoffindustrie sich jedoch ebenfalls am Stadtrand befindet, ist hier das größere relative Maximum bei der Kiefer zu verzeichnen. Abbildung 2.47 zeigt die Schwermetallbelastung der Borke bzgl. des jeweiligen Metallwertes für jede Baumart in jeder Stadt.

Obwohl in Tallinn keine Industrie mit hohen Emissionen vorhanden ist und als Hauptemissionsquelle nur der Hausbrand und der Verkehr in Frage kommen, sind deutliche Unterschiede in der Schwermetallkonzentration in der Borke festzustellen. Das Maximum der Kupferkonzentration in der Ahornborke ist sogar größer als das Maximum der Zinkkonzentration, hohe Kupferkonzentrationen sind in Tallinn vor allem für Areale mit metallverarbeitender Industrie nachzuweisen. In der Kiefernborke dominiert absolut das Element Zink, Begleiter der Baustoffindustrie. Als höher belastet können ausgegliedert werden die Altstadt und das alte Industriegebiet im Norden der Stadt, das industriell gut erschlossene Verkehrsband nach dem Süden Tallinns und das durch chemische Industrie (Cadmiummaxima) geprägte Areal westlich der Altstadt. Das größte belastete Gebiet im Westen, eine Anomalie

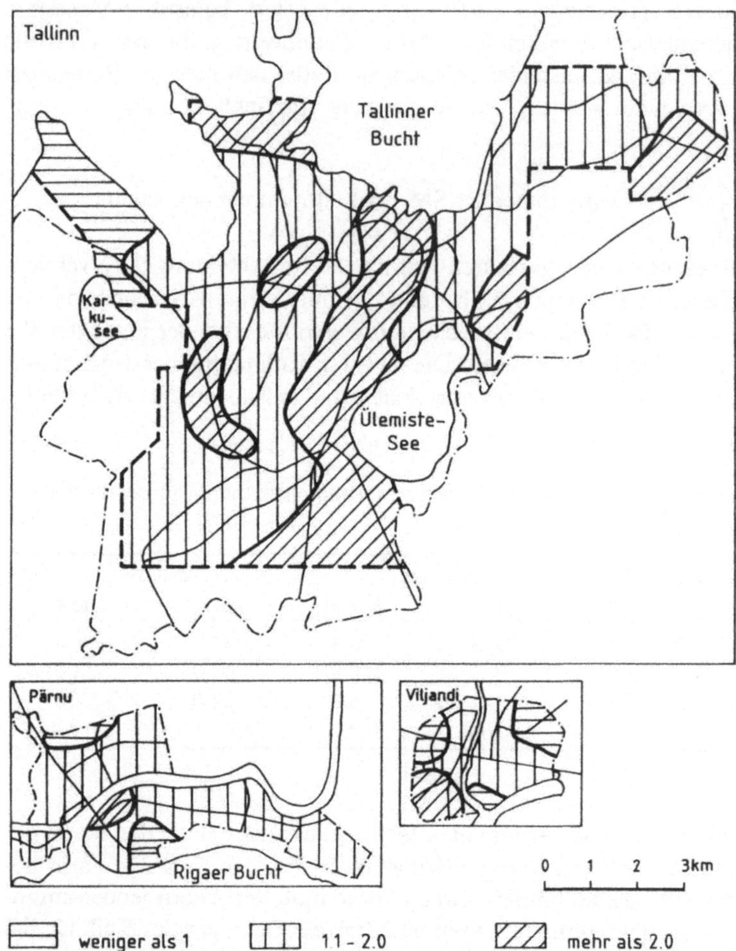

Abb. 2.47. Relative summare Schwermetallkonzentration in der Baumborke bezüglich des Mittelwertes der jeweiligen Baumart

in einem großen Neubaugebiet, rührt von Emissionen eines Heizkraftwerkes und des städtischen Busdepots her. Eine nicht gesicherte, außerordentlich große Mülldeponie im Nordosten ist Ursache für die hohe Kontamination in einem Areal mit überwiegender Waldbedeckung.

In der Mittelstadt Pärnu sind Kiefern noch deutlicher an die Peripherie gedrängt und Ahorn noch mehr im Stadtzentrum konzentriert als in Tallinn. Entsprechend stellen sich die Metallkonzentrationen in der Borke der beiden Baumarten dar (Tab. 2.22).

Tabelle 2.22. Extrem- und Mittelwerte der Schwermetallkonzentration in der Borke von Ahorn und Kiefer / Pärnu

	Maximum		Minimum		Mittelwert	
	Ahorn	Kiefer	Ahorn	Kiefer	Ahorn	Kiefer
Cu	37	9.9	9.6	4.5	17	7
Zn	532	48.0	36.0	20.0	102	34
Pb	235	27.6	9.5	6.5	32	13
Cd	0.78	0.51	0.016	0.015	0.31	0.26

Der Ahorn erweist sich entsprechend auch deutlich höher belastet, das Maximum der Bleikonzentration übertrifft das Minimum um das fast 25fache, bei Zink noch um das fast 15fache. Wesentlich geringer sind die Konzentrationsunterschiede der Metalle in der Borke der Kiefer, das Minimum bei Blei beträgt etwa ein Drittel des Maximums, bei Zink sogar nur etwas weniger als die Hälfte. Nur der unmittelbare Stadtkern wird als hoch belastetes Areal ausgewiesen, zwei Gebiete am Stadtrand können als besonders wenig kontaminiert eingestuft werden.

Auch die Indikation in der Kleinstadt Viljandi erlaubt eine Dreiteilung der Belastungssituation, wenn auch hier die allgemeine Schadstoffkontamination in der Borke wesentlich geringer ist als in Tallinn oder Pärnu (Tabelle 2.23).

Tabelle 2.23. Extrem- und Mittelwert der Schwermetallkonzentration in der Borke von Ahorn / Viljandi

	Maximum	Minimum	Mittelwert
Cu	21	12	16
Zn	148	40	77
Pb	37	5	15
Cd	0.62	0.16	0.25

Als höher belastet kann das Gewerbegebiet ausgegliedert werden, vor allem Blei ist hier das Element, das zur Kontamination im wesentlichen beiträgt. Weniger als im Mittel der Metallkonzentrationen weist die Borke der Bäume auf, die am Stadtrand liegen oder aber im Parkgebiet um Viljandi stehen. Die kalkgeschotterten Straßen führen im übrigen Stadtgebiet zu einer Erhöhung der Zinkkonzentration.

Die Aussagen der Borke erlauben in allen drei Städten eine Differenzierung des genutzten Gebietes in wenigstens drei Belastungsstufen. Die ausgegliederten geochemischen Areale lassen sich anhand der rezenten Nutzungsstrukturen und Emissionsquellen gut interpretieren. Auch die Nutzung verschiedener Baumarten führt im Überschneidungsgebiet der Verbreitungsareale nicht zu uninterpretierbaren Schnitten und Grenzen. Besonders wichtig ist die Tatsache, daß die Aussagen der Borke jahreszeitliche Schwankungen des Emissionsfeldes nachzeichnen und somit die Borke geeignet erscheint, aktuelle Verbesserungen oder Verschlechterungen der Umweltsituation, hervorgerufen durch menschliche Tätigkeit, widerzuspiegeln.

Schwermetallgehalte in Kiefernnadeln in Abhängigkeit von der Entfernung zu einer Kupferschmelzerei. Als passive akkumulative Indikation werden vielfach auch Blätter von Immergrünen verwendet (HÖLLWARTH 1982), aber auch Laubblätter. Gerade bei den Immergrünen erlaubt eine gezielte Probennahme die Erfassung eines konkreten Expositionszeitraumes, bestimmbar durch die Jahresgänge der einzelnen Triebe. Gleichzeitig ist ein Vergleich mit sensitiven Merkmalen des Baumes möglich, etwa der noch vorhandenen Anzahl von Nadeljahrgängen oder deren Vitalitätsgrad. In Abhängigkeit von der Entfernung zu einer Emissionsquelle von Nickel und Kupfer wurden die Triebe des aktuellen Jahres von je 3 Bäumen pro Standort auf ihren Gehalt an Kupfer und Nickel untersucht (Tab. 2.24). Standort I ist dabei der Quellen am nächsten, Standort VII am weitesten entfernt gelegen.

Tabelle 2.24. Gehalte an Kupfer, Nickel und Magnesium in den Nadeln (letzter Trieb) von *Picea obovata*, Halbinsel Kola

Probe X am Standort N		Ni	Cu	Mg
			in mg / kg	
I	a	0.81	0.78	0.41
	b	1.28	0.89	0.22
	c	2.06	1.10	0.21
II	a	1.95	0.90	0.43
	b	1.68	0.60	0.39
	c	1.62	0.72	0.21
III	a	0.98	0.45	0.39
	b	0.85	0.40	0.26
	c	0.49	0.30	0.35
IV	a	0.78	0.42	0.31
	b	0.93	0.50	0.39
	c	0.77	0.39	1.11
V	a	0.52	0.26	1.11
	b	0.46	0.26	0.36
	c	0.56	0.26	0.33
VI	a	0.30	0.27	0.33
	b	0.41	0.21	0.55
	c	0.42	0.23	0.36
VII	a	0.48	0.27	0.35
	b	0.34	0.27	0.37
	c	0.46	0.27	0.40

Grundsätzlich kann festgestellt werden, daß die Konzentration von Kupfer und Nickel mit zunehmender Entfernung zum Emittenten sinkt. Bei Nickel ist diese Abnahme bis zum Standort V, bei Kupfer nur bis zum Standort IV zu verfolgen. Besonders interessant ist Standort I. Hier treten für beide Elemente die absoluten Maxima auf, für Nickel 2.06 mg je kg Trockensubstanz, bei Kupfer 1.10 mg je kg Nadeln. Die Streuung der Werte ist jedoch erheblich und liegt bei Nickel um 60, bei Kupfer um 30 %. Je geringer die Konzentrationen werden, um so weniger weit liegt sie bei unterschiedlichen Bäumen des gleichen Standortes auseinander. Hieran ist sicherlich die herabgesetzte Vitalität und damit der herabgesetzte Metabolismus ursächlich beteiligt. Die eingeschränkte Vitalität in hoch belasteten Räumen führt zu einer eingeschränkten Stoffaufnahme. Damit sind Stoffdargebot und Stoffaufnahme nicht mehr proportional zueinander, der Indikator hat die Grenze seiner Aufnahmefähigkeit und damit auch die Grenze der Linearität seiner Reaktion auf eine Umweltsituation erreicht. Dieses Faktum scheint sich auch in den Minima der Magnesiumaufnahme, die an Standort I erreicht werden, widerzuspiegeln.

Die Höhe der Metallkonzentration wird korrespondierend durch die allgemeine Vitalität von *Picea obovata* an den entsprechenden Standorten begleitet. In einer Entfernung von etwa fünf km zum Emittenten sind nur in geschützten Positionen, etwa Senken oder durch Gesteinswälle abgeschirmt, einige kümmerliche Fichten zu finden. Es sind ausschließlich junge Exemplare, die durch ihre Größe von nicht mehr als 150 cm im Winter von Schnee bedeckt sind und somit wenigstens in dieser Zeit der Emission nicht schutzlos ausgesetzt sind. Standort II weist zwar lebende Fichtenexemplare auch höheren Wuchses auf, diese haben aber nur den letzten (diesjährigen) Nadeljahrgang. An Standort III nimmt die Vitalität um einen zweiten, wenn auch geschädigten Jahrgang zu, um ab Standort VI die für die Halbinsel Kola typischen neun bis zehn Nadeljahrgänge zu erreichen.

2.4.2 Aktive Indikation mit höheren Pflanzen

Beispiel: Gemüsepflanzen und Graskultur als Indikatoren der Belastung von Kleingärten über den Luftpfad. Im Stadtgebiet von Halle gibt es 132 Kleingartenanlagen mit einer Fläche von rund 480 ha (ca. 3.8 % des administrativen Stadtgebietes). Hiervon galt es, charakteristische Gartenanlagen für Untersuchungen auszuwählen, die eine Bewertung der Belastung auch der übrigen Anlagen mit Schwermetallen erlauben sollte. Als bestimmendes Differenzierungsmerkmal wurden im wesentlichen die städtischen Nachbarschaften, also die die Gartenanlagen umgebenden Stadtstrukturtypen gewählt (Abb. 2.48). Eine solche Zuordnung ist für Halle auf Grund des baulichen und infrastrukturellen Zustandes eindeutig möglich. Innerhalb der Gartenanlagen wurden je drei Gärten ausgewählt, die zum Teil möglichst nahe zu potentiellen Emittenten wie Hauptverkehrsstraßen, Bahn- oder Industrieanlagen liegen.

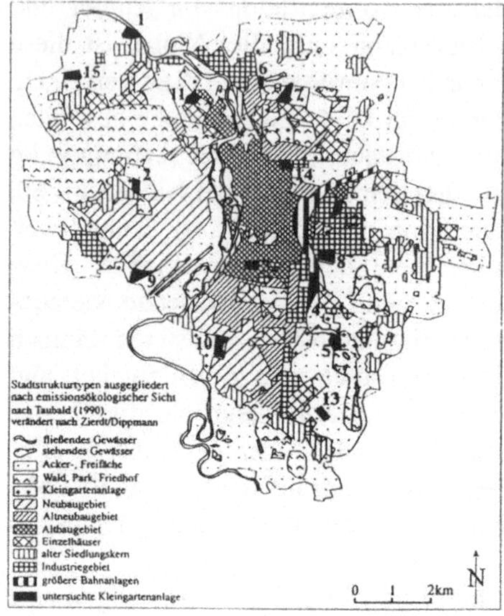

Kleingartenanlage	Stadtstruktur
1 Saaletal-Lettin	alter Siedlungskern
2 Habichtsfang	Einzelhäuser
3 Paul-Riebeck-Stift	Altbaugebiete
4 Dieselstraße	Industriegebiet
5 Osendorfer Hain	Acker-/Freifläche
6 Oppiner Weg	Industriegebiet
7 Küttener Weg	Neubaugebiet
8 Kanenaer Weg	Industriegebiet
9 Passendorfer Damm	Neubaugebiet
10 Sonne	Neubaugebiet
11 Am Fuchsberg	Einzelhäuser
12 Freiimfelder Straße	Industriegebiet
13 Radeweller Straße	Acker-/Freifläche
14 Pauluskirche	Altbaugebiet
15 Kirchacker Dölau	alter Siedlungskern

Abb. 2.48. Lage der untersuchten Kleingartenanlagen und benachbarte Stadtstrukturtypen in Halle/Saale

Als Indikator für den Emission/Immissionseintrag von Schwermetallen eignen sich durch ihren pflanzenphysiognomischen Aufbau besonders Graskulturen (*Lolium multiflorum*). Mit den ermittelten Werten ist eine Abschätzung des Gefahrenstoffeintrages durch die Luft möglich, da die Aufnahme von Schwermetallen über die Wurzeln ausgeschlossen werden kann. Als Substrat dient ein fossiler Eemboden, ein A_h-Horizont einer Wiesenschwarzerde, des besseren Wasserspeichervermögens halber mit Torf vermischt. Alle Graskulturen wuchsen demnach im selben Substrat auf und konnten nur über den atmosphärischen Pfad kontaminiert werden. Wie Tabelle 2.25 zeigt, ist über den Expositionszeitraum, der die Sommermonate umfaßte, bei allen Elementen eine Anreicherung erfolgt. Cadmium ist dabei das wohl auffälligste Element, liegt die Nachweisgrenze der verwendeten Methode doch bei 0.002 mg je kg Substanz, die Anreicherung beträgt also mindestens das 750fache.

Tabelle 2.25. Statistische Kenngrößen der Schwermetallgehalte der 37 exponierten Graskulturen in Halleschen Kleingärten (SAUERWEIN ET AL. 1995)

	Cd	Cr	Cu	Ni	Pb	Zn
Min.	nn	nn	4.0	2.1	0.5	33
Max.	1.53	2.18	19.7	33.0	30.7	386
Mittelwert	0.40	0.27	8.7	6.5	6.2	130
rel. Stand.abw. (%)	12.8	24.4	6.7	13.3	15.8	10.1

Auch das anthropogen emittierte Blei weist eine Anreicherung um den Faktor 60 auf. Auch Zink, sicher mit bedingt durch die Stadtbelastung, ist mit einem Quotienten von 10 als anthropogen eingebrachtes Element zu werten. Weniger intensiv hingegen ist der Eintrag mit Kupfer, es wird nur um den Faktor 5 differenziert.

In Abbildung 2.49 ist die Verteilung der Belastungswerte der Elemente Zink, Cadmium und Blei dargestellt.

Schon ein flüchtiger Blick zeigt, daß die Metallkonzentration in der Graskultur in keinem Zusammenhang zu den Stadtstrukturtypen stehen. So ist zum Beispiel die Gartenanlage Nr. 12, gelegen inmitten eines Industriegebietes weniger belastet als Anlage Nr. 7, die sich in einem Neubaugebiet befindet. Eine interpretierbare Wertung kann nur vorgenommen werden, wenn die unmittelbaren Schadstoffquellen, die die Anlage umgeben, in Betracht gezogen werden können.

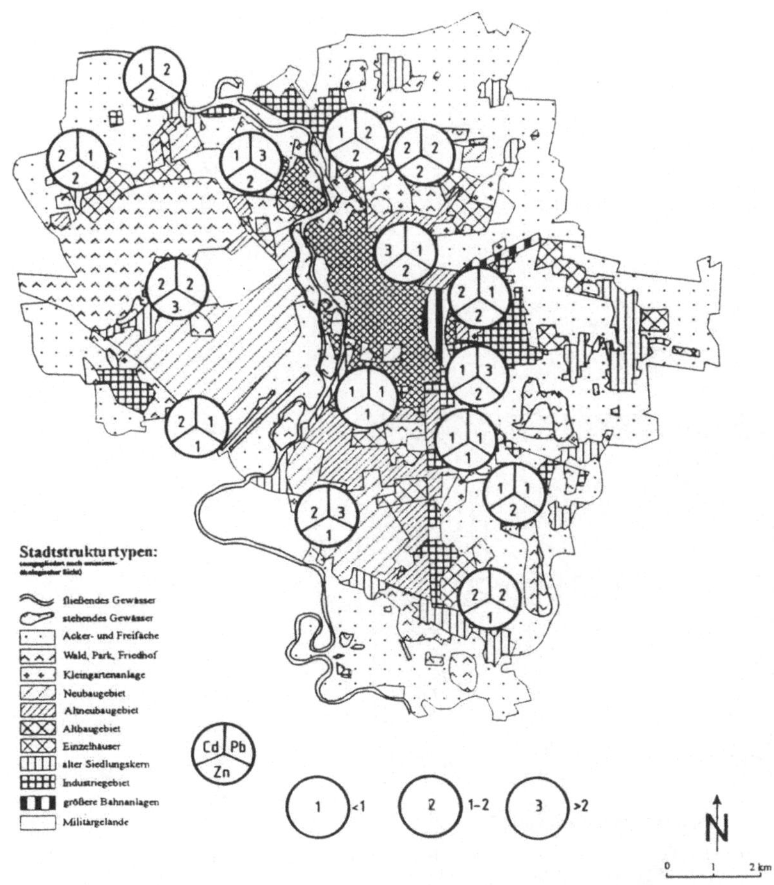

Abb. 2.49. Grenzwertfaktoren (faktischer Wert / Schwellenwert für Stand. Graskulturen nach LAS 1992) der Schwermetalle in exponierten Grasproben (SAUERWEIN ET AL. 1995)

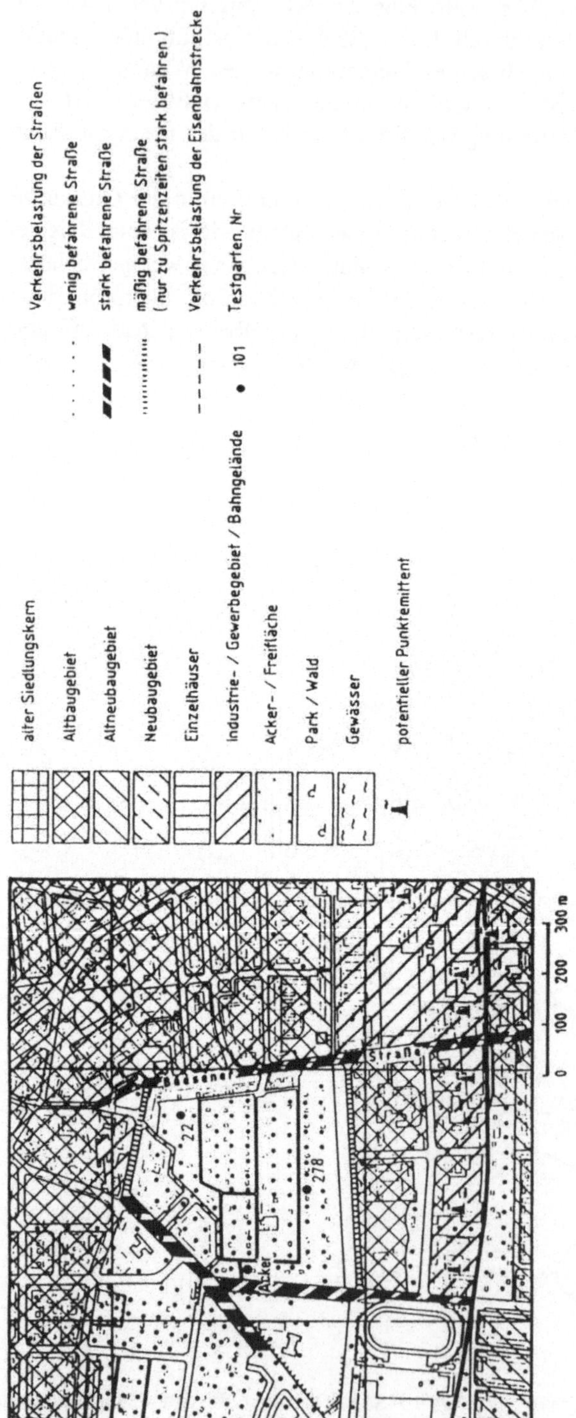

Abb. 2.50. Lage der Probenahmepunkte in der Kleingartenanlage „Paul-Riebeck-Stift“ und mögliche Umwelteinflüsse

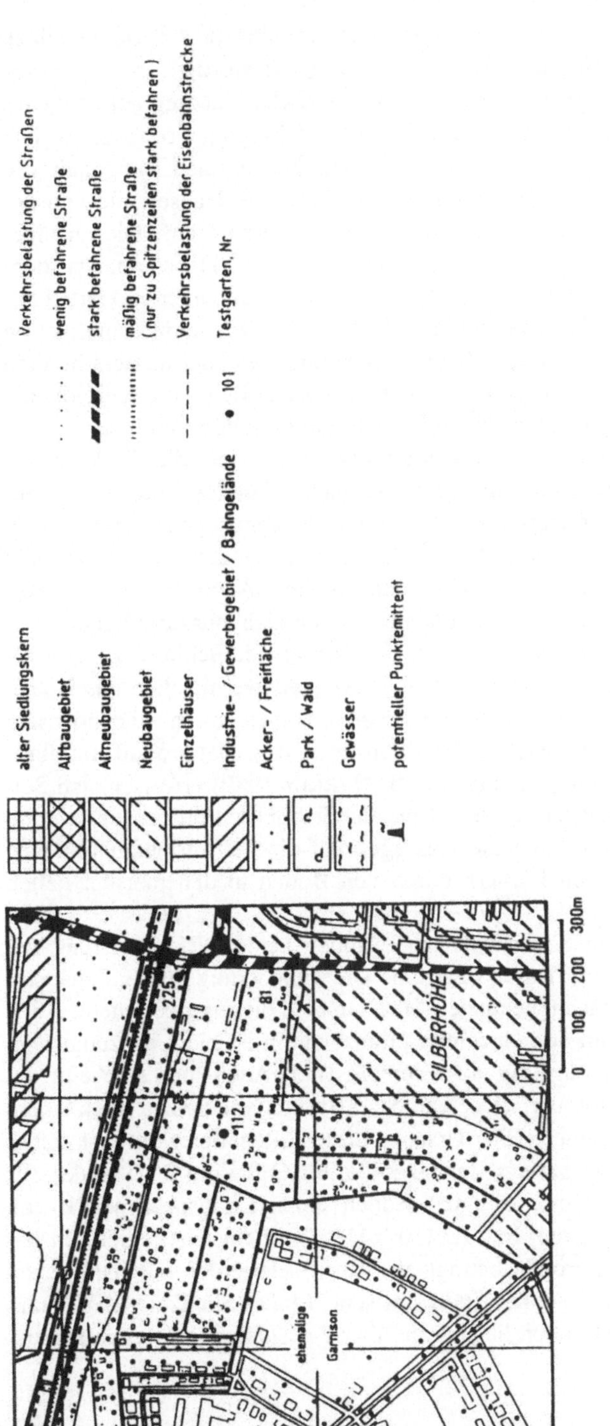

Abb. 2.51. Lage der Probenahmepunkte in der Kleingartenanlage „Sonne" und mögliche Umwelteinflüsse

Abbildung 2.50 zeigt den Lageplan der Probenahmepunkte in der Gartenanlage „Paul-Riebeck-Stift". Der Begriff „Acker" ist hier nicht wörtlich zu verstehen, sondern als noch nicht parzelliertes, gerade in gärtnerische Nutzung genommenes Land gebraucht. Die mittlere Bleibelastung beträgt 2.67 mg/kg Trockengras. Die auf dem „Acker", also zur Straße exponierten Gräser haben einen Bleigehalt von 5.50 mg/kg, die in Garten 22 exponierten Gräser, durch die Häuserzeile von der Straße getrennt, weisen nur einen Bleigehalt von 0.50 mg/kg auf. Die an einer Ausfallstraße liegende Kleingartenanlage „Sonne" (Abb. 2.51) hat eine mittlere Bleibelastung von 8.50 mg je kg Graskultur, der zur Straße exponierten Garten Nr. 225 weist mit 11 mg/kg das Maximum auf. Je nach Düngemittelapplikation (Wirkung der Stäube) und Gewinnung bzw. Speicherung des Gießwassers in alten Zinkwannen oder ausgedienten Farbfässern kommen zusätzlich ganz individuelle, ausschließlich durch die gärtnerische Nutzung bedingte Metalldosen hinzu.

Ähnliche Resultate werden auch mit Gemüsepflanzen erzielt, die direkt in den Gartenboden ausgebracht wurden. Für diesen Versuch gelangten Pflanzen zur Indikation, die vorher in einem (relativen) Reinluftgebiet angezogen wurden. Nach der Ausbringung sollten sie von den Kleingärtnern so behandelt werden wie alle anderen Kulturen auch, jedoch ohne Düngemittelzugabe. Auch hier ist ein Verfrachtung von Stäuben aus benachbarten Flächen jedoch nicht auszuschließen.

Die in Abbildung 2.52 gezeigten Resultate lassen folgende Schlüsse zu: Einzelne Gemüsearten weisen bezüglich der Aufnahme von Schwermetallen aus Boden und Luft große artspezifische Unterschiede auf. Dabei treten die höchsten Schwermetallgehalte bei allen untersuchten Pflanzen in den Blättern auf. In Übereinstimmung mit anderen Untersuchungen (z.B. HARRES 1989) erweisen sich Sellerie und Porree als am meisten belastet. Eine durch Subtraktion berücksichtigte Belastung der Graskulturen erlaubt die Aussage, daß die Schwermetallaufnahme der Pflanzen zumindest in den Blättern durch den Boden in den meisten Fällen vernachlässigbar ist.

Die Cadmiumgehalte in den Sellerieblättern erlauben keine Differenzierung der Immissionen. Die Porreeblätter lassen zwar eine Untergliederung in drei Schadstufen zu, logisch interpretierbar im genutzten Maßstab sind diese jedoch nicht. Auch ein Zusammenhang zwischen den einzelnen Pflanzenarten ist nicht auszumachen. Ähnlich ist die Indikatoraussage für das Element Blei. Auch hier erscheint die Bleikonzentration eher reglos und weder an Stadtstrukturtypen noch an kleinere Emissionsdimensionen gebunden. Eine Ursache dieser „Regellosigkeit" ist sicher auch der nicht passende Maßstab der Bezugsgröße, für Cadmium 0.10 mg/kg, für Blei 0.80 mg/kg Frischsubstanz. Blei hat jedoch einen Lithosphärenclark von 1.6×10^{-3}, Cadmium hingegen nur von 1.3×10^{-3}. Der Quotient der hygienisch bedingten Vergleichs-(Bezugs)größen beträgt also nur 8, derjenige der natürlichen Bezugsgrößen jedoch über 100. Die indikatorische Maßstäblichkeit (Auflösung des Raumes) dürfte also in Größen liegen, die über die Stadtstrukturtypen herausgehen.

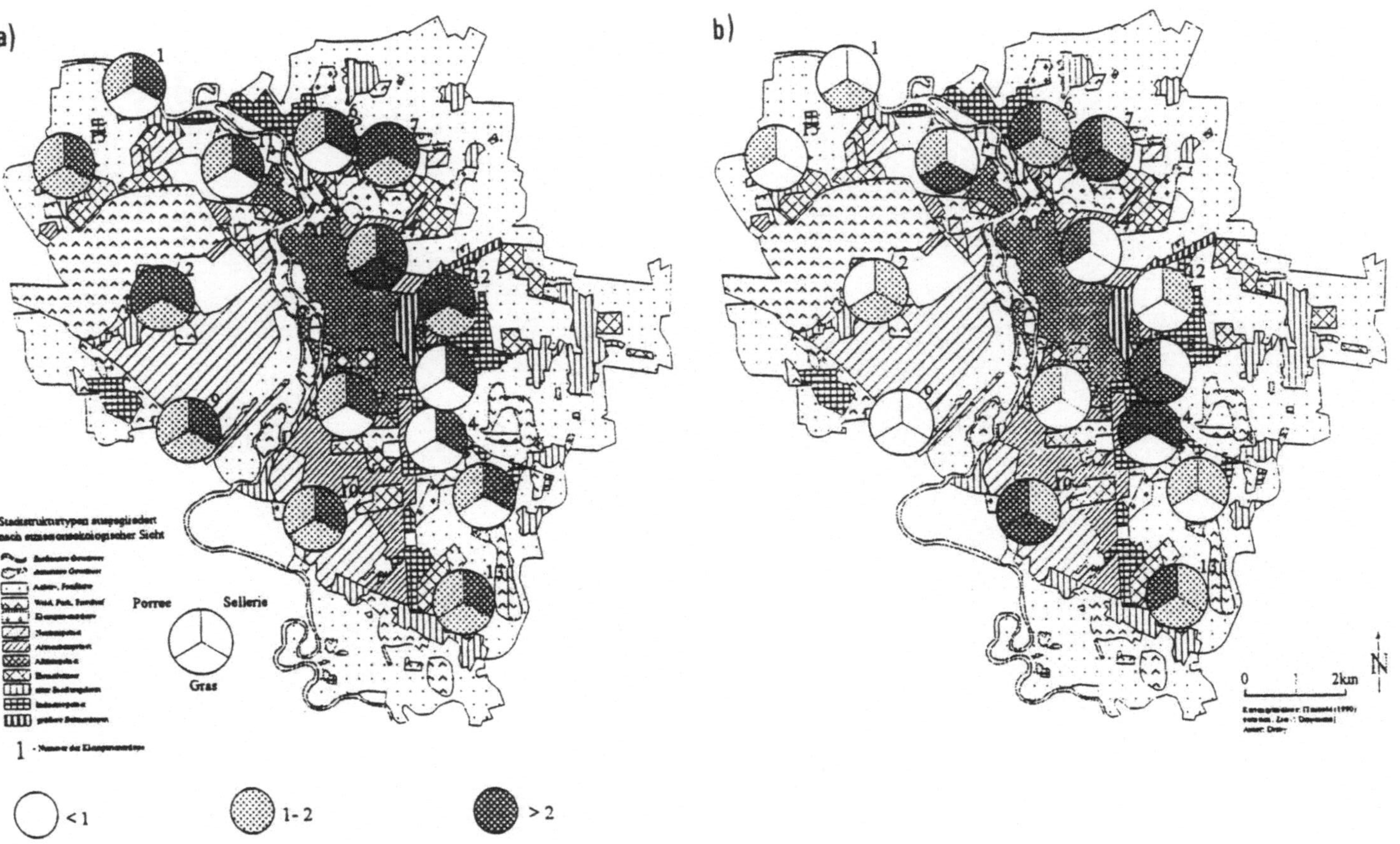

Abb. 2.52. **a)** Cadmium- und **b)** Bleigehalte in Gemüsepflanzen und Graskultur in Bezug zum Richtwert (FRÜHAUF ET AL. 1996)

Schlußbemerkung

Jedes natürliche Objekt reagiert auf seine Weise auf anthropogene Umweltänderungen und Umweltbeeinflussungen. Dabei wird subjektiv der tatsächliche Zusammenhang zwischen Ursache und Wirkung, subjektiv das natürliche Objekt betreffend widergespiegelt. Die Schwierigkeit für den diese Zusammenhänge untersuchenden Menschen besteht darin, daß er aus der gezeigten Wirkung auf die Ursache schließen muß. Zwischen Ursache und Wirkung liegt aber die Transformation, deren Mechanismen und Funktionen oft genug unbekannt sind. Sicher ist, daß der Zusammenhang zwischen Ursache (Emission) und Wirkung (Immission) nicht monokausal ist und daß auf eine Wirkung mehrere Ursachen synergetisch Einfluß haben.

Diese Binsenwahrheit wird oft genug vergessen und führt zum Anfang des Buches zurück, zu den psychologischen Umweltbelastungen oder Wirkungen. Belastung tritt ja nur dann als solche auf, wenn sie Ursache einer negativen Wirkung respektive Reaktion ist. Landschaftsgeochemisches Messen, auch mit natürlichen Objekten, hat zumindest sekundär aber immer die Wirkung auf den Menschen bzw. die Reaktion des Menschen mit in Betracht. Grenzwerte und Normen sind anthropozentrisch ausgelegt, auf die biologischen Grenzen des Menschen bezogen. So liegt der Grenzwert für die Vorwarnstufe der Smogwarnung bei 600 $\mu g/m^3$ Luft, einer Konzentration, die jede Flechte absterben läßt. Flechten hätten die Vorwarnstufe bei 30 $\mu g/m^3$ festgelegt und bei 40 µg SO_2 je m^3 Luft Alarm ausgelöst, sterben doch die empfindlicheren unter ihnen schon bei diesen „niedrigen" Konzentrationen ab.

Die auch speziell auf die Biologie des Menschen abgestimmten Grenz- und Richtwerte chemischer Größen sollen eine negative Wirkung der begrenzten Parameter verhindern. Synergetisch Wirken bedeutet allerdings nicht nur Verstärkung einer negativen Wirkung, sondern auch deren Milderung, ihre Abschwächung. Es sei an dieser Stelle an das Couplet von Otto Reuter erinnert, in dem es heißt: „Was ich nicht weiß, macht mich nicht heiß." Schon allein eine umweltchemische Untersuchung kann bei den Menschen, deren „Territorium" davon betroffen ist, Unbehagen und Abneigung auslösen. „Warum gerade bei mir; ist es so schlimm; welche Krankheiten gibt es da; ja ich fühle mich schon eine ganze Zeit nicht wohl". Nach der Veröffentlichung eines kleinen Beitrages in der Regionalzeitung über die SO_2-Indikation mittels Flechten bekam der Autor einen Brief einer besorgten Leserin/Lesers, in dem ausführlich verschiedene Symptome von

Atemwegserkrankungen geschildert waren, verbunden mit der Frage, ob die Schwefeldioxidbelastung die Ursache dafür sei. Die Erlaubnis, in Kindertagesstätten Flechtentäfelchen für ein aktives Monitoring zu installieren, wurde manchmal nur sehr zögernd gegeben. Hatten doch viele Angestellte Bedenken, daß ihre Einrichtung wegen hoher Luftbelastung und damit ungesunden Verhältnissen für die Kinder geschlossen werden könnte. Luftgüte und Arbeitsplatzerhalt können sehr eng in den Köpfen zusammenhängen, schlechte Luft und Arbeit ist besser als keine Arbeit und gute Luft.

Umwelt, auch ihre chemischen Parameter, wirkt synergetisch und subjektiv, ist also von rezipierenden Subjekt abhängig. Besonders deutlich wurde dieser Zusammenhang bei der Arbeit in Kleingartenanlagen. Häufige Arbeit an frischer Luft, körperliche Betätigung mit Spaten und Gießkanne, das Gespräch mit dem Nachbarn, das abendliche Grillen. Wiegen diese positiven Effekte der Gartenarbeit nicht doppelt und dreifach einen erhöhten Bleigehalt im Boden auf? Ist steriles und beziehungsloses Gemüse, vor dem Fernseher bei Bier und Zigaretten genossen, wirklich gesünder als nicht ganz unbelasteter Salat, mit vielen Stunden körperlicher Anstrengung verbunden und mit Freude und Freunden verzehrt?

Gerade Altstädte weisen häufig ungünstige Luftgüteparameter auf, zur Wärmemisere kommen hohe Staubbelastung, erhöhte SO_2-Konzentrationen, schlechte Luftventilation und verminderte Sonneneinstrahlung. Ist nicht trotzdem das Spielen an der nicht ganz frischen Luft gesünder, als der am Fernseher verbrachte Nachmittag? Doch hier ergibt sich eine weitere Frage. Wie empfindet der Mensch eigentlich seine chemische und physikalische Umwelt? Zurückgelegte Wegstrekken werden ja auch nicht nach Metern empfunden, sondern über die Abwechslung und Interessantheit der Stecke rezipiert, genauso ergeht es dem Menschen mit der Zeit, die „wie im Fluge" dahingehen kann oder aber „zäh fließt". Mental maps sind in der Anthropogeographie ein erprobtes Arbeitsmittel.

In Geosystemen, in denen der Mensch selbst Objekt geochemischer Untersuchungen ist, wenn auch oft über die „Krücke" anderer natürlicher Objekte, muß also auch das Subjekt Mensch einbezogen werden. Gerade das ist ja eine Idee und der Grundsatz geochemischen Messens mit natürlichen Objekten, die Einbeziehung der subjektiven Reaktion (Wirkung) des immittierenden Subsystems. Wenn der Mensch sich selbst als schützenswertes biologisches Objekt betrachtet, muß er auch seine subjektiven Empfindungen in den Fragestellungen und in den Antworten berücksichtigen. In diesem Falle sind Geochemie der Landschaft, Physio- und Anthropogeographie gleichwertig und gleich notwendig, um ein objektives (also vom Subjekt Mensch ausgehendes, ihm gerecht werdendes) Bild von der tatsächlichen Belastung des Menschen durch seine chemische und physikalische Umwelt zu gewinnen.

Literatur

Ackermann, G. et al. (1977): Elektrolytgleichgewichte und Elektrochemie. VEB Deutscher Verlag für Grundstoffindustrie, Leipzig.

Ademorti, C.M.A. (1986): Lewels of heavy metals on bark and fruit of trees in Benin City, Nigeria. In: Env. Poll. (S. B.) 11: 241-253.

Arnold, F. (1891): Zur Lichenenflora von München. In: Ber. Bayr. Bot. Ges. 1: 1-147.

Bargali, R.M., Dámato, L. & F.P. Iosco (1987): Lichen Biomonitoring of Metals in the San Rossore Park: Contrast with previours pine needle data. Environmental Monitoring and Assessment 9.

Barnes, B., Hamadah, M.A. & J.M. Ottaway (1982): The lead, copper and zinc content of bark and tree rings. In: Sci. Total. Env. 5: 63-67.

Barth, W.-E. (1987): Praktischer Umwelt- und Naturschutz. Paul Parey Verlag, Hamburg.

Breuer, H. (1990): dtv Atlas zur Chemie. Bd 1. München.

Breuste, J. (Hrsg.) (1996): Stadtökologie und Stadtentwicklung: Das Beispiel Leipzig. Analytica, Berlin.

Christensen, T.H. (1987): Cadmium soil sorption at low concentrations: V. Envidence of competition by other heavy metals. In: Water, Air and Soil Poll. 34: 293-303.

Däßler H.-G. (1986): Einfluß von Luftverunreinigungen auf die Vegetation. VEB Gustav Fischer Verlag, Jena.

Department of plant pathology (Ed.) (o.A.): Diagnosing Injury to Eastern Forest Trees. National Acid Precipitation Assesment Program. The Pensilvenia State University.

Deruelle, S. (1977): Influence de la pollution atmospherique sur la vagetation lichenique des arbes isoles dans region de Mantes. In: Rev. Bry. Lichen 43 (2): 137-158.

Diaby, K. & M. Zierdt (1993): Untersuchungen zur ökologischen Bedeutung von Kleingartenanlagen in der Stadt Halle. In: 14. Arbeitstagung „Die Bedeutung der Mengen- und Spurenelemente“: 58-65, Jena.

Djalali, B. (1973): Flechtenkartierung und Transplantatuntersuchungen im Stadtgebiet von Stuttgart. In: Hohenheimer Arbeiten 74: 15-30.

Dobrowolski, W.W. (1983): Geografia mikroelementow. Mysl, Moskwa.

Doll, R. (1982): Die Flechten - eine Einführung. A. Ziemsen-Verlag, Lutherstadt Wittenberg.

Faoro, R.B. & J.A. Manning (1981): Trends in Benzo(a)pyrene 1966-77. APCA, Note Book 1.

Feige, G.B. (1982): Niedere Pflanzen - speziell Flechten - als Bioindikatoren. Decheniana Beiheft 26, Bonn.

Folkeson, L. (1979): Interspecies calibration of heavy-metal concentrations in nine mosses and lichens - Applicability to deposition measurments. Water, Air and Soil Pollution 11.

Frühauf, M., Diaby, K., Sauerwein, M. & M. Zierdt (1996): Geoökologische Charakterisierung Hallescher Kleingärten. In: UFZ-Bericht 8: 7-154, Leipzig.

Garty, J. (1985): The amounts of Heavy Metals in Some Lichens of the Negev Desert. Env. Pollution, Series B, 10.

Glasowskaja, M.A. (1988): Geochimia prirodnych i technogennych landshaftow SSSR. Wys. shkola, Moskwa.

Gordan, R. J. (1976): Distributation of airborne aromatic hydrcarbons throughout Los Angeles. Envir. Sci. and Tech. 4.

Grindon, L.H. (1859): The Manchester Flora. London.

Grigorjan, S.W. (Ed.) (1982): Metoditsheskie rekomendacii po geochimitsheskoi ocenke zagraznenia territorii gorodow chimitseskimi elementami. IMGRE, Moskwa.

Grodinska, K. (1979): Tree bark - sensitive biotest for environmental acidification. In: Env. Int. 2: 173-176.

Gutte, P. & H. Köhler (1980): Lecanora varia (ehrh.) ach. als Bioindikator der Luftverunreinigung in Leipzig. In: Bioindikation (Teil 4), Kongreß- und Tagungsberichte der MLU Halle-Wittenberg.

Härtel, O. (1982): Pollutants accumulation by bark. - Monitoring of air pollution by plants. W. J. Publishers.

Hawksworth, D.L. & F. Rose (1979): Qualitative scale for estimation sulphur dioxide air pollution in England and Wales using epiphytic lichens. In: Nature 227, London.

Höke, S. (1994): Schwermetallgehalte in Böden der Stadt Halle/Saale. Diplomarbeit, Universität Köln.

Höllwarth, M. (1982): Überwachung städtischer Schwermetallemissionen mit Hilfe eines Biomonitors. In: Staub. Reinhaltung der Luft 42 (10): 407-413.

Huber, A. & W. Huber (1984): Pflanzen als Schadstoffindikatoren, Verhütung von Schäden. In: Pflanzentoxikologie - Der Einfluß von Schadstoffen und Schadwirkungen auf Pflanzen. Zürich.

Izrael, J. A. (1990): Ökologie und Umweltüberwachung. VEB Gustav Fischer Verlag, Jena.

Jewsejew, A., Tikunow, W. & M. Zierdt (1990): Erfahrungen bei der Erstellung von Karten zur Bewertung und Prognose der Luftverschmutzung einer Stadt mitels Bioindikatoren (am Beispiel der Stadt Tallinn). In: Landschaft + Stadt 22 (1): 5-11.

Johannesen, M., & A. Henriksen (1978): Chemistry of snowmeltwater: changes in concentration during melting. In: Water Res. 14 (4): 615-619.

Jürging, P. (1980): Lichenologische Feldmethoden zur Erfassung von Luftverunreingungen. In: Bioindikation (Teil 4), Kongreß- und Tagungsberichte der MLU Halle-Wittenberg.

Klimat Pärnu (1986): Gidrometizdat, Leningrad.

Klimat Tallinna (1982): Gidrometizdat, Leningrad.

Kommunalverband Ruhrgebiet (Hrsg.) (1992): Arbeitshefte Ruhrgebiet A 040. Brinck+Co KG, Essen.

Kreiner, W. (1981): Zur Analytik löslicher Komponenten der Borke nebst einem Vergleich des Verhaltens von Laub- und Nadelholz unter SO_2. In: Phyton 26 (1/1981): 77-91.

Laaskovirta, H. et al. (1976): Observations on the lead content of lichens and bark adjacent to a highway in Southern Finnland. In: Env. Poll. (S. B.) 11: 247-255.

Le Blanc, F. & J. De Sloover (1970): Relation between industrialisation and the distribution and growth of epiphytic lichens and mosses in Montreal. In: Canad. J. Bot. 48: 1485-1496.

Liedtke, H. & J. Marcinek (Hrsg.) (1994): Physische Geographie Deutschlands. Verlag Perthes, Gotha.

Liiv, S. (1986): Vstretshajemostch widov lishainikow na lipe melkolistnoi v malych gorodach Eestonij. w: Ekologitsheskie i fisiologo-biochimitsheskie aspekty antropotolerantnosti rastenij: 129-133, Tallinn.

Lötschert, W. (1977): Pflanzen als Bioindikatoren. In: Umschau 77 (3): 85-86.

Martin, J.L. (1982): Lichenoindikacia sostojania okrishajushtshei sredy. w: Vsaimodeistwie lesnych ekosistem i atmosfernych zagrazniteliei, tsh. 1: 27-47, Tallinn.

Martin, L.N. (1985): Lichenoindikacia v uslowiach raslitshnowo zagraznenia vozducha. diss. na soisk. utsh. step. k.b.n., Tallinn (neopublikowan).

Martin, L.N. (1987): Lichenoindikacionoe kartirownie goroda Tallinna. w: Lichenoindikacia sostojania okrushajushtshei sredy: 23-31, Tallinn.

Mir geografii (1984): Mysl, Moskwa.

Moller, M. et al. (1982): Mutagenicity of airborne particles in relation to traffic and air pollution parameters. Envir. Sci. and Techn. 4.

Mortimer, C.E. (1987): Chemie. Georg Thieme Verlag, Stuttgart.

Müller-Hohenstein, K. (1981): Die Landschaftsgürtel der Erde. Teubner, Stuttgart.

Mur, J. & S. Ramamurti (1987): Tjasholie metaly v prirodnych wodach. (per. s angl.) Mir, Moskwa.

Nazarov, J.N., Fridman, S.W. & O.S. Renne (1978): Izpolzowanie setewych snegosjomok dlja isutshenia zagraznenia sneshnowo pokrowa. w: Meteorologia i gidrologia 7: 74-78, Leningrad.

Nikolajewskij, W.S. (1983): Wlijanie promyshlenych gasov na rastitelnostj. w: Regionalny i ekologitsheskij monitoring. isdwo Nauka: 202-222, Moskwa.

Nilson, E.M. (1986): Ekologitsheskie osnowy antropotolerantnosti epifytnich lishainikow. w: Ekologitsheskie i fisiologitsheskie aspekty antropotolerantnosti rastenich: 126-128, Tallinn.

Nilson, E.M. & L.N. Martin (1982): Epifitnie lishainiki v uslowiach kislowo i shelotshnowo zagraznenia. w: Wsaimodeistwie lesnych ekosistem i atmosfernych zagrazniteliei, tsh. 2: 178-182, Tallinn.

Nylander, W. (1866): Les lichens des Jardins de Luxembourg. Bull. In: Soc. bot. de France 13: 364-371.

Olmez, I., Gulovali, M.C. & G.E. Gordon (1985): Trace element concentrations in lichens near a cool-fired power plant. In: Atmospheric Environment 19 (10).

Onishtshenkow, T.L. (1981): Zagraznenie selskochosjaistwenych potshw v swjasi s antropogennym wosdeistwiem. w: Nowie oblasti primenenia geochimitsheskich metodow: 56-67, IMGRE, Moskwa.

Perelman, A.I. (1973): Geochimia. Wys. shkola, Moskwa.

Rabe, R. & A. Seuren (1990): Die Flechtenvegetation von Aachen - ihre Indikatorfunktion für die Immissionsbelastung. In: Bioindikation (Teil 4), Kongreß- und Tagungsberichte der MLU Halle-Wittenberg.

Rabe, R. (1990): Bioindikation von Luftverunreinigungen. In: Methoden zur Pflanzenökologie und Bioindikation (Hrsg. Kreeb, K.-H.). Gustav Fischer Verlag, Jena.

Ram N. & M. Verloo (1985): Effect of various organic materials on the mobility of heavy metals in soil. In: Env. Poll. (S. B.) 10: 241-248.

Rjabtshikow, A. M. (isd.) (1980): Krugoworot weshtshewstwa v prirode. Moskwa, isdwo. Mosk. univ.

Rumpel, K.-J., Kummer, C. & J. Alexander (1988): SAM und der Einfluß des Windes auf die SO_2-Immissionsrate. In: Immissionsratenmessung und Materialkorossion (Hrsg.: VDI-Kommission Reinhaltung der Luft) 2: 83-92. Springer Verlag,. Berlin.

Sauerwein, M. (1996): Geoökologie und Archäologie: Ergebnisse interdisziplinärer Forschungen im antiken Stratos (Akarnanien, Westgriechenland). In: Hallesches Jahrb. Geowiss., Reihe A 18.

Sauerwein, M. et al. (1995): Geoökologische Untersuchungen zur Schwermetallbelastung in städtischen Kleingärten in Halle/Saale. In: Hercynia N.F. 29: 291-314.

Scheffer, F. & P. Schachtschabel (1992): Lehrbuch der Bodenkunde. 13. Aufl. Enke Verlag, Stuttgart.

Schmidt, G. & M. Zierdt (1993): Konzentration und Verteilung von Cu, Zn und Pb in der Umgebung ausgewählter Kupferschieferbergbauhalden des Mansfelder Landes. In: 14. Arbeitstagung „Die Bedeutung der Mengen- und Spurenelemente“: 188-195, Jena.

Schmidt, G. & M. Frühauf (1996): Analyse und Modellierung von Stoffeintrag, -transport und Schwermetallbelastung im Einzugsgebiet von Böser Sieben und Salzgraben. DFG-Abschlußbericht (unveröff.), Halle.

Schneider, K. et al. (1981): Zur Analyse der Flechtenvegetation im Bremer Umland. In: Angew. Botanik 55: 237-243.

Schöller, H. (1993): Zur Problematik von Bioindikator-Modellen am Beispeil der Flechten. Natur und Museum. Bericht der Senckenbergischen Naturforschenden Gesellschaft 123 (10): 292-314.

Schubert, R. (1984): Lehrbuch der Ökologie. VEB Gustav Fischer Verlag, Jena.

Schubert, R. (Hrsg.) (1985): Bioindikation in terrestrischen Ökosystemen. VEB Gustav Fischer Verlag, Jena.

Schwabe, H. (1995): Bewertung der Nutzung von Bodenmonolithen und künstlichen Schwermetallbelastung für geoökologische Laborversuche. Diplomarbeit, Universität Halle.

Schwartzmann, D. et al. (1987): Quantitative monitoring of airborne lead pollution by a foliose lichen. Water, Air and Soil Pollution 32.

Sernander, R. (1926): Stockholms Natur. Uppsala-Stockholm.

Sherbakow, A.J. (1987): Meteorologitsheskij reshim i zagraznenie atmosfri gorodow. Kalinin, KGU.

Silina, A.J., Vnejewa, L.W. & A.W. Shurawlewa (1980): Vremja shizny bencpirena v potshwe pri vnesenie jewo s tshasticami potshwenoi pyli. w: Migracia zagraznjajushtshich veshestw w potshwach i sopredlnych sredach. Gidrometizdat, Leningrad.

Sorokina, E.P. (1981): Geochimitsheskaja struktura technogennych oreolof promyshlennych zon raslitshnowo tipa. w: Nowie oblasti primenenia geochimitsheskich metodow: 71-86, IMGRE, Moskwa.

Sorokina, E.P. et al. (1984): Srawnitelny geochimitsheski analiz wozdeistwia na okrushajushtshuju sredu promyshlennych predprijatij raznowo tipa. w: Metody izutshenia technogennych geochimitsheskich anomalij: 9-20, IMGRE, Moskwa.

Staxäng, B. (1969): Acidification of bark of some deciduous trees. In: Oikos (20): 224-230.

Steubing, L. (1977): The value of Lichens as indicators of immission load. In: Veget. Sc. a. env. prot. 1977: 235-246.

Steubing, L. & U. Kirschbaum (1982): Bioindikation von Luftschadstoffen im Ballungsraum Frankfurt/M. mittels Flechten und höheren Pflanzen. In: Staub. Reinhaltung der Luft 42 (7): 302-311.

Strasburger, E. (1991): Lehrbuch der Botanik für Hochschulen. Gustav Fischer Verlag, Stuttgart.

Suess, M.J. (1976): The environmental load and cycle of polycyclic aromatic hydrocarbons. Sci. Tot. Environ.

Sukopp, H. & R. Wittig (Hrsg.) (1993): Stadtökologie. Gustav Fischer Verlag, Jena.

Tanaka, N.J. & M. Ichikuni (1986): The use of Cedar bark in the study of heavy metal concentration in the Nagatsuta area, Japan. In: Env. Poll. (S. B.) 11: 211-229.

Urech, M., Herzig, R. & L. Liebendörfer (1989): Wirkungs- und Gesamtimmissionskataster mittels Flechten. In: Meissner, B. (1989): Berliner Geowiss. Abhandl., Reihe C 11.

Umlandverband Frankfurt (UVF) (1983): Ökologie und Planung in Verdichtungsgebieten. Monitoring mittels Bioindikatoren in Belastungsgebieten.

VDI-Kommission Reinhaltung der Luft (Hrsg.) (1988): Stadtklima und Luftreinhaltung. Springer Verlag, Berlin.

VDI-Richtlinie (1991): Ermittlung und Beurteilung phytotoxischer Wirkungen von Immissionen mit Flechten. Verfahren der standardisierten Flechtenexposition, VDI 3799 Blatt 2. In: VDI-Handbuch Reinhaltung der Luft 1. Düsseldorf.

Völkel, J. & B. Senft (1993): Radioaktive Kontamination der Böden im Bayerischen Wald im Raum Zwiesel-Bayrisch Eisenstein. In: Radiocäsium in Wald und Wild: 3-18, Kulmbach.

Wassilenko, W.N. et al. (1985): Monitoring zagraznenia sneshnowo pokrowa., Gidrometizdat, Leningrad.

Winde, F. (1996): Schlammablagerungen in urbanen Vorflutern, Ursachen, Schwermetallbelastung und Remobilisierungszeit, untersucht an Vorflutern der Halleschen Saaleaue. Diss. Universität Halle.

Wirth, V. (1980): Flechtenflora. Eugen Ulmer Verlag, Stuttgart.

Zierdt, K. (1991): Untersuchungen zur geogenen und anthropogenen Schwermetallbelastung ausgewählter Hallescher Böden. Diss. Universität Halle.

Zierdt, M. (1994): Flechtenmonitoring und computergestützte Datenverarbeitung für die Ermittlung des Luftzustandes in Städten. In: Hallesches Jahrb. Geowiss., Reihe A 16: 103-112.

Zierdt, M. & B. Cyffka (1995): Auswirkungen von Landschaftsschäden durch Sulfidröstung auf die diagnostischen Horizonte von Podsolböden, dargestellt an einem Beispiel auf der Halbinsel Kola. In: Hallesches Jahrb. Geowiss., Reihe A 17: 65-73.

Zierdt, M. & S. Dippmann (1993): Aktives Flechtenmonitoring in Halle (Saale). In: Ber. z. dt. Landeskunde 67 (1): 85-100.

Zierdt, M. & S. Dippmann (1996): Erfassung der Wirkung der SO_2-Belastung der Luft in Leipzig mit epiphytischen Flechten unter Berücksichtigung von Stadtstrukturtypen. In: Breuste (Hrsg.): Stadtökologie und Stadtentwicklung: Das Beispiel Leipzig: 172-186. Analytica, Berlin.

Sachverzeichnis

Springer-Verlag und Umwelt

Als internationaler wissenschaftlicher Verlag sind wir uns unserer besonderen Verpflichtung der Umwelt gegenüber bewußt und beziehen umweltorientierte Grundsätze in Unternehmensentscheidungen mit ein.

Von unseren Geschäftspartnern (Druckereien, Papierfabriken, Verpackungsherstellern usw.) verlangen wir, daß sie sowohl beim Herstellungsprozeß selbst als auch beim Einsatz der zur Verwendung kommenden Materialien ökologische Gesichtspunkte berücksichtigen.

Das für dieses Buch verwendete Papier ist aus chlorfrei bzw. chlorarm hergestelltem Zellstoff gefertigt und im pH-Wert neutral.